Robert Liebing

Akustische Bewertungsverfahren für transiente Funktionsgeräusche

Robert Liebing

Akustische Bewertungsverfahren für transiente Funktionsgeräusche

Modellierung der subjektiven Wahrnehmung von PKW-Türgeräuschen

Südwestdeutscher Verlag für Hochschulschriften

Impressum / Imprint
Bibliografische Information der Deutschen Nationalbibliothek: Die Deutsche Nationalbibliothek verzeichnet diese Publikation in der Deutschen Nationalbibliografie; detaillierte bibliografische Daten sind im Internet über http://dnb.d-nb.de abrufbar.

Bibliographic information published by the Deutsche Nationalbibliothek: The Deutsche Nationalbibliothek lists this publication in the Deutsche Nationalbibliografie; detailed bibliographic data are available in the Internet at http://dnb.d-nb.de.

Verlag / Publisher:
Südwestdeutscher Verlag für Hochschulschriften
ist ein Imprint der / is a trademark of
OmniScriptum GmbH & Co. KG
Heinrich-Böcking-Str. 6-8, 66121 Saarbrücken, Deutschland / Germany
Email: info@svh-verlag.de

Herstellung: siehe letzte Seite /
Printed at: see last page
ISBN: 978-3-8381-1143-8

Zugl. / Approved by: Oldenburg, Universität Oldenburg, Diss., 2009

Inhaltsverzeichnis

1 Einführung und Überblick

Fahrzeuge grenzen sich durch eine Vielzahl von Eigenschaften voneinander ab. Neben objektiv messbaren, wie z.B. der Verarbeitung, dem Platzangebot, der Motorleistung und der Außenmaße, gibt es auch eine Reihe von subjektiv empfundenen Kriterien. Abgesehen vom Markenimage gehören dazu auch alle Sinneseindrücke, die das Fahrerlebnis erst definieren. Das beginnt bereits vor dem Einsteigen mit dem Exterieurdesign. Der optische Reiz ist für viele ein wichtiges Merkmal in ihrer Kaufeintscheidung. Aber auch der akustischen Sinneswahrnehmung wurde in den letzten Jahren ein immer höherer Stellenwert zugestanden [30, 197]. Dies gilt ebenso in Bezug auf das PKW-Türgeräusch, das Inhalt der hier vorliegenden Untersuchung ist.

In der Produktentwicklung führte die wachsende Bedeutung der Akustik dazu, dass funktionelle Eigenschaften heutzutage mit Hilfe von spezifisch designten Geräuschen unterstützt oder extra hervorgehoben werden. Diese Produkteigenschaften werden also zusätzlich zu ihrer rein funktionellen Aufgabe durch die so genannte *product sound quality* charakterisiert. Sie beschreibt nach Jekosch [107] die Eignung eines Geräusches für ein bestimmtes Produkt und resultiert aus der sensorischen Bewertung eines Benutzers, die mit dessen kognitiver Verarbeitung, dem Beurteilungsumfeld und damit assoziierten Emotionen einhergeht. Daraus ist ersichtlich, dass es sich beim *product sound* nicht nur um eine inhärente Produkteigenschaft handelt, sondern dass dieser vielmehr mit damit verbundenen multisensorischen, kognitiven und emotionalen Eindrücken einhergeht. Für den Kunden oder potentiellen Kunden ist er ein Träger vieler wichtiger Informationen. So ermöglicht z.B. das Geräusch des Startens eines Motors die Identifikation eines Fahrzeugs. Ein PKW hört sich anders an als ein LKW. Ebenso unterscheidet sich ein Ottomotor von einem Dieselmotor, ein Sechszylinder von einem Vierzylinder [185]. Der Produktsound gibt außerdem Auskunft über dessen Funktionszustand. Ist der Motor gestartet oder noch nicht? Somit ist klar, dass der *product sound* ein wichtiges Maß für die Kundenzufriedenheit darstellt [108]. Stimmen die darin enthaltenen Informationen nicht mit der Erwartungshaltung des Benutzers beim Auslösen einer Aktion überein, kann er zur Unzufriedenheit führen und unter Umständen auch Rückschluss auf die gesamthafte Produktqualität geben [108].

Aus diesem Grund wird im Prozess der Fahrzeugentwicklung sehr großer Wert auf die Gestaltung von produkt- und funktionsadäquaten Geräuschen gelegt. Dabei ermöglicht es ein ereignisspezifischer und herausragender Sound, Funktionen, wie z.B. Blinker, Warn- und Licht-An-Summer, eindeutig zu identifizieren sowie Modellreihen und verschiedene Hersteller voneinander zu differenzieren. Außerdem versuchen die Fahrzeugingenieure z.B. durch einen gezielt designtes Anlassgeräusch oder den Motorsound den vom Fahrzeugkonzept vorgegebenen Charakter auch akustisch zu transportieren. Das führt zur Definition so genannter *target sounds* (Zielgeräusche), die das vermeintliche Optimum für das jeweilige Produkt und die damit verbundene Aktion darstellen. Nach dieser Vorgabe manipulieren die Ingenieure die tatsächliche Geräuschquelle oder überlagern synthetische Anteile mit Hilfe der Elektroakustik.

Da neben dem rein auditiven Eindruck auch andere sensorische Informationen sowie kognitive und emotionelle Faktoren die empfundene Geräuschqualität beeinflussen, ist diese, wie auch andere Sinneswahrnehmungen von Mensch zu Mensch subjektiv geprägt. Kognitive Faktoren wie z.B. Vorlieben, die Erwartungshaltung der Situationskontext, die Vorerfahrungen und die individuelle Bedeutung des Produktes für den Benutzer aber auch die damit verbundenen Emotionen sorgen dafür, dass jeder andere Vorlieben und Hörgewohnheiten hat, die letztendlich zu seinem Güteurteil führen. Das macht das Geräuschdesign zu einem aufwendigen Vorgang im Entwicklungsprozess. Oft gibt es inter- und auch individuelle Meinungsunterschiede, die sich nicht allein auf den auditiven Eindruck als solches zurückführen lassen. Daraus resultiert die Schwierigkeit bei der Geräuschbeschreibung. Ein einzelner Mensch, auch wenn er akustischer Experte ist, kann nur sehr selten eine verallgemeinerbare Aussage zur Geräuschqualität treffen. Vielmehr handelt es sich bei der Bewertung eines Einzelnen um dessen subjektives Urteil. Die Erwartungshaltung, Vorerfahrung, die Voreinstellung zum Produkt und die verbundenen Emotionen sind individuelle Parameter, die ohne Weiters nicht verallgemeinerbar sind.

Bei der Entwicklung von Zielgeräuschen für einen Produktklang sind daher sorgfältig geplante und genormte Hörversuche zur Evaluierung, bei denen viele verschiedene Probanden unterschiedliche Geräusche bewerten müssen, unabdingbar. Erst auf dieser Basis ist es möglich, verbindliche, für eine größere Population sprechende Ziele zu definieren.

Das reale Beurteilungsumfeld ermöglicht eine multisensorische, mit allen kognitiven Parametern und emotionellen Empfindungen verbundene Qualitätsaussage. Allerdings treten gerade dadurch bedingt eine Vielzahl von Dimensionen auf, die nur schwer zu definieren vor Allem aber zu kontrollieren sind. Diese zum Teil nicht auditiven Dimensionen sind unter Umständen nicht nur zwischen einzelnen Individuen sondern auch zwischen unterschiedlichen Populationen verschieden. Somit müsste jeder an der Beurteilung beteiligte sensorische, kognitive und emotionelle Eindruck auch für unterschiedliche Populationen aber zumindest für die Zielgruppe untersucht werden. Aus diesem Grund verlagern psychoakustische Untersuchungen das Beurteilungsszenario in eine Laborumgebung. Sie hält die kognitiven und emotionellen Faktoren unter genormten Bedingungen konstant oder zumindest unter Kontrolle, so dass der rein auditive Eindruck, d.h. die Ausprägung der im Schallsignal enthaltenen und durch die Schallquellen erzeugten *events* beurteilt werden kann.[1] Diese Vorgehensweise ermöglicht nach Jekosch [108] z.B. Aussagen über die empfundene Lautheit, die Tonalität oder die Tonhöhe eines Geräusches. Durch deren Verknüpfung ist es wiederum möglich, zu einer sensorischen Güte und zur Beschreibung eines Zielgeräusches zu gelangen. Dieses kann nun durch die physikalische Analyse und Gewichtung der Ausprägung der einzelnen in der Zeit- und Frequenzinformation des Schalldrucksignals enthaltenen auditorischen *events* auch visualisiert bzw. physikalisch messbar gemacht werden. Daraus lassen sich Computeralgorithmen ableiten, die einzelne subjektiv empfundene auditive Charakteristika aber auch damit assoziierte konnotative Attribute nachbilden. Mit Hilfe dieser Vorhersage ist es jetzt möglich, den Aufwand zur Bestimmung eines optimalen *product sounds* in der weiteren oder der Entwicklung eines zukünftigen Produktes zu minimieren, da weniger Probandentests durchgeführt werden müssen.

Das erste akustische Erlebnis, das ein Kunde beim Begutachten eines Fahrzeugs im Autohaus oder auf einer Fahrzeugmesse hat, ist das Geräusch des Türöffnens und des Türzuschlags. Bewusst oder unbewusst vermittelt es ihm einen Soliditätseindruck, anhand dessen er oftmals Rückschlüsse auf die Gesamtfahrzeugqualität zieht. Daher werden seitens der Automobilindustrie immense Anstrengungen unternommen, auch dieses Geräusch zu optimieren und zu designen [38]. Somit liegt es nahe, den Begriff und die Vorgehensweise der *sound quality* auch auf das Türgeräusch anzuwenden. Auch hier kann man ein Zielgeräusch definieren, anhand dessen gezielte mechanische Änderungen an den Schallquellen erfolgen. Allerdings gibt es bislang nur wenige Ansätze, z.B. von Fastl [68], die versuchen, den subjektiv, auditiven und zeitlich instationären Charakter eines Türgeräusches zu erfassen. Demzufolge existiert auch keine Definition eines *target sounds*, wie das optimale Türgeräusch im Bezug auf dessen auditive Komponenten auszusehen hat. Die Beurteilung des Klangcharakters und der auditiven hedonischen Qualität im Besonderen erfolgt deshalb weitgehend durch einzelne subjektive Urteile der Experten oder der Budgetinhaber. Diese einzelnen Urteile sind jedoch nicht losgelöst vom Kontext. Insbesondere mit dem Geräuschdesign verbundene Kosten, können auch das auditive Urteil der Budgetverwalter beeinflussen. Ein objektives Maß, wie es der *target sound* oder eine darauf basierende algorithmische Analyse darstellt steht solchen Einflussfaktoren gegenüber und ermöglicht ein vom Budget losgelöstes Urteil. Anhand dessen ist es dann besser möglich, den Kosten-Nutzen Faktor einer evtl. kostspieligen Änderung abzuwägen. Das bedeutet, dass einzelnen

[1] Der Begriff *event* entstammt der Auditorischen Szenen Analyse und wird in Kapitel 2.2.2.4 näher erläutert.

subjektiven Urteilen dann eine fundierte, auf vielen subjektiven Probandentests basierende, auditive Qualitätsaussage gegenüber steht. Auf Basis dieser Vielzahl von subjektiven Aussagen oder der daraus entstandenen algorithmischen Näherung ist es für den Geräuschdesigner weiterhin interessant zu wissen, wie ein gegebenes Türgeräusch im Bezug auf dessen auditiven Charakter und dessen hedonische Qualität eingeschätzt wird und welche akustischen Quellen sich dahinter verbergen. Damit ist es möglich, eine gezielte Änderung zur Geräuschverbesserung einzubringen.

Aus diesen Anforderungen leiten sich die zentralen Fragestellungen dieser Arbeit im Bezug auf das Türgeräusch ab.

1. Gibt es für das Türöffnungs- und das Türzuschlagsgeräusch einen *target sound*?
2. Welche auditiven Einflussfaktoren bestimmen dieses Zielgeräusch?
3. Ist es möglich, ein auf physikalischen Analysen basierendes Maß abzuleiten, welches den Geräuschcharakter und die Geräuschgüte eines beliebigen Türöffnungs- und Türschließgeräusches prognostiziert?
4. Welche mechanischen Ursachen stehen hinter den subjektiv empfundenen Eigenschaften?
5. Wie hängen diese Quellen mit dem auditiven Geräuschcharakter und der Geräuschgüte zusammen?

1.1 Vorgehensweise

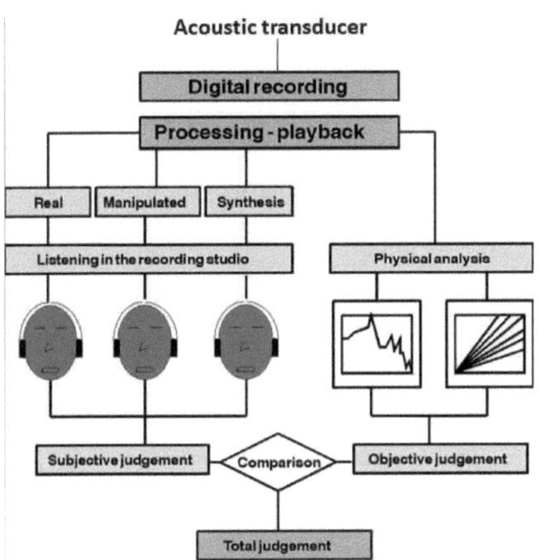

Abbildung 1.1: Allgemeines Schema zum Evaluieren der Wahrnehmung und zur Modellierung von Geräuschen in Anlehnung an Genuit [78]; Erfassen eines Schallsignals; anschließend subjektive Beurteilung durch Probanden und physikalische Analyse; Abgleich liefert physikalisches Modell der subjektiven Empfindung

Eine allgemeine Vorgehensweise zur Modellierung der auditiven Empfindung veranschaulicht Grafik 1.1. Dabei wird das Geräusch von einem Messmikrofon oder einem Kunstkopf aufgezeichnet und anschließend im Original oder nach gezielter Modifikation einer subjektiven und einer physikalischen Analyse zugeführt. Der linke Pfad beschreibt dabei die subjektive Analyse. Hier bewerten Probanden in Hörversuchen unter Laborbedingungen die originalen, bearbeiteten oder synthetisch erzeugten soundfiles. Der rechte Teil der Darstellung, die physikalische Analyse, findet mit Hilfe von physikalischen Analyseverfahren, Charakteristika im Geräusch. Da diese letztendlich in einem Modell die subjektiven Urteile nachbilden sollen, werden die extrahierten physikalischen Kennwerte mit den subjektiven Bewertungen durch statistische Verfahren abgeglichen und schließlich gewichtet. Das daraus gewonnene Modell liefert dann nach einer Validierungsphase die Nachbildung der subjektiv empfundenen auditiven Geräuschqualität mit Hilfe von physikalischen Analysen.

In Anlehnung an das allgemeine Schema zur Modellierung des akustischen Eindrucks eines Produktklanges aus Grafik 1.1 ergibt sich auch in dieser Arbeit eine ähnliche Vorgehensweise, die Grafik 1.3 näher erläutert. Allerdings soll die Modellierung des subjektiv empfundenen auditiven Geräuschcharakters und der Geräuschgüte auf Basis der auditorischen

Signalverarbeitung erfolgen. Die auditorische Szenen Analyse [1] geht dabei von durch die Schallquellen verursachten und im zeitlichen Schalldrucksignal enthaltenen Komponenten aus, den auditorischen *events*, die das Gehirn zur Analyse des Klangcharakters verwendet. Entsprechend ihrer Lage, Intensität und Ausdehnung liefern sie die Information, die der Hörer mit seinen kognitiven Faktoren abgleicht und die letztendlich durch Kombination und Gewichtung zu seinem hedonischen Gesamturteil beitragen. Grafik 1.2 zeigt den typischen Verlauf des Schalldrucksignales eines Türschließgeräusches. Im Zeit-Frequenz-Verlauf sind dabei einzelne Impulse und markante Frequenzschwerpunkte zu erkennen, die auf auditorische Objekte hindeuten. Diese werden in Kapitel 4 näher erläutert.

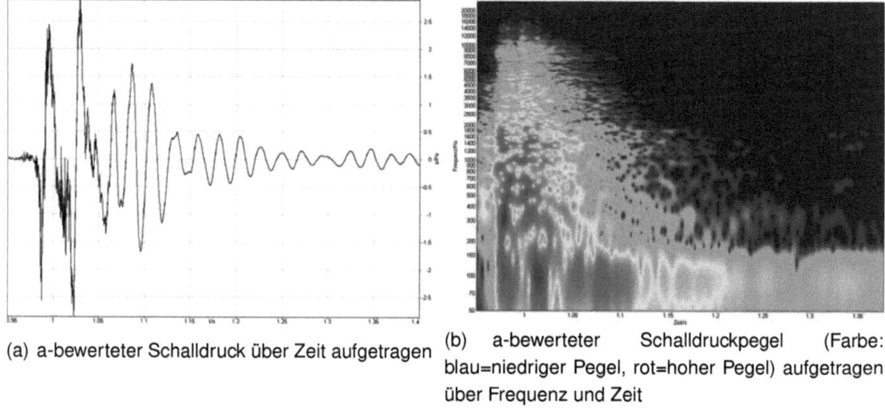

(a) a-bewerteter Schalldruck über Zeit aufgetragen

(b) a-bewerteter Schalldruckpegel (Farbe: blau=niedriger Pegel, rot=hoher Pegel) aufgetragen über Frequenz und Zeit

Abbildung 1.2: Zeit- und Frequenz-Zeit-Verlauf eines typischen Türschließgeräusches; deutlich zu erkennen, ist der impulshafte Charakter; im Zeit-Frequenz-Verlauf sind einzelne Impulse und Frequenzschwerpunkte vorhanden, die auf auditorische Objekte hindeuten

[1] Die Auditorische Szenen Analyse wird im Kapitel 2.2.2.4 näher erläutert.

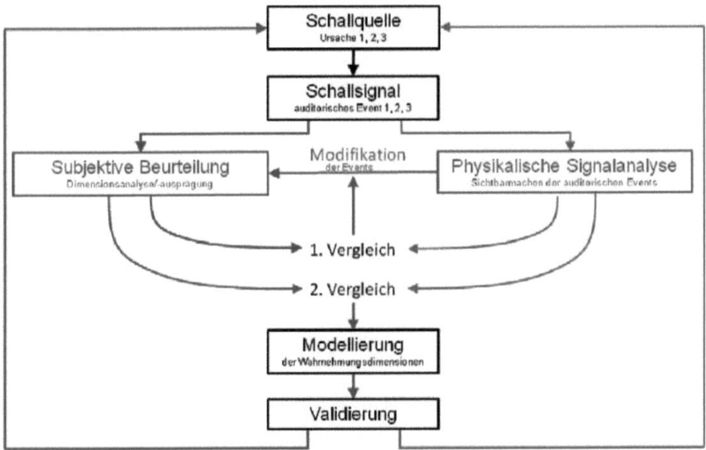

Abbildung 1.3: Schematische Darstellung der Inhalte dieser Arbeit; Unterteilung in subjektive Beurteilung und physikalische Analyse; im Gegensatz zum Schema 1.1 basiert die physikalische Signalanalyse auf den auditorischen *events*; Ermittlung ihres Einflusses durch gezielte Modifikation und Hörversuche; Vergleich der subjektiven Beurteilung und der physikalischen Modifikation liefert Vorhersagemodell und Rückschluss auf Relevanz physikalischer Schallquellen

Der Ausgangspunkt in Abbildung 1.3 ist also das Fahrzeug als übergeordnete Summenschallquelle. Die schallerzeugenden Komponenten können im Falle des Türzuschlages beispielsweise die Türaußenhaut oder/und die Seitenwand sein, die hier mit Ursache eins bis drei bezeichnet sind. Die dadurch entstandene Schallwelle enthält die durch die einzelnen Ursachen hervorgerufenen auditorischen *events* und wird elektroakustisch erfasst (Schallsignal). Im Anschluss bewerten Probanden in psychometrischen Messungen den Klangcharakter und die Geräuschgüte des Türgeräusches, die sich in den sogenannten Wahrnehmungsdimensionen[1] widerspiegeln. Auf der anderen Seite erfolgt die physikalische Signalanalyse der Schallwelle und den darin enthaltenen *events* mit Hilfe von Zeit-Frequenz-Transformationen und Verfahren aus der Psychoakustik. Ein Vergleich der subjektiven Bewertung mit der physikalischen Analyse liefert die Abhängigkeit der Ausgeprägtheit der *events* oder der psychoakustischen Parameter vom auditiv, subjektiven Empfinden. Daraufhin werden die charakteristischen im Schallsignal enthaltenen Parameter in Stufen gezielt modifiziert und die so erhaltenen Schallsignale erneut in Hörversuchen bewertet. Der anschließende, endgültige Vergleich liefert den quantitativen Zusammenhang und das Modell der Wahrnehmungsdimensionen anhand statistischer Methoden. Die Validität des Modells wird im Anschluss mit Hilfe neuer Türgeräusche geprüft, indem man die damit prognostizierte Geräuschgüte mit der in neuen Hörversuchen ermittelten subjektiven Be-

[1] Der Begriff Wahrnehmungsdimensionen wird im Kapitel 3.2 näher erläutert.

wertung korreliert. Da das Modell und die Hörversuche auch den *traget sound* definieren, muss der Geräuschdesigner versuchen, das unter Umständen durch zahlreiche Modifikationen entstandene synthetische Zielgeräusch in einen real existierenden *product sound* umzuwandeln. Dazu benötigt er Informationen, wie sich mechanische Änderungen auf die auditiven Wahrnehmungsdimensionen auswirken und umgekehrt. Deshalb besteht der letzte Schritt darin, den Zusammenhang zwischen auditorischer Wahrnehmung (oder auch der Nachbildung durch das auditorische Modell) über die akustischen *events* zu den tatsächlichen physikalischen Schallquellen herzustellen.

1.2 Struktur der Arbeit

Aus der schematischen Darstellung der Vorgehensweise zur Modellbildung der auditiven Wahrnehmung des Türgeräusches in Grafik 1.3 ist ersichtlich, dass dieses Vorhaben eine ganze Reihe von Wissensgebieten aus Psychologie, Physik und Mathematik tangiert. Aus diesem Grund beschäftigt sich das erste Kapitel mit Grundlagen der psychometrischen Messung wie dem Menschen als Messinstrument und mit einigen statistischen Verfahren zu deren Auswertung. Des Weiteren beinhaltet es wichtige physikalische Größen und geht dann mit einigen Überlegungen zum Aufbau und zur Funktionsweise des Gehörs auf den Prozess der auditiven Wahrnehmung und daraus abgeleitete psychoakustische Algorithmen ein.

Die psychometrischen Messungen, die zum Einfangen des akustischen Eindrucks der Türgeräusche dienen, beschreibt Kapitel 3. Es beantwortet die Frage, nach der Existenz eines *target sounds* für das Türöffnungs- und Türzuschlagsgeräusch und gibt Auskunft über die relevanten auditiven Einflussfaktoren. Dazu fragt es zunächst formell anhand eines Fragebogens, ob ein *target sound* existiert und wie dieser anhand von geräuschbeschreibenden Antonympaaren rein fiktiv beschaffen sein sollte. Dabei wird versucht einen kognitiven Faktor, die Einstellung zum Objekt, in Form eines Sportwagens und einer Luxuslimousine mit einzubeziehen. Es beantwortet die Frage, ob es einen formellen Unterschied für das Zielgeräusch zwischen beiden Fahrzeugtypen gibt. Aus dieser Untersuchung geht hervor, dass die Vorstellung eines solchen Zielgeräusches existiert, so dass im Anschluss Versuche mit realen Geräuschen erfolgen. Mit Hilfe der explorativen Faktorenanalyse klären diese auch die Wahrnehmungsdimensionen und vergleichen sie mit anderen bereits etablierten Veröffentlichungen. Ein weiteres Ziel dieser Arbeit ist die Modellierung des auditiven Eindruckes. Um diese Aufgabenstellung zu erfüllen, müssen viele Geräuschbeispiele modifiziert und von Probanden beurteilt werden. Mit dem kompletten für die Dimensionsanalyse verwendeten Merkmalssatz benötigen diese Bewertungen einen erheblichen Zeitaufwand. Daher untersucht ein weiter Abschnitt ob die Reduktion des Merkmalssatzes die gleichen Wahrnehmungsdimensionen abbildet. Die Unterscheidung zwischen dem Qualitätsurteil des Türgeräusches eines Sportwagens und dem einer Luxuslimousine ist nach den formalen Umfragen auch Bestandteil von Hörversuchen. Gleichzeitig beantwortet dieser Abschnitt die Frage, ob die Probanden Geräusche dieser Fahrzeugtypen differenziert beurteilen. Neben den Modifikationen des Geräuschcharakters untersucht Kapitel 3 auch den Pegeleinfluss als ein Maß der Lautstärke auf das hedonische Gesamturteil. Das erfolgt zum einen durch dessen Variation in Kombination mit der auditiven Beurteilung anderer Merkmale, zum Vergleich dazu aber auch in Form eigenständiger Hörversuche, die ausschließlich die Lautheitsempfindung mit einer hedonischen Einordnung in Beziehung bringen.

Kapitel 4 beinhaltet die Modellierung der aus Kapitel 3 erhalten subjektiven Wahrnehmungsdimensionen mit Hilfe physikalischer und psychoakustischer Analysen. Getrennt nach den einzelnen Faktoren ermittelt es die jeweils relevanten auditorischen *events*, gewichtet deren Ausprägung und zeitliche Dauer und bildet so die subjektiven Bewertungen der Probanden nach. Darauf aufbauend berechnet eine Conjoint Analyse den Zusammenhang der charakterbeschreibenden Dimensionen mit dem hedonischen Qualitätsurteil (auf auditorischer Basis).

Das 5. Kapitel beschäftigt sich mit den Ursachenpfaden der perzeptiven Wahrnehmungsdimensionen und stellt jedem einzelnen, der in der Wahrnehmung getrennt analysierten Faktoren und den damit verbundenen auditorischen *events* des Türgeräusches eine physikalische Ursache gegenüber. Damit ermöglicht es dem Geräuschdesigner von der auditiven Wahrnehmung Rückschlüsse auf die physikalischen Ursachen zu ziehen, damit dieser mechanische Maßnahmen zur gezielten auditiven Modifikation treffen kann.

Die Ergebnissdiskussion zum Schluss gibt noch einmal einen Überblick über die in dieser Arbeit gewonnenen Erkenntnisse, stellt den darin erstellten Computeralgorithmus vor und gibt Anhaltspunkte für die methodische Weiterentwicklung des *product sounds* von Türgeräuschen.

2 Grundlagen

Inhalt dieser Arbeit ist die psychometrische Messung des Türgeräuscheindruckes. Auf dieser Basis sollen die für die Geräuschbeurteilung verantwortlichen auditorischen *events* mit Hilfe mathematischer Methoden extrahiert und bewertet werden. Aus dem Abgleich mit den subjektiven Urteilen resultiert ein Modell zur Vorhersage des Geräuschcharakters und der Geräuschqualität. Aus dieser Zielsetzung ist bereits ersichtlich, dass die Vorgehensweise eine Vielzahl von Methoden aus Pschologie, Mathematik und Physik erfordert. So bilden z.B. Hörversuche die Basis für die Evaluierung der subjektiven Geräuschbeurteilung, bei denen der Mensch als Messinstrument fungiert. Die dabei zu beachtenden Parameter und die statistische Auswertung, die für reliable und valide Versuchsergebnisse notwendig sind, werden in den Grundlagen der psychometrischen Messung vorgestellt.

Des Weiteren behandelt dieses Grundlagenkapitel neben der psychometrischen Evaluierung auch Methoden zur Analyse des physikalischen Reizes, wie z.B. verschiedene Zeit-Frequenz-Transformationen, und dessen anschließende Verarbeitung durch das menschliche Hörsystem, die *auditory scene analysis*. Diese Ausführungen sind notwendig, da auf ihrer Basis die charakteristischen Geräuschmerkmale für das zu erstellende Modell extrahiert werden. Darüber hinaus stellt es kurz relevante und zur Modellierung verwendete psychoakustische Abbildungen, wie z.B. die psychoakustische Lautheit vor.

2.1 Grundlagen der psychometrischen Messung

Die Bewertung der im physikalischen Schalldrucksignal enthaltenen Informationen ist im Allgemeinen subjektiv geprägt. Neben dem Schall als Reiz bestimmen so z.B. die Tagesform und die Voreinstellung zum Beurteilungsobjekt die kognitive Wahrnehmung. Deshalb ist es auch nach dem heutigen Stand der Technik oftmals noch notwendig, standardisierte und damit wiederholbare Hörversuche zum Erfassen der akustischen Wahrnehmung durchzuführen [118, 15, 21, 119]. Auch im Bereich der Türgeräusche gibt es noch keine fundamentierte Basis, die diesen Sinneseindruck nachbilden und somit Hörversuche ersetzen kann. Deshalb basiert diese Arbeit auf den Erkenntnissen von Hörversuchen, deren theoretische

Grundlagen in diesem Kapitel näher erläutert werden.

Der Mensch als Messinstrument steht im Mittelpunkt der psychometrischen Messung. Genau wie bei einem physikalischen Messgerät, welches nur unter genormten Bedingungen einen konkreten physikalischen Sachverhalt misst, gilt es auch beim Erfassen der subjektiven Sinneswahrnehmung von Individuen sehr genau auf die Messumgebung und damit einhergehende Rahmenbedingungen zu achten. Beide Messverfahren haben eine nicht zu vernachlässigende Messstreuung, die im physikalischen Sinne auf die Gerätetoleranz und leicht schwankende Umgebungsbedingen zurückzuführen ist, im psychologischen Experiment jedoch zusätzlich durch das Messinstrument Mensch und dessen kognitive Signalverarbeitung beeinflusst wird. Das Messen der so veränderten Wahrnehmung der physikalischen Realität ist ein Teilgebiet der Psychometrie. Die in der Psychophysik definierten Forschungsmethoden untersuchen im Wesentlichen die messbaren Unterschiede zwischen den einzelnen Wahrnehmungsphänomenen des Menschen, die nicht zwangsläufig linear mit der physikalischen Größe korrelieren [98]. Zur inhaltlichen Absicherung dieser Erhebungen bedient man sich statistischer Methoden, die die Reliabilität und Validität der aufgestellten Hypothesen untersuchen.

2.1.1 Der Mensch als „Messinstrument“

Sofern nicht anders aufgeführt entstammen die nachfolgenden Ausführungen den folgenden Quellen [136],[79],[6],[98]. Wie bereits beschrieben, muss die Messung durch den Menschen im Gegensatz zur physikalischen Messung zusätzlich kognitive und psychologische Parameter beachten. Zunächst erfährt der physikalische Reiz durch die menschliche Sensorik und Perzeption eine Anpassung an den individuellen Wahrnehmungsraum. Die menschlichen Sinne sind im Vergleich zu physikalischen Messgeräten hochempfindlich, umfassen einen sehr großen physikalischen Messbereich und adaptieren sich an die jeweilige Situation. Bezogen auf den Hörschall bedeutet das, dass z.B. die Lautstärkeempfindung bei einer längeren Dauer eines sehr lauten Schalls durch ein geändertes Übersetzungsverhältnis der Gehörknöchelchen abnimmt.

Ebenso führt das Gehirn eine Art Datenkompression durch, indem es aus der Gesamtmenge versucht, nur die relevanten Sinneseindrücke herauszufiltern und zu klassifizieren.[1] Daraus gewinnt es Objekte, die es bereits bekannten Mustern zuordnet.

Dieser Prozess ist vom individuellen Vorwissen, also vom bereits Erlernten, abhängig. Dahingehend verbindet der Mensch auch eine gewisse Erwartungshaltung, wenn er in eine bestimmte Umgebungssituation eintritt. Wird diese nicht erfüllt, kann das unter Umständen

[1] Der zugrundeliegende Objektbildungsprozess wird in Abschnitt 2.2.2.4 näher erläutert.

sein Urteil zu dem darin erhaltenen Sinneseindruck beeinflussen. Als Beispiel dafür könnte man das Betreten eines künstlichen Freifeldraumes heranziehen. Die erwartete räumliche Situation, nämlich das Betreten eines Raumes, wird vom auditiven Sinn nicht bestätigt. Durch die weitgehend fehlenden Reflexionen des Schalls vermittelt dieser dem Menschen vielmehr den Eindruck, sich auf einer Bergspitze zu befinden, was bei vielen zur Irritation und teilweise sogar zu Unwohlsein führt. Generell kann man die menschliche Wahrnehmung nach Zeitler [211] so in eine externe, das Hörorgan betreffende, auditorische Signalverarbeitung und in die in der Signalverarbeitungskette höher angesiedelte kognitive Verarbeitung einteilen.

Ein weiterer Aspekt, der insbesondere bei der Versuchsplanung und -durchführung eine entscheidende Rolle spielt, ist die Sprache und Gestik. Die verwendeten Begriffe werden unter Umständen von einzelnen Personen anders verstanden. Ebenso kann ein Proband anhand der Mimik und Gestik z.B. des Versuchsleiters in eine bestimmte Urteilsrichtung gelenkt werden.

2.1.2 Gütekriterien eines psychologischen Experiments

Damit ein psychologisches Experiment auch das misst, was es zu messen vorgibt, muss der Versuchsleiter nach Bortz [34] bei der Versuchsplanung und -durchführung großen Wert auf die Güte der Untersuchung legen. Kriterien dafür sind zum einen die Objektivität, die die Unabhängigkeit der Durchführung und der Auswertung vom Versuchsleiter fordert. Sollte eine andere Person die Messung auf gleiche Art und Weise wiederholen, müssen auch die gleichen Ergebnisse herauskommen. Als Zuverlässigkeitsmaß bezeichnet die Reliabilität die Wiederholbarkeit des gesamten Versuches. Dabei müssen auch bei einer erneuten Durchführung vergleichbare Resultate entstehen. Mit Validität beschreibt man die Verallgemeinerbarkeit der Ergebnisse. Die gewonnenen Erkenntnisse sollen auch im allgemeinen Sinne auf eine bestimmte Population oder einen Sachverhalt ausgedehnt werden können. So ist z.B. nicht immer gewährleistet, dass die externe Validität von Laborversuchen auch tatsächlich für das reale Feldproblem gegeben ist. [34]

2.1.3 Varianz

Statistische Experimente dienen häufig dazu, die Auswirkungen der gewollten Änderungen einer unabhängigen Variablen auf eine oder mehrere abhängige Variablen zu untersuchen. Insbesondere, wenn es sich um Untersuchungen am oder mit dem Menschen handelt, wie es bei Hörversuchen der Fall ist, gibt es indi- und intraviduelle Streuungen der Ergebnisse, die den eigentlich zu untersuchenden Aspekt maskieren können. Den gesamten Anteil dieser Streuung bezeichnet man als Gesamtvarianz, welcher sich in Primärvarianz, Sekundär- und Störvarianz aufteilt. Unter Primärvarianz versteht man den Streuungsanteil, der auf die Variation der unabhängigen Variable zurückzuführen ist, wohingegen die Sekundär- und die Fehlervarianz die systematischen und die unsystematischen, meist ungewollten Effekte der Streuung beinhalten [130]. Das Ziel jeder psychometrischen Untersuchung liegt in der Maximierung der Primärvarianz bei gleichzeitiger Kontrolle der Sekundärvarianz und der Minimierung der Fehlervarianz.

Die statistische Varianz einer Stichprobe s^2 berechnet sich nach Massaro [128] aus $s^2 = \frac{1}{N}\sum_{i=1}^{N}(x_i - \overline{x})^2$, wobei N die Anzahl der Messwerte darstellt, x_i die jeweilige Ausprägung und $\overline{x}$ den Mittelwert aller Ausprägungen bezeichnet.

Zieht man aus s^2 die Quadratwurzel erhält eine weitere statistische Kenngröße zur Ergebnisstreuung, die Standardabweichung s.

2.1.4 Statistische Signifikanz und t-Test

Die unter Umständen beim Vergleich zweier Messreihen auftretenden Unterschiede sind nicht zwangsläufig auch statistisch signifikant. Nach Bortz [34] besteht mit einer bestimmten Wahrscheinlichkeit die Möglichkeit, dass diese Differenzen dem Zufall entstammen. Mit Hilfe der statistischen Signifikanz kann man bestimmen, ob eine Variation der abhängigen Variable tatsächlich durch die Variation der unabhängigen Variable zustandegekommen ist oder ob die aufgetretenen Unterschiede mit hoher Wahrscheinlichkeit zufällig entstanden sind. Dazu formuliert man zunächst eine Forschungshypothese, die H_1-Hypothese, die einen gerichteten Zusammenhang enthält. Diese sollte in Form einer gerichteten Frage formuliert werden und kann entweder richtig oder falsch sein. Im Gegensatz dazu beschreibt die Nullhypothese, H_0, das genaue Gegenteil, nämlich, dass die Messwertunterschiede dem Zufall entstammen und tatsächlich Mittelwertsgleicheit zu Grunde liegt. [34]

Zur Prüfung der Ergebnissunterschiede auf Signifikanz unterscheidet die Literatur zwei Arten von Fehlern. Der α -Fehler beschreibt die Annahme, dass man sich bei der Versuchsauswertung für die H_1 entscheidet, obwohl tatsächlich die H_0 Gültigkeit besitzt. Im Gegensatz dazu geht der β -Fehler vom umgekehrten Fall aus. Im Allgemeinen verwendet man zur Signifikanzprüfung den α -Fehler. Dabei gilt das Falsifizerbarkeitsprinzip. Ein α -Fehler von 5% oder 1% gilt dabei als signifikant bzw. hochsignifikant. Fällt der α -Fehler, also das Signifikanzniveau, kleiner als 5% aus, so kann man die Nullhypothese verwerfen und den prognostizierten Mittelwertunterschied auf die Veränderung der unabhängigen Variable zurückführen.

Als statistischer Hypothesentest zum Prüfen der Signifikanz wird häufig der t-Test verwendet. Dieser testet letztlich auf einen linearen Zusammenhang zweier Messreihen anhand ihrer Mittelwertdifferenzen.

Der zu prüfende t-Wert berechnet sich aus den Mittelwerten der beiden Testreihen $\overline{s}$ und $\overline{b}$ und der Standardabweichung der Unterschiede der Mittelwerte $s_d = \sqrt{\frac{s_s^2}{n_s} + \frac{s_b^2}{n_b}}$ zu $\left|t = \frac{s-b}{s_d}\right|$. Die resultierende Wahrscheinlichkeit p, die den statistischen Zusammenhang der beiden Mittelwerte voneinander darstellt, findet man anschließend mit dem t-Wert in der Tabelle der t-Verteilung.

Der t-Test zweier unabhängiger Stichproben darf nur angewandt werden, wenn die zu untersuchenden Daten normalverteilt sind und die Varianz der zwei untersuchten Messreihen sich nicht voneinander unterscheidet. Demzufolge ist vor dem eigentlichen t-Test eine Prüfung mit dem KMO-Test auf Normalverteilung und dem F-Test auf Gleichheit der Varianzen erforderlich.

2.1.5 F-Test

Auch der von Fisher [70, 71] entwickelte F-Test ist ein statistischer Test, anhand dessen man entscheiden kann, ob zwei Stichproben sich bezüglich ihrer Varianzen statistisch voneinander unterscheiden [173, 203]. Der F-Wert berechnet sich z.B. aus dem Quotienten der Varianz zwischen einem einzelnem Item und der Varianz aller Items. $F = \frac{s_A^2}{s_B^2}$. Ist die Varianz zwischen den Ausprägungen des einzelnen Items deutlich größer als die Varianz aller Items, ergibt sich ein hoher F-Wert. In Abhängigkeit von der Größe der Untersuchten Stichprobe ergibt sich ein Referenz-F-Wert, der in der Tabelle nachzuschlagen ist und der für die spätere Anwendung des t-Tests nicht überschritten werden darf.[173]

Voraussetzung für den F- und den t-Test ist jedoch eine Normalverteilung, welche mit dem Kolmogorov-Smirnov-Test [31] und dem Levene Test [59] z.B. mit einem Signifikanzniveau von $\alpha = 5\%$ nachgeprüft werden kann.

2.1.6 Box-Whisker-Plot

Ein sehr wichtiges Visualisierungsmerkmal zur Darstellung von statistischen Medianen oder arithmetischen Mittelwerten, Urteilsstreuungen und Ausreißern ist der so genannte Box-Whisker-Plot. Mit ihm ist es z.B. möglich, die mittleren Urteile der Probanden zu verschiedenen Geräuschbeispielen vergleichend nebeneinander zu stellen. Gleichzeitig verdeutlicht er in Form eines Rechtecks das Q_{25} und das Q_{75} Quartil. D.h. 50% aller Messdaten liegen in dieser Box. Die Lage des darin ebenfalls eingezeichneten Medians kennzeichnet dabei die Schiefe der Verteilung. D.h. man erhält eine Aussage, ob die Probanden in eine bestimmte

Richtung tendieren. Für die Whisker gibt es mehrere Möglichkeiten zur Darstellung. In dieser Arbeit wird das $Q_{2,5}$ und das $Q_{97,5}$ verwendet. Damit ist sichergestellt, dass 95% aller Bewertungen innerhalb dieser Grenzen liegen. Werte außerhalb der Whisker lassen sich als Ausreißer interpretieren. [192]

2.1.7 Korrelationsfunktionen

Ein in der Signalverarbeitung und in der Statistik weit verbreitetes Messinstrument zur Beschreibung von linearen Zusammenhängen ist die Korrelation. Die Autokorrelation r_{xx} als ein Spezialfall beschreibt dabei die Selbstähnlichkeit einer Messreihe oder eines Signals. In einem komplexen Eingangssignal sind z.B. sinusförmige Anteile enthalten, die sich mit fortlaufender Signaldauer nur minimal ändern. Im Gegensatz zum restlichen, stochastischen Signal besteht also eine große Selbstähnlichkeit des Sinussignals zu verschiedenen Zeitpunkten. Die Autokorrelationsfunktion kann dieses periodische Signal sehr gut lokalisieren.

Die Autokorrelation ist nach Chui [48] definiert als der Vergleich eines diskreten Signals $x(n)$ zum Zeitpunkt des betrachteten Samples n mit sich selbst bei verschiedenen Zeitverschiebungen $\tau = k * \delta t$ (k ist dabei eine positive, ganzzahlige Konstante). In Gleichung 2.1 beschreibt $x(n)^*$ das zeitlich verschobene, konjugiert komplexe Eingangssignal und N die Anzahl aller Samples der betrachteten Zeitreihe.

$$r_{xx}(\tau) = \frac{1}{N} \sum_{1 \dots N} x(n)^* x(n+\tau) \tag{2.1}$$

Der allgemeinere Fall ist die Kreuzkorrelation r_{xy}, bei der nicht das Signal mit sich selbst sondern mit einem anderen korreliert wird. Anwendung findet dieses Verfahren unter anderem im Mobilfunk so z.B. zur Identifikation einer vorgegebenen Signalfolge in einem komplexen Eingangssignal. So gleichen z.B. Mobilfunkgeräte ihren eigenen vorher festgelegten Code mit dem ab, den ein Funksender gerade aussendet. Ist die Korrelation hoch, identifiziert das Mobilgerät seine Kennung.

Eine mathematische Beschreibung der Kreuzkorrelationsfunktion erhält man, wenn man in 2.1 statt $x(n+\tau)$ die zweite Funktion $y(n+\tau)$ einsetzt.

Möchte man in der Statistik zwei Messreihen auf linearen Zusammenhang prüfen, so bedient man sich meist des Korrelationskoeffizienten r nach Bravis-Pearson, welcher sich gemäß Gleichung 2.2 berechnet. Die Skala von $-1 \leq r \leq 1$ zeigt dabei, ob zwei Messreihen miteinander hoch (bei $r = -1$ oder $r = 1$) oder im Falle von $r = 0$ überhaupt nicht korrelieren.

$$r = Kor(X,Y) = \frac{\sum_{i=1}^{n} \left(x_i - \frac{1}{n} \cdot \sum_{i=1}^{n} x_i\right) \left(y_i - \frac{1}{n} \cdot \sum_{i=1}^{n} y_i\right)}{\sqrt{\sum_{i=1}^{n} \left(x_i - \frac{1}{n} \cdot \sum_{i=1}^{n} x_i\right)^2} \cdot \sqrt{\sum_{i=1}^{n} \left(y_i - \frac{1}{n} \cdot \sum_{i=1}^{n} y_i\right)^2}} \tag{2.2}$$

Die Variablen x_i und y_i sind dabei die intervallskalierten Einzelbewertungen der beiden Messreihen Y und X [34].

2.1.8 Regressionsanalyse

Möchte man den einseitigen, statistischen Zusammenhang einer Messreihe in Verbindung mit einer anderen bringen, so kann man die Wirkung der unabhängigen Variablen auf die abhängige Variable mit Hilfe der Regressionen ermitteln. In dem in Kapitel 4.2 modellierten Lautheitsfaktor zeigt die Korrelationsanalyse nach Bravis-Pearson einen hohen linearen Zusammenhang der mittels linearer Regression in Beziehung zur Lautheitsempfindung gesetzten Einzahlwerte der psychoakustischen Lautheit, Schärfe und des Schalldruckpegels. Da dieser Korrelationskoeffizient nahezu ausschließlich bei einem linearen Zusammenhang einen hohen Wert nahe eins zeigt, legt das die Anwendung der linearen Regressionsrechnung nahe. Diese lineare Beziehung führt zur Grundgleichung 2.3, in der ein konstanter Anteil k (entspricht dem Wert der abhängigen Variable y, wenn die unabhängige Variable x null ist) zu einem Produkt aus Regressionskoeffizient b (entspricht der Steigung der anzunähernden Regressionsgeraden) und Regressor x (Wert der unabhängigen Variablen) addiert wird [9].

$$y = k + b \cdot x \tag{2.3}$$

Ziel der Regression ist es jetzt, einen Kurvenverlauf zu finden, der sich der empirischen Punkteverteilung, d.h. der Beziehung zwischen abhängiger und unabhängiger Variable, möglichst gut anpasst. Allerdings wird eine ideale lineare Beziehung in der praktischen Messung nur äußerst selten eintreten. Vielmehr gibt es immer Messwerte, die nicht genau auf der prognostizierten Geraden liegen. Die Abweichung zum vorausgesagten, abhängigen Wert bezeichnet man als Residuum. Ziel ist es, mit Hilfe der Methode der kleinsten Quadrate (damit sich positive und negative Abweichungen nicht kompensieren) eine Funktion zu finden, deren Residuen e für alle Beobachtungen J möglichst klein sind und die die Streuungen um die Gerade minimiert, was Gleichung 2.4 verdeutlicht.

$$\sum_{j=1}^{J} e_j^2 = \sum_{j=1}^{J} [y_j - (k + bx_j)]^2 \longrightarrow \min \tag{2.4}$$

Im Falle von einer unabhängigen Variablen ergibt sich nach Backhaus [9] letztendlich die in Gleichung 2.5 ausgedrückte Lösung für den Regressionskoeffizienten b und die Konstante k.

$$b = \frac{J\left(\sum x_j y_j\right) - \left(\sum x_j\right)\left(\sum y_j\right)}{J\left(\sum x_j^2\right) - \left(\sum x_j\right)^2} \tag{2.5}$$

$$k = \bar{y} - b\bar{x} \tag{2.6}$$

Als Gütefaktor für die Regressionsrechnung dient das Bestimmtheitsmaß R^2. Dabei steht ein Determinationskoeffizient $R^2 = 1$ für eine hohe und $R^2 = 0$ für eine schlechte Eignung des verwendeten Regressionsmodells. R^2 entspricht bei einfachen Regressionsrechnungen (nicht multiple Regressionen) dem Quadrat des Pearson'schen Korrelationskoeffizienten. [33]

2.1.9 Semantisches Differential

Zur Bewertung [1] von Geräuschen bieten sich verschiedene Verfahren an. So gibt es Hörversuche der indirekten Skalierung mit Paarvergleichen, Rankings und die direkte Skalierung durch das Darbieten und Bewerten mit dem Semantischen Differential. Da für eine aussagekräftige Untersuchung die komplette Bandbreite von real existierenden Türgeräuschen abgedeckt werden muss, ist es nicht möglich, Dominanz-Paarvergleiche durchzuführen. Bei einer dazu notwendigen großen Anzahl von Vergleichspaaren (inklusive Wiederholungen) wäre die physische Belastbarkeit und die zeitliche Dauer der Hörversuche schlichtweg nicht tragbar, wenngleich die Urteilsgenauigkeit für diese Tests am höchsten ist. Die andere Methode, das Ranking, ist ebenfalls nicht praktikabel. Die Geräusche müssten bezüglich jeder Eigenschaft in eine Rangreihenfolge gebracht werden. Das umfasst z.B. bei 26 Adjektivpaaren (Eigenschaften) 26 Rankings je Proband. Auch hier ist die physische Beanspruchung und der Zeitbedarf zu groß.

Bismarck [20] überführte 1972 eine der praktikabelsten Methoden in die subjektive Geräuschanalyse, das Semantische Differential, welche sich auch in der Untersuchung von Fahrzeuggeräuschen durch Namba, Kuwano und Hashimoto [95, 123] bewährt hat. Auch diese Arbeit greift auf dieses Verfahren zurück.

Das semantische Differential ist ein von Osgood [157] in der Psycholinguistik entwickeltes Messverfahren der mehrdimensionalen Skalierung. Osgood erhob mit diesem Messinstrument die konnotative Bedeutung sprachlicher Zeichen. Heute findet das semantische Differential in vielen Bereichen der Psychometrie Anwendung. In der Psychoakustik dient es dazu, Hörempfindungen anhand von denotativen und konotativen Antonympaaren zu charakterisieren. Mit denotativen Bezeichnern sind physikalisch objektivierbare, dem konventionellen Sprachgebrauch der Adjektive entsprechende Eigenschaften, wie z.B. *laut-leise*, *hoch-tief*, gemeint, während konnotativ mit dem Geräusch assoziierte, emotive und evaluative Bedeutungskomponenten, wie z.B. *schwach-stark* und *gut-schlecht*, bezeichnet [14].

Das semantische Differential besteht aus einer Reihe von Antonympaaren wie z.B. *leise-laut* und *hoch-tief* bzw. Paaren von kontradiktorischen Begriffen wie z.B. *unangenehm-*

[1] Bewertung wird in dieser Arbeit als Synonym für Beurteilung verwendet.

angenehm, die auf einer siebenstufigen Skala gegenübergestellt sind. Die Probanden haben dann die Aufgabe, die Ausprägung z.B. eines dargebotenen Reizes anhand dieser Skala zu charakterisieren.

Für eine Reihe von Anwendungsgebieten gibt es bereits universelle semantische Differentiale. Das hat den Vorteil, dass die anschließend mit Hilfe der Faktorenanalyse gewonnenen orthogonalen Dimensionen zwischen verschiedenen Untersuchungen direkt miteinander verglichen werden können. Andererseits repräsentieren diese standardisierten Adjektive nicht jeden Sachverhalt der menschlichen Sinneswahrnehmung. Bei Anwendung des universellen semantischen Differentials erhält man nach Bednarzyk [16] sehr häufig eine so genannte EPA-Struktur, d.h. einen semantischen Raum, der sich aus den Dimensionen *Evaluation*, z.B. mit den Adjektiven *schön-hässlich* und *sauber-schmutzig*, *Potency* mit den Antonymen *stark-schwach* und *groß-klein* und einen Faktor namens *Activity*, den *aktiv-passiv* und *scharf-stumpf* näher bezeichnen.

Zur konkreten Beschreibung spezifischer Geräuschbestandteile ist es oftmals notwendig, ein konzeptspezifisches semantisches Differential als Messinstrument zu verwenden. Durch die Auswahl kontextspezifischer Adjektivpaarungen entstehen dann unter Umständen von der EPA Struktur abweichende Wahrnehmungsdimensionen. Bei der Auswahl der Antonympaare muss man allerdings sehr sorgfältig vorgehen. Zur Wahrung der Reliabilität der Messung ist es essentiell, dass alle Probanden den Bezeichnern die gleiche Bedeutung zuordnen und diese auch mit dem dargebotenen Reiz assoziieren können. Zudem ist es wichtig, dass alle verbalen Deskriptoren möglichst wahre Antonyme wie z.B. *glatt-rauh* oder *leise-laut* sind. Nach Möglichkeit sollten die sensorischen Begriffe eindimensional sein. Im Gegensatz dazu bezeichnen die hedonischen Deskriptoren meistens mehrdimensionale Empfindungen.

Nach Davison [58] sind die aus dem Semantischen Differential gewonnenen Bewertungen intervallskaliert, da er davon ausgeht, dass die Probanden den „Abstand" der einzelnen Skalenfelder gleich groß beurteilen. Das setzt allerdings voraus, dass die Skalenstufen nicht durch zusätzliche Abstufungen der Deskriptoren beschrieben sind. Somit erstreckt sich die Skalenbeschreibung von minus drei bis plus drei, wobei die Mitte mit null eine neutrale Einstellung bezüglich dieses Attributes erlaubt. Dieses Skalenniveau erlaubt im Gegensatz zur Ordinalskala die Auswertung über arithmetische Mittelwerte, das Testen mit dem F- und dem t-Test und eine Faktorenanalyse, für die ein metrisches Skalenniveau Voraussetzung ist.

2.1.10 Faktorenanalyse

Jeder Mensch verwendet zur Beschreibung seiner Hörempfindung eigene Adjektive [65]. Der Psychologe Charles Osgood hatte die Theorie, dass sich der gesamte beschreibende Wortschatz auf wenige Grunddimensionen reduzieren lässt [157]. D.h., obwohl man viele spezielle Adjektive zur Wahrnehmungsbeschreibung verwendet, gibt es doch Gruppen, die die gleichen oder zumindest stark verwandte Eindrücke ebenso beschreiben [96, 203]. Osgood bestimmte drei wesentliche Grunddimensionen, die er mit *Evaluation* (*gut-schlecht*), *Potency* (*hart-weich*) und *Activity* (*scharf-stumpf*) (EPA-Struktur) bezeichnete [157, 185].

Nachdem eine Probandengruppe die Ausprägung einer bestimmten Anzahl von Adjektivpaaren für einen Reiz bewertet hat, kann man den Beurteilungsraum mit Hilfe der explorativen Faktorenanalyse auf Basis der Hauptkomponentenanalyse nach Hotelling [104] ergründen. Dabei errechnet man in einem ersten Schritt die Korrelationsmatrix, mit deren Hilfe die Zuverlässigkeit im Bezug auf die Anwendung der zugrunde liegenden Daten auf die Faktorenanalyse geprüft werden kann [9]. Dazu dienen die Signifikanz, der Bartlett-Test auf Sphärizität [61], das Betrachten der Anti-Image Matrix [89], und das Kaiser-Meyer-Olkin-Kriterium [109]. Während die Signifikanz für eine große Korrelation zwischen den Variablen möglichst nahe null liegen muss [33], der Barlett-Test für ausreichende Unabhängigkeit von der Grundgesamtheit die kritische Irrtumswahrscheinlichkeit von $\alpha = 0.05$ nicht überschreiten darf [9], die Anti-Image-Kovarianz-Matrix für möglichst große Unabhängigkeit der Faktoren außerhalb der Diagonalen keine Werte oberhalb 0.09 erlaubt [61], sollte der KMO-Wert, der den Zusammenhang der Variablen prüft, größer als $KMO > 0.8$, mindestens jedoch $KMO > 0.5$ sein [181]. Die nach diesen Kriterien nicht ausgeschlossenen Variablen werden dann Faktoren zugeordnet, insofern sie eine Faktorladung größer als $k > 0.5$ aufweisen [49]. Die Restlichen schließt man von der Faktorenbildung aus. [194]

Als Entscheidungskriterium zur Festlegung der Anzahl der Wahrnehmungsdimensionen, dient das Kaiser-Kriterium. Demnach werden nur Faktoren gebildet, wenn deren Eigenwert größer als eins ist, d.h., wenn die Varianz des Faktors größer ist, als die einer einzigen darin enthaltenen Variablen. Mit Hilfe einer Varimax-Rotation ändern sich die Faktorladungen der Adjektivpaare. Dadurch lässt sich die Zugehörigkeit der einzelnen Adjektivpaare zu den Faktoren noch besser visualisieren [18].

2.1.11 KMO-Test

Das Kaiser-Meyer-Olkin Maß ist ein Maß für die Eignung der Variablen für die Faktorenanalyse. Es errechnet sich aus den Korellationskoeffizienten der Variablen.

$$KMO = \frac{\sum\sum r_{ij}^2}{\sum\sum r_{ij}^2 + \sum\sum a_{ij}^2} \quad \text{für} \quad i \neq j \tag{2.7}$$

Dabei ist r_{ij} der einfache Korrelationskoeffizient zwischen den Variablen i und j und a_{ij} der partielle Korrelationskoeffizient. Das KMO-Maß kann maximal den Wert eins annehmen, wobei man oberhalb eines Wertes von $KMO = 0,8$ von einer hohen Eignung der Variablen für die Faktorenanalyse ausgeht [11].

2.1.12 Barlett-Test

Der Barlett-Test auf Sphärizität BT ist ein Maß für die Gleichheit der Varianzen unterschiedlicher Gruppen und damit deren statistische Unabhängigkeit. Er errechnet sich nach Hanushek und Jackson [94] aus der Korrelationsmatrix verschiedener Gruppen und findet daher bei der Faktorenanalyse Anwendung.

$$BT = \frac{(n-k)\ln \hat{s_p^2} - \sum_{i-1}^{k}(n_{i-1})\ln \hat{s_i^2}}{1 + \frac{1}{2(k-1)}(\sum_{i-1}^{k}\frac{1}{n_{i-1}} - \frac{1}{n-k})} \tag{2.8}$$

Darin bezeichnet n den Umfang der Stichprobe und k die Anzahl der Gruppen. Den Umfang der i-ten Gruppe beschreibt n_i. Die Varianz der i-ten Gruppe wird mit $\hat{s_i^2}$ benannt und $\hat{s_p^2}$ steht für das gewichtete Mittel der Varianzen über alle Gruppen. Für den Barlett-Test auf Sphärizität ist die Normalverteilung der Daten zwingende Voraussetzung. Auch hier gilt ein Signifikanzniveau von 5% bzw. von 1% als Grundlage für die Ablehnung der Nullhypothese, nämlich der Aussage, dass die Unterschiede der Gruppen dem Zufall entstammen.

2.1.13 Conjoint Measurement

Dieses Verfahren, welches man auch als Verbundenes Messen bezeichnet, findet heutzutage hauptsächlich im Marketing Anwendung. Insbesondere wenn es darum geht, die Marktchancen für ein neues Produkt abzuschätzen, ist es ein häufig eingesetztes Mittel [206]. Dabei wendet es eine dekompositionelle Vorgehensweise an, indem sich der in Umfragen ermittelte Gesamtnutzen eines reellen oder fiktiven Produktes aus einer Kombination von dessen Produkteigenschaften und deren Ausprägungen ergibt. Man kann so aus dem Gesamtnutzen eines Produktes auf den Teilnutzen einer einzelnen Eigenschaft und deren Ausprägungen schließen. Mit einer daraus resultierenden Prognose ist es z.B. möglich, die

Relevanz einzelner Produkteigenschaften herauszuarbeiten, um diese gezielt zu beeinflussen und damit deren Güte zu steigern.

Für die Funktion, die die Abhängigkeit der Ausprägung einer Eigenschaft ins Verhältnis zum Gesamtnutzen setzt (in diesem Fall die Geräuschqualität), gibt es nach Gustafsson und Härdle [86], [90] vier Varianten. Zum einen kann dieser Zusammenhang linear sein, so dass der Gesamtnutzen mit einem einzelnen Faktor z.B. einer Produkteigenschaft direkt linear verknüpft ist. Andererseits gibt es die so genannten Ideal- und Anti-Idealpunktmodelle, welche einen Optimal- oder einen Minimalwert postulieren, von dem alle anderen Ausprägungen des Faktors entsprechend quadratisch an- oder absteigen. Diese so genannten Teilnutzwerte β_j für die Eigenschaft (Faktor) j berechnen sich dabei nach Hahn [91] gemäß Gleichung 2.9, wobei α der Gewichtungsfaktor für die jeweilige Eigenschaft j, v_{kj} die gegenwärtige Ausprägung der Eigenschaft j des Stimulus k, v_j^* die Idealausprägung einer Eigenschaft j und $r = 2$ der Minkowski-Parameter für ein euklidisches Idealpunktmodell ist.

$$\beta_j = \pm\alpha_j|v_{kj} - v_j^*|^r \tag{2.9}$$

Das Vierte, das Modell des separaten Teilnutzens in Gleichung 2.10, legt eine diskrete Abhängigkeit zugrunde. D.h., dass die Ausprägungen den Teilnutzen nicht in einer geschlossenen, linearen oder quadratischen Funktion formen, sondern dass jede Ausprägung einer Eigenschaft separat mit einem eigenen, funktionell unabhängigen, Teilnutzwert verbunden ist.

$$\beta_j = \sum_{a=1}^{A_j} \alpha_{aj} x_{aj} \tag{2.10}$$

Hierbei sind die α die Gewichtungsparameter der Eigenschaften j, die für jede Ausprägung a spezifisch sind. Ebenso bezeichnet das x die Signum-Funktion, die zusätzlich zu 2.9 von der jeweiligen Ausprägung a abhängt.

Ziel der iterativen Bestimmung der geschätzten Teilnutzwerte ist es dabei, dass diese den empirisch ermittelten Gesamtnutzen möglichst gut repräsentieren, welchen sie mit additiver Überlagerung prognostizieren. Somit ergibt sich nach Backhaus [9] der in Gleichung 2.11 gezeigte Zusammenhang zwischen Teil- und Gesamtnutzen.

$$y_k = \mu + \sum_{j=1}^{J} \sum_{a=1}^{M_j} \beta_{ja} \cdot x_{ja} \tag{2.11}$$

Darin entspricht y_k dem Gesamtnutzen des jeweiligen Stimulus k, während β_{ja} den Teilnutzwert für die Eigenschaft j mit der Ausprägung a bezeichnet. x_{ja} ist eine Signum-Funktion, die den Wert eins annimmt, wenn bei Stimulus k die Eigenschaft j in Ausprägung a vorliegt und ansonsten null ist. Hinzu kommt eine Konstante μ, die die durchschnittliche Präferenz über alle vergebenen Präferenzwerte widerspiegelt.

Geht man von einer Anzahl von fünf Wahrnehmungsdimensionen als eigenständige, charakterbeschreibende Eigenschaften aus, ergeben sich zusammen mit den jeweils sieben Ausprägungsstufen des semantischen Differentials $7^5 = 16807$ unterschiedliche Kombinationen, die für ein vollständiges Erhebungsdesign zur Conjoint Analyse notwendig wären. Natürlich ist es nicht möglich, so viele Geräusche zu finden und bewerten zu lassen, so dass alle Kombinationen abgedeckt werden. Deshalb bedient man sich eines orthogonalen Versuchsdesigns nach Addelman [2, 3], bei dem jede Ausprägung einer Eigenschaft genau einmal mit der Ausprägung einer anderen vorkommt, vgl. dazu auch Backhaus et. al. [9]. Sollte das so reduzierte Design die geforderten Ausprägungen immer noch nicht vollständig enthalten, treten *missing values* auf. Deshalb muss im Anschluss an die Conjoint Analyse erheblicher Wert auf die Überprüfung der Stabilität des Verfahrens und der Validität der Ergebnisse gelegt werden.

Eine individuelle Conjoint Analyse führt man über alle Versuchsteilnehmer einzeln durch. Die daraus resultierenden Teilnutzenwerte, und damit die probandenspezifischen Nullpunkte, müssen jedoch noch normiert werden, wenn man die verschiedenen Nutzenstrukturen miteinander vergleichen möchte. In dieser Untersuchung interessieren allerdings weniger die individuellen Ergebnisse, als vielmehr eine gesamtheitliche Beurteilung der Türgeräusche. Somit wendet man eine gemeinsame Conjoint-Analyse an, indem die Antworten aller Respondenten als Messwiederholungen auffasst werden, auf deren Basis ein durchschnittliches Präferenzmodell geschätzt wird [114, 199].

Die Spannweite, also die Streuung der errechneten Teilnutzen, gibt eine quantitative Auskunft über die Bedeutung eines Faktors. Somit ist es möglich, die Relevanz w_j der einzelnen Wahrnehmungsdimensionen j einzuschätzen. Dazu bedient man sich nach Hair [92] der Formel 2.12.

$$w_j = \frac{\max\limits_a(\alpha_{aj}) - \min\limits_a(\alpha_{aj})}{\sum\limits_{j=1}^{M}\left(\max\limits_a(\alpha_{aj}) - \min\limits_a(\alpha_{aj})\right)} \tag{2.12}$$

Im Zähler wird dabei die Differenz des jeweiligen Maximums und Minimums der Teilnutzen α_{aj} jeder Ausprägung a einer Eigenschaft j gebildet. Der Nenner ergibt sich aus der Aufsummierung dieser Differenz über alle Eigenschaften j. [87]

Validieren lässt sich die Conjoint Analyse durch den Vergleich zwischen realer Bewertung und dem ermittelten Gesamtnutzen, welcher anhand des Korrelationskoeffizienten nach Pearson r gemessen wird. Außerdem kann man eine Aussage zur Signifikanz eines jeden Teilnutzwertes gewinnen. Darüber hinaus ermöglicht das Verfahren die Verwendung von so genannten *hold outs*. Das sind im Fall dieser Arbeit in den Hörversuchen bewertete Geräusche, die jedoch nicht mit in die Modellbildung durch die Conjoint Analyse eingehen, von dieser aber im Nachhinein zur Prüfung der Validität mit Hilfe des Pearsonschen Korrelationskoeffizienten herangezogen werden. Im Zuge dieser Arbeit erhält man noch eine weitere Validierungsmöglichkeit. So gibt es Hörversuche mit völlig neuen Geräuschbeispielen, deren Güte ebenfalls beurteilt wurde. Nach Anwendung der Formel für den Gesamtnutzen auf die darin enthaltenen Ausprägungen kann man den errechneten und den subjektiven Wert miteinander vergleichen.

2.2 Akustische, anatomische und psychoakustische Grundlagen

Dieses Kapitel gibt einen Überblick über die für die Beschreibung der Geräuschbeurteilung wichtigen physikalischen Parameter. Des Weiteren wird das Ohr als Nachrichtenempfänger in seinem Aufbau und seiner Funktionsweise beschrieben. Daraus leiten sich die psychoakustischen Größen ab, die die menschliche Empfindung des akustischen Reizes widerspiegeln.

2.2.1 Physikalische Größen

Bevor die Psychoakustik versuchte, die menschliche Wahrnehmung von Schall zu messen und schließlich nachzubilden, verwendete man einfache logarithmische Maße wie den Pegel zur Beschreibung der Lautheitsempfindung, die aber als alleiniges Charakterisierungsmerkmal für ein Geräusch nicht ausreichend sind. Vielmehr muss man dessen Zeit- und Frequenzstruktur mit geeigneten Zeit-Frequenz-Transformationsverfahren analysieren, um eine Aussage über die auditive Wahrnehmung zu erhalten.

2.2.1.1 Pegelbestimmung und energetische Mittelung

Nach dem Fechnerschen Gesetz aus Gleichung 2.13 sind alle menschlichen Empfindungsstärken E durch eine logarithmische Änderung einer physikalischen Reizstärke (Intensität) S bestimmt. Die Konstante k ist dabei ein sinnesspezifischer Skalierungsfaktor der jeweiligen Reizdimension [85].

$$E = k * \log S \tag{2.13}$$

Auf Basis dieser psychologischen Erkenntnis steigt die Ausgeprägtheit aller Sinneseindrücke (Empfindungen) wie z.B. die Helligkeit des Sehens oder eben auch die Lautheit nur arithmetisch, wenn die physikalische Reizstärke geometrisch zunimmt [212]. Die Angabe der Lautstärke erfolgt Gleichung 2.13 entsprechend nicht durch den Schalldruck in Pascal sondern nach der logarithmischen Schreibweise durch den Schalldruckpegel L in dB. Entsprechend dem Luftdruck an der Ruhehörschwelle p_0 normiert man den Effektivwert des Schalldruckes $\tilde{p}_{eff}$ auf $p_0 = 2 * 10^{-5}\ Pa$, so dass sich der Schalldruckpegel L aus Gleichung 2.14 berechnet.

$$L = 20\,lg\frac{\tilde{p}_{eff}}{p_0} \tag{2.14}$$

Dieser so ermittelte Effektivwert des Schalldruckes ist demnach auch für die Beschreibung der Lautstärke eines instationären, sich in der Lautstärke ändernden Geräusches geeignet. Nach DIN 45631 [146] berechnet sich der dazu notwendige effektive Schalldruck durch energetische Mittelung über den betrachteten Zeitraum T gemäß Gleichung 2.15.

$$\tilde{p}_{eff} = \sqrt{\frac{1}{T}\sum_{i=0}^{T} p(i)^2} \tag{2.15}$$

2.2.1.2 A-Bewertung

In der reinen Angabe des Schalldruckpegels steckt keine Aussage über die menschliche Lautstärkewahrnehmung von Geräuschen mit unterschiedlichem Frequenzgehalt. Dieser Gehöreigenschaft trägt in gewissem Maße die in vielen technischen Bereichen anzutreffende und in ISO 10845 [147] genormte A-Bewertung Rechnung. Sie stellt dabei in Verbindung mit dem A-bewerteten Schalldruckpegel nach DIN EN 61672-1 [150] eine sehr grobe aber in der Praxis übliche [185] Annäherung der menschlichen Lautstärkeempfindung dar.

Die so erhaltene Frequenzbewertung findet auch in den Zeit-Frequenz-Transformationen, die die Strukturen von Türgeräuschen im Zeit-Frequenz-Bereich visualisieren, Anwendung. Für den Betrachter stellt die so gewonnene Darstellung ein nützliches Hilfsmittel zur Analyse von Fehlern, z.B. einem Nachschwingen, dar, die man zur überschlagsmäßigen Annäherung an die Frequenzabhängigkeit der menschlichen Lautstärkeempfindung nach ISO10845 [147] A-bewertet und somit auf die Kurve gleicher Lautheit bei $L_N = 20phon$ nach ISO226 [148] angleicht. Allerdings geben die so bewerteten Analysen nur einen überschlagsmäßigen Überblick über die Wahrnehmung. Das liegt zum Teil an der spiegelbildlichen, groben Annäherung der A-Bewertung an die tatsächliche $L_N = 20phon$ Kurve, wie Bild 2.1 aus [137] zeigt und daran, dass der Schalldruckpegel von Türgeräuschen ca. $60dB < L < 80dB$ beträgt, so dass durch die A-Bewertung im Verhältnis eine zu hohe Absenkung der tiefen Frequenzen erfolgt [185]. Daher wäre es sinnvoller, die Frequenzbewertung anhand der B-Bewertung nach ISO10845 durchzuführen, da sie für mittlere Pegel von $60dB < L < 90dB$, wie sie hier vorliegen, die menschliche Lautstärkeempfindung etwas besser widerspiegelt und tiefe Frequenzen somit stärker einbezieht. Allerdings hat sich die A-Bewertung in weiten Teilen der Akustik so auch in der Fahrzeugakustik als Quasistandard etabliert [195, 185]. So wurde auch in dieser Arbeit der A-bewerte Schalldruckpegel zur Normierung der Geräusche herangezogen.

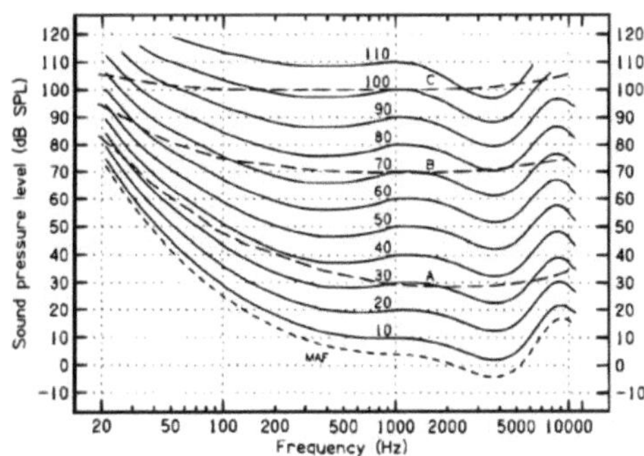

Abbildung 2.1: Gegenüberstellung der A, B und C Bewertungskurven mit den phon-Kurven (Kurven gleicher Lautheit) aus [137]

2.2.1.3 Zeit-Frequenz-Transformationsalgorithmen

Die Analyse eines auditorischen Streams gemäß Kapitel 2.2.2.4 durch das Gehör erfolgt anhand einer Art Mustererkennung [36]. Dabei zerlegt der Hörsinn das einfallende Signal in seine Bestandteile im Zeit- und Frequenzbereich und identifiziert anhand der darin enthaltenen Struktur akustische Objekte. Ein Ziel dieser Arbeit ist es, ähnlich der Arbeitsweise des menschlichen Gehörs, die wesentlichen Charakteristika eines Türgeräusches aus dem einfallenden Zeitsignal zu extrahieren und zu bewerten. Dazu ist es jedoch notwendig, zunächst einmal ein geeignetes Zeit-Frequenz-Transformations Verfahren zu ermitteln, dass im Zeit- und Frequenzbereich eine dem Hörsinn adequate Auflösung bietet.

Für Türgeräusche sind geeignete Zeit-Frequenz-Transformationen aufgrund der schnellen zeitlichen Änderung der impulshaltigen Bestandteile noch wenig erforscht. Denn auch wenn sich ein Öffnungs- oder Schließvorgang für den Menschen aufgrund der zeitlichen Verdeckung des Ohres oftmals nach einem einfachen Knall anhört, so besteht er dennoch aus einer Reihe von zeitlich sehr dicht aufeinander folgenden Einzelereignissen, die durch die auditive Wahrnehmung gruppiert werden und in der Summe den Gesamteindruck formen. Diese zu ergründen, bedarf es eines Algorithmus, der sowohl im Zeit-, als auch im Frequenzbereich eine ausreichend hohe Auflösung bietet. Deshalb untersucht Kapitel 2.2.1.3

verschiedene mathematische Zeit-Frequenz-Transformationen und bewertet sie auf ihre Anwendbarkeit zur Merkmalsextraktion von Türgeräuschen.

2.2.1.3.1 Grundlagen der Zeit-Frequenz-Transformation

Türgeräusche bestehen aus einem komplexen, impulshaften Signal. Anders als synthetische Dirac-Impulse haben diese reellen, kurzzeitigen Ereignisse einen endlichen Anstieg und somit einen Frequenzschwerpunkt und sind nicht immer über den gesamten, akustisch wahrnehmbaren Frequenzbereich ausgedehnt. Außerdem können einzelne schmalbandige Anteile, abklingende Schwingungen, direkt zwischen oder nach den eigentlichen Hauptereignissen auftreten. Diese entstehen beispielsweise durch eine durch den Öffnungsimpuls angeregte Schwingung einer Blechstruktur im Türbereich. Die Anzahl der Ereignisse, die tonalen Schwerpunkte im Hauptgeräusch und die zusätzlichen schmalbandigen Komponenten tragen dabei alle zum Gesamtgeräusch bei und müssen während der Entwicklung analysiert und modifiziert werden. Dabei ist es natürlich von besonderem Interesse zu wissen, zu welchem Zeitpunkt und in welchem Frequenzbereich eine solche akustische Auffälligkeit vorhanden ist. Zur Auswertung ist es möglich, sich den Zeit- und den Frequenzbereich getrennt voneinander anzuschauen. Da es sich jedoch nicht um statische, sinusförmige Signale mit immer gleichem Frequenzinhalt handelt und auch nicht nur um impulshafte Spitzen, ist eine gekoppelte Analyse des Zeit-Frequenz-Bereiches von Vorteil [77]. Dies führt zu der Frage, welche Zeit-Frequenz-Transformations-Verfahren sowohl den zeitlichen Verlauf, als auch die spektrale Verteilung annähernd gehörgerecht beschreiben können.

Zeit-Frequenz-Transformationen (TFR für time-frequency-representation) werden im Allgemeinen nach der Ordnung des inneren Signalproduktes der Transformationsgleichung eingeteilt. Die linearen $TFR = f(s(k))$, wie z.B. die Kurzzeit-Fourier-Transformation, die quadratischen $TFR = f([s(k)]^2)$, wie z.B. die Wigner-Ville Verteilung und die TFRs höherer Ordnung $TFR = f([s(k)]^n)$ mit $n > 2$, zu denen man auch die adaptiven Methoden wie das Matching Pursuit Verfahren zählt [115].

In Anbetracht der Tatsache, dass in dieser Arbeit akustische Ereignisse und deren Wirkung auf den Menschen betrachtet werden, empfiehlt sich eine Einteilung nach der Breite der Frequenzbänder in Verfahren mit konstanter Bandbreite und solche mit variabler.

2.2.1.3.2 Fourier-Transformation

Die Fourier-Transformation als Integraltransformation ist das klassische Verfahren, um die Frequenzzusammensetzung eines Zeitsignals zu erschließen. Dabei zerlegt sie dieses nach Formel 2.16 in seine Elementarschwingungen [132].

$$x_k = \sum_{n=0}^{N-1} x(n) e^{-j2\Pi \frac{kn}{N}} \tag{2.16}$$

In der hier dargestellten digitalen Form, auch Diskrete-Fourier-Transformation genannt, bezeichnet der Parameter n das gegenwärtig betrachtete Sample, N die Gesamtzahl aller Samples k die k-te Frequenzkomponente und $x(n)$ die Amplitude des betrachteten Samples. Daraus lassen sich die Amplituden x_k der jeweiligen Elementarschwingungen im Frequenzbereich berechnen. Aufgrund des integralen Charakters der Fouriertransformierten werden jegliche Amplitudenänderungen im betrachteten Zeitraum N gemittelt und sind somit anschließend nicht mehr auflösbar.

2.2.1.3.3 1/n-tel Oktavspektrum

Bei der einfachen Fourier-Transformation zerlegt man ein Zeitsignal in die Gesamtheit seiner Grundschwingungen. Dieses in vielen Bereichen der Technik etablierte Verfahren beachtet aber in keiner Weise die Frequenzselektivität des menschlichen Hörsinns. Er fasst einzelne Frequenzbereiche bis $f = 500Hz$ linear und darüber hinaus logarithmisch zusammen und wertet nicht jede einzelne Elementarschwingung einzeln aus. Um der Empfindung wieder ein Stück näher zu kommen, fasst man einzelne Frequenzbereiche ebenso zusammen. Daraus ergeben sich so genannte $1/n$-Oktavebandspektren, die in Abhängigkeit des Parameters n eine mehr oder weniger starke Gruppierung durchführen. Die Variable n variiert dabei vom Terzspektrum, mit $n = 3$ bis zu $n = 1/96$ für sehr genaue Darstellungen. Die Mitten- f_m und Grenzfrequenzen f_{oben} und f_{unten} der $1/n$-Oktavspektren sind in DIN 61260:2003 [149] festgelegt und ergeben sich aus den Gleichungen 2.17, 2.18 und 2.19.

$$f_m = 10^{\left(\frac{3}{10}\cdot\frac{1}{n}\cdot k\right)} \cdot 1000; \tag{2.17}$$

$$f_{unten} = 10^{\left(\frac{3}{10}\cdot-\frac{1}{2}\cdot\frac{1}{n}\right)} \cdot f_m; \tag{2.18}$$

$$f_{oben} = 10^{\left(\frac{3}{10}\cdot\frac{1}{2}\cdot\frac{1}{n}\right)} \cdot f_m; \tag{2.19}$$

2.2.1.3.4 Kurzzeit-Fourier-Transformation

Die ältesten Zeit-Frequenz-Algorithmen haben konstante Bandbreiten. Das heißt, dass sie über den gesamten Analyseraum die gleiche Frequenz- und Zeitgenauigkeit aufweisen. Zu ihnen gehören z.B. die Kurzzeit-Fourier-Transformation und die Wigner-Ville-Verteilung. Die Kurzzeit-Fourier-Transformation (im Folgenden auch als STFT für short-time-fourier-transformation bezeichnet) [25, 50, 26] bildet nach [83] die Grundlage für die meisten anderen Zeit-Frequenz-Darstellungen. Sie zerlegt ein Signal in seine Kosinus- und Sinusanteile.

Bei der STFT erhält man den zeitlichen Bezug dadurch, dass die theoretisch unendlich lange Fourier-Transformation durch Multiplikation mit einer Fensterfunktion im Zeitbereich in kleine Blöcke unterteilt wird. Die Mittelung des Frequenzinhaltes erfolgt dann nur noch im Bereich des jeweiligen Blockes. Diese Blockbildung hat allerdings für den betrachteten Bereich (Block) ebenfalls eine Mittelung des zeitlichen Amplitudenverlaufes zur Folge. Daraus resultiert bei der STFT ein festes Verhältnis von Auflösung im Zeit- und Genauigkeit im Frequenzbereich, welches man nach [22] als die „Heisenbergsche Unschärferelation“ bezeichnet. Mathematisch ergibt sich diese Beziehung für die STFT nach [23, 101, 37, 47] aus dem Produkt der effektiven Zeitdauer $D_t(h)$ (entspricht der Zeitgenauigkeit) und der Bandbreite $D_f(h)$ (entspricht der Frequenzauflösung) zu:

$$D_t(h)D_f(h) \geq \frac{1}{4} \tag{2.20}$$

Die beste Zeit-Frequenz-Auflösung liefert dabei das Gauß-Fenster. Es erfüllt als einziges das minimale Heisenberg-Produkt von 1/4. Genauer gesagt, beschreibt die Heisenbergsche Unschärfe Relation die Tatsache, dass eine genaue Frequenz eines Schallereignisses zu einer bestimmten Zeit nicht lokalisierbar ist. Zur exakten Bestimmung der Frequenz muss das Zeitsignal demnach erst eine gewisse Zeitdauer beobachtet werden. Dadurch verliert man jedoch an Zeitpräzision. Somit gilt es immer, einen Kompromiss zwischen guter Frequenzauflösung und damit einhergehender Verschlechterung der Zeitauflösung durch größere Blockgröße einerseits und guter Zeitauflösung mit aus der kleineren Blockbreite resultierenden, schlechteren Frequenzauflösung andererseits zu finden [24]. Auf den Punkt gebracht, ist die Frequenzauflösung bei der STFT umgekehrt proportional zur Zeitauflösung. D.h. verdoppelt man die Frequenzauflösung, verschlechtert sich die Zeitauflösung. Abbildung 2.2 verdeutlicht diesen Zusammenhang.

Die diskrete STFT ergibt sich nach [73, 103] zu:

$$S(m) = \frac{1}{N} \sum_{k=0}^{N-1} s(k)h(k-n)e^{\frac{-j2\pi mk}{N}} \tag{2.21}$$

und beinhaltet die in Tabelle 2.2.1.3.4 aufgeführten Parameter.

Wie man aus dieser Gleichung bereits erkennen kann, beeinflusst die Gestalt der Fensterfunktion das Ergebnis der STFT maßgeblich. So sind z.B. das Rechteck-, das Barlett-, das Gauß-, das Hann- und das Hamming-Fenster in der Praxis sehr oft angewandte Funktionen. Bei Verwendung eines Gauß-Fensters wird die STFT zu Ehren des ungarischen Physikers Denis Gabor auch Gabor-Transformation genannt [80]. Ein Nachteil der Fensterung ist jedoch der so genannte Leakage-Effekt, bei dem durch das Abschneiden der Zeitfunktion zusätzliche Frequenzanteile zum eigentlichen Spektrum hinzukommen. Dieser tritt auf, wenn

$s(k)$	zu analysierendes diskretes Signal an Stelle k
$h(k-n)$	Fensterfunktion an Stelle k-n
N	Anzahl der Abtastwerte im Zeitfenster = DFT Blocklänge
m	Momentanfrequenz
n	Zeitliche Verschiebung der Fensterfunktion

Tabelle 2.1: Parameter der Kurzzeit-Fourier-Transformation

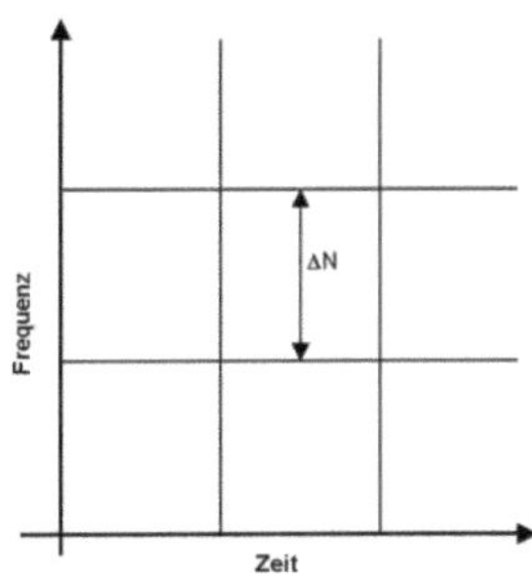

Abbildung 2.2: Konstante Aufteilung der Zeit-Frequenz-Ebene bei der Kurzzeit-Fourier-Transformation

keine ganzzahlige Anzahl von Perioden im Zeitfenster liegt, was bei realen Geräuschen mit komplexer Zeit- und Frequenzzusammensetzung praktisch immer der Fall ist. Zum Vergleich der Eigenschaften von Fensterfunktionen bedient man sich der Amplitudendämpfung a und der Breite des Hauptmaximums [176]:

$$a = \frac{Amplitude\ des\ höchsten\ Nebenmaximums}{Amplitude\ des\ Hauptmaximums} \tag{2.22}$$

$$\frac{Amplitude\ bei\ f_0}{Amplitude\ bei\ f_3} = 3dB \tag{2.23}$$

$$B = f_3 - f_0 \tag{2.24}$$

Die Gleichungen 2.23 und 2.24 ermöglichen es, die Breite des Hauptmaximum B anhand der 3dB Grenzfrequenz zu berechnen. Dabei wird die Frequenz f_3 ermittelt, bei der die Amplitude des Hauptmaximums um 3dB abgeklungen ist. Im Allgemeinen haben Fensterfunktionen, deren Nebenmaxima niedrig bleiben, die also ein sehr geringes a besitzen, ein sehr breites Hauptmaximum, welches zu einer schlechteren Frequenzlokalisation führt. Aus diesem Umstand ist also ersichtlich, dass für den Fall, dass die Anzahl der vom Zeitfenster erfassten Perioden nicht ganzzahlig ist, keine optimale Fensterfunktion existiert. Es ist also immer ein Kompromiss aus guter Frequenzlokalisation und hoher Abbildungsgenauigkeit durch Dämpfung der Nebenmaxima zu finden. Im Folgenden werden einige Fensterfunktionen vorgestellt.

Das Rechteckfenster ist nach [169] definiert mit:

$$h(k) = \begin{cases} 1, & 0 \leq k \leq N-1 \\ 0, & sonst \end{cases} \tag{2.25}$$

Es ist aufgrund des ausgeprägten Leakage Effektes nur anwendbar, wenn es das ganze Signal oder zumindest eine ganzzahlige Anzahl von Perioden einschließt, da sonst breitbandige Verschmierungen zum eigentlichen Spektrum hinzukommen. Für impulsförmige Geräusche ist es jedoch unabdingbar, da deren Amplitudenverlauf durch den unkonstanten Amplitudenverlauf anderer Zeitfenster nicht korrekt analysiert werden würde [174]. Es besitzt von allen Fenstern das schmalste Hauptmaximum und damit die höchste Frequenzauflösung.

Möchte man jedoch ein komplexes Signal, dessen Komponenten unterschiedliche Periodendauern haben, mit der STFT analysieren, ist es notwendig, ein anderes Fenster zu verwenden. Für die Analyse von Geräuschen hat sich dabei insbesondere das Hann-Fenster bewährt [161, 191]. Hierbei handelt es sich um eine verschobene Kosinus-Funktion zwischen $-\pi$ und $+\pi$, die wie folgt definiert ist [132, 4]:

$$h(k) = \begin{cases} \frac{1}{2}[1 - cos(\frac{2\pi k}{N-1})], & k = 0, 1, ..., N-1 \\ 0, & sonst \end{cases} \tag{2.26}$$

Zwar besitzt das Hann-Fenster nach [163] im Frequenzbereich mit $B = \frac{8\pi}{2N+1}$ im Vergleich zum Rechteck-Fenster mit $B = \frac{4\pi}{2N+1}$ ein doppelt so breites Hauptmaximum, jedoch ist bereits das erste Nebenmaximum mit 31dB erheblich stärker gedämpft, als das des Rechteck-Fensters mit nur 13dB. Das hat zur Folge, dass die spektrale Verbreiterung des STF- transformierten Eingangssignales durch das Hann-Fenster wesentlich geringer ausgeprägt ist, als bei Anwendung des Rechteck-Fensters.

Das Hamming-Fenster besitzt nach [155] eine Amplitudendämpfung des ersten Nebenmaximums von 41dB und eine Breite des Hauptmaximus von $B = \frac{8\pi}{N}$. Es ist nach [4, 156, 24, 176] definiert als:

$$h(k) = \begin{cases} 0,54 - 0,46\cos(\frac{2\pi k}{N-1}), & 0 \leq k \leq N-1 \\ 0, & sonst \end{cases} \tag{2.27}$$

[1]Das Hann-Fenster wird umgangssprachlich in Anlehnung an des Hamming-Fenster auch oft als Hanning-Fenster bezeichnet.

Gegenüber dem Hann-Fenster klingt das Hauptmaximum beim Hammingfenster zwar nur ca. halb so schnell ab, dafür sind die Nebenmaxima deutlich stärker gedämpft, was in einer geringeren spektralen Verbreiterung durch die Fensterfunktion resultiert. Aus diesem Grund wird auch in allen folgenden auf Fensterung basierenden Analysefunktionen das Hamming-Fenster verwendet.

Anwendung findet die Hamming-gefensterte STFT in Kapitel 4.1 auf einen Sinussweep und auf ein reales Türgeräusch. Dort wird sie auch mit den anderen im Folgenden vorgestellten Verfahren der Zeit-Frequenz-Transformation verglichen.

2.2.1.3.5 Wigner Ville Distribution

Die Wigner-Ville-Verteilung (WVD für Wigner-Ville distribution) wurde 1932 von Eugene Wigner im Zusammenhang mit der Quantenmechanik entwickelt [205] und von Jean Ville 1948 in die Signalverarbeitung überführt [196]. Es handelt sich dabei um die Fourier-Transformierte der zeitabhängigen Autokorrelationsfunktion [64]. Sie kann auch als eine STFT betrachtet werden, deren Fensterfunktion die zeit- und frequenzversetzte Eingangsfunktion an sich ist [166]. Dadurch, dass die Funktion zweimal in die Berechnung mit einbezogen wird, zählt man sie zur Gruppe der bilinearen Transformationen [4]. Der Vorteil der WVD gegenüber der Kurzzeit-Fourier-Transformation ist die erheblich höhere Zeit- und Frequenzauflösung, die nicht durch die Unschärferelation beschränkt ist [142], was sie neben der STFT zu der wohl beliebtesten Zeit-Frequenz-Transformation gemacht hat [83]. Allerdings erzeugt sie Kreuzterme und negative Werte, die einer negativen Energie entsprechen, und somit physikalisch nicht möglich sind. Diese Kreuzterme sind dabei physikalisch unerklärbare Positionen in der Zeit-Frequenz-Ebene. Mit Hilfe von Glättungsalgorithmen im Zeitbereich lassen sie sich allerdings eindämmen [115, 142]. Ausführlichere Informationen über Kreuzterme findet man in den Veröffentlichungen von Boashash, Hlawatsch und Kühn [23, 100, 111]. Eine weitere Reduktion dieser Kreuzterme im Frequenzbereich kann man durch Einbringen einer Fensterfunktion (auch als Glättungsfunktion zu verstehen) erreichen [188]. Die so entstehende Transformation wird als Pseudo-Wigner-Ville-Verteilung bezeichnet. Auch die Kreuzterme im Zeitbereich sind unter Verwendung einer Tiefpass-Funktion eindämmbar, woraus dann die geglättete Pseudo-Wigner-Ville-Verteilung (smoothed pseudo Wigner-Ville distribution) resultiert. Das Problem bei allen Glättungsverfahren ist allerdings der Auflösungsverlust im Zeit- und Frequenzbereich, der die Anwendung für die Türgeräuschuntersuchungen in Frage stellt. Die einfache diskrete Wigner-Ville-Verteilung ist nach Mertins und Ammerahl [132, 5] definiert als:

$$W(k,m) = 2 \sum_{n=-(N-1)}^{N-1} s(k-n)s(k+n)e^{\frac{-j4\pi mn}{N}} \qquad (2.28)$$

$s(k-n)$	zu analysierendes diskretes Signal an Stelle k-n
$s(k+n)$	zu analysierendes diskretes Signal an Stelle k+n
N	doppelte Anzahl der Abtastwerte im Zeitfenster = 2fache Blocklänge
m	Momentanfrequenz
n	zeitliche Verschiebung

Tabelle 2.2: Deskriptoren der Wigner-Ville-Verteilung

Tabelle 2.2 erläutert die darin enthaltenen Parameter näher.

Aufgrund der halben Verschiebungszeit der Autokorrelation muss für die diskrete Wigner-Ville-Verteilung mit der doppelten Abtastfrequenz gerechnet werden, da es sonst im oberen Frequenzbereich zu Interferenzen kommt. Damit ist auch die Anzahl der Abtastwerte N doppelt so groß. Wenn die temporäre Autokorrelationsfunktion $s(k-n)s(k+n)$ nur mit der einfachen Abtastrate gegeben ist, werden beim Überabtasten die Zwischenwerte mit Nullen ergänzt.

2.2.1.3.6 Wavelet

Die durchgezogene Kurve in Darstellung 2.5 entspricht der theoretisch berechneten Heisenbergschen Unschärferelation, der auch das Gehör unterliegt. So sinkt die Fähigkeit des Hörsinns, Tonhöhen von immer kürzeren Impulsen bezüglich ihrer Frequenz voneinander zu unterscheiden, was sich in der immer größer werdenden Bandbreite Δf widerspiegelt. Alles in Allem tauscht das Gehör in hohen Frequenzen seine Tonhöhenunterscheidung gegen die Fähigkeit der zeitlichen Detektion von Impulsen aus.

Daran angelehnt gibt es Zeit-Frequenz-Transformations-Verfahren, die sich genau diese Tatsache zur Hilfe nehmen und im Gegensatz zu den Verfahren mit konstanter Bandbreite bei hohen Frequenzen auf Kosten der Frequenzgenauigkeit an Zeitauflösung gewinnen. Diese besitzen einen konstanten Quotienten aus gegenwärtig betrachteter Mittenfrequenz und Frequenzbandbreite. Alle im Anschluss betrachteten Verfahren entsprechen Transformationen mit variabler Bandbreite.

Wie die Kurzzeit-Fourier-Transformation gehören auch die Wavelets zu den Algorithmen der linearen Zeit-Frequenz-Transformationen [142, 133]. Sie wurden hauptsächlich zur Untersuchung seismischer Vorgänge entwickelt [143, 125, 82]. Grundlegende Beiträge findet man in den Veröffentlichungen von Daubechies, Mallat und Meyer [52, 127, 54, 53, 134] aus den 80-er Jahren. Typische Einsatzgebiete der Wavelets sind nach Niederholz [143] die Analyse und Diagnose, die Codierung, Quantisierung und Kompression, die Übertragung und

Speicherung sowie die Aufbereitung, Rekonstruktion und Synthese von Signalen.

Die besondere Eignung der Wavelets zur Untersuchung seismischer Daten liegt in der spezifischen Fähigkeit, hochfrequente Komponenten geophysikalischer Signale über einen relativ kurzen und niederfrequente Signale über einen relativ langen Zeitraum zu analysieren. Hier zeigt sich auch der größte Vorteil gegenüber der Kurzzeit-Fourier-Transformation. Diese kann nicht gleichzeitig beide Phänomene genau genug auflösen [143]. Im Prinzip handelt es sich bei der Wavelet-Analyse um eine Faltung des Eingangssignals mit einer Elementarfunktion im Zeitbereich. Deren zeitliche Länge bestimmt dann die spektrale Lage und Ausdehnung der Signalkomposition. So sind zeitlich weit ausgedehnte Elementarfunktionen relativ schmalbandig und tieffrequent, wohingegen eine zeitlich sehr kurz andauernde Basisfunktion auf ein hochfrequentes und breitbandiges Spektrum schließen lässt. Überlagert man jetzt die Spektren dieser verschiedenen Skalierungen, ergibt sich eine nahezu logarithmische, spektrale Zusammensetzung, wobei die Bandbreiten der einzelnen Komponenten proportional zu den Mittenfrequenzen sind. Diese Eigenschaft wird nach Qian und Niederholz [166, 143] als Filterung mit konstanter Güte $Q = \frac{Mittenfrequenz}{Bandbreite}$ bezeichnet.

Das daraus resultierende, logarithmische Auflösungsvermögen und die konstante Güte kommen auch vielen menschlichen Sinneseindrücken in der Optik und der Akustik sehr entgegen [84, 51]. In dieser Arbeit ist die akustische Sinneswahrnehmung relevant. Betrachtet man das Frequenzauflösungsvermögen des menschlichen Ohres, so kann man ebenfalls einen logarithmischen Verlauf erkennen [36]. Während niedere Frequenzen bis ca. $f < 500Hz$ nahezu linear und mit sehr feiner Auflösung ausgewertet werden, fasst das Gehör höhere Frequenzen zunehmend gröber zusammen. Bei der Analyse instationärer, sehr kurzzeitiger akustischer Signale ist diese Tatsache sehr von Vorteil [102]. So kann sich das Analyseverfahren, wie es bei der Wavelet-Transformation der Fall ist, bei hohen Frequenzen auf eine gröbere Frequenzrasterung beschränken, um damit aufgrund der relativ kurzen Basisfunktion an Zeitinformation zu gewinnen und trotzdem bei niederen Frequenzen auf Kosten der Zeitauflösung die benötigte hohe Frequenztreue erreichen.

Prinzipiell ist die Wavelet-Transformation (WVT) eine Korrelation des Eingangssignals mit einer Familie von Fensterfunktionen, den Wavelets [213]. Das so genannte Mother-Wavelet Ψ der kontinuierlichen Wavelet-Transformation, entsteht dabei durch Translation und Dilation der zeitlich lokalisierten Basisfunktion und ist nach Boashash und Niederholz [24, 143] definiert als:

$$\Psi_{b,a} = \frac{1}{\sqrt{|a|}}\Psi\left(\frac{t-b}{a}\right) \tag{2.29}$$

a	Dilationsparameter = Streckungsparameter $a \in \Re^{\neq 0}$
b	Translationsparameter = zeitliche Verschiebung $b \in \Re$
t	Zeit

Tabelle 2.3: Deskriptoren der Wavelet-Transformation

Durch Variation des Dilationsparameters a erreicht man eine Stauchung und Streckung des Wavelets, was im Frequenzbereich ein breites (kleines a) oder ein schmales Spektrum (großes a) erzeugt. Dabei sorgt der Normierungsfaktor $\frac{1}{\sqrt{|a|}}$ dafür, dass die Gesamtfläche zwischen Frequenzachse und dem Graphen des Wavelets im Frequenzbereich für alle Wavelets eins ist.

Nach Anwendung der Parsevalschen Identität ergibt sich die Wavelet-Transformierte W eines Eingangssignals $s(\omega)$ zu [166]:

$$W_{\Psi}(b,a) = \frac{\sqrt{|a|}}{2\pi} \int_{-\infty}^{\infty} s(\omega)\Psi(a\omega)e^{jb\omega}d\omega \qquad (2.30)$$

Variiert man neben dem Parameter a noch die zeitliche Lage mit Hilfe des Translationsparameters b erhält man aus der daraus resultierenden kontinuierlichen Wavelet-Transformation eine Zeit-Skalen-Darstellung des zu untersuchenden Eingangssignals, welche durch Annäherung einer Pseudofrequenz auch als eine Zeit-Frequenz-Darstellung angesehen werden kann. Diese Pseudofrequenz f ergibt sich nach Abry und Schlagner [174, 1] aus der jeweiligen Mittenfrequenz f_m des Wavelets und dem Dilationsparameter a aus Gleichung 2.31.

$$f = \frac{f_m}{a \cdot f_s} \qquad (2.31)$$

Tabelle 2.4 erklärt die darin enthaltenen Parameter.

f_m	waveletspezifische Mittenfrequenz
f_s	Samplingfrequenz
a	Dilationsparameter (Skalierung)
f	Pseudofrequenz

Tabelle 2.4: Parameter der Umrechnung des Skalierungsparameters in die Pseudo-Frequenz

Die aus Gleichung 2.30 erhaltenen Werte $W_{\Psi}(b,a)$ können zur Zeit-Frequenz-Darstellung im Phasenraum genutzt werden. Dabei ist die Darstellung der quadratischen Koeffizienten mit $|W_\Psi(b,a)|^2$ überführbar in die Verteilung der Signalenergie $|W_\Psi(b,f)|^2$ und wird in der Visualisierung als Scalogram bezeichnet [174].

Die Aufteilung in der Zeit-Frequenz-Ebene zeigt Abbildung 2.3:

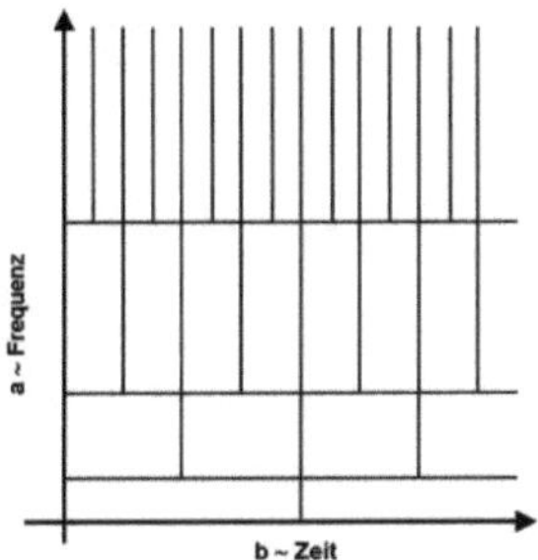

Abbildung 2.3: Sich in Abhängigkeit des Dilationsparameters a verändernde Auflösung in der Zeit-Frequenz-Ebene bei der Wavelet-Transformation

Darin beschreibt die Ordinate den Dilationsparameter a bzw. die Pseudofrequenz f. Es ergibt sich mit steigendem a eine gröbere Frequenz-, jedoch eine feinere Zeitauflösung, die zur zeitlichen Lokalisation der einzelnen Türgeräuschimpulse notwendig ist.

Für die Verwendung einer Funktion als Mother-Wavelet existiert nach Chui und Arafat [47] folgende Bedingung:

Jede quadratisch integrierbare Funktion $\Psi_{b,a} \in L^2(\Re)$, deren Fourier-Transformierte $\hat{\Psi}(\omega)$ stetig ist und die durch Translation und Dilation aus einer zeitlich lokalisierten Bandpassfunktion mit der Calderon-Konstanten $C_\Psi = \int_{-\infty}^{\infty} \frac{|\hat{\Psi}(\omega)|^2}{|\omega|} d\omega < \infty$ hervorgeht, wird als zulässiges Wavelet bezeichnet. Dabei ist die Endlichkeit der Calderon-Konstanten C_Ψ so zu deuten, dass die Fourier-Transformierte $\hat{\Psi}$ schnell genug abfallen und das $\hat{\Psi}(0) = 0$ sein muss [47, 143, 153, 7]. Damit ist ein Wavelet eine rasch abklingende oszillierende Funktion mit endlicher Leistung, die nur in einem kurzem Zeitbereich ungleich Null ist.

Auf Grundlage dieser Beziehung wurden in der Vergangenheit für verschiedene Anwendungsgebiete eine Vielzahl von Wavelets entwickelt. Möchte man ein Zeitsignal unter dem Aspekt einer sehr guten zeitlichen Lokalisation mittels eines Wavelets analysieren, so ist das Haar-Wavelet nahe liegend. Es hat von allen Wavelets die mit Abstand beste Zeitlokalisierung und ist nach Chui und Mertins [48, 143, 132, 166, 22] definiert als:

$$\Psi(t) = \begin{cases} 1 & f\ddot{u}r \quad t \in [0, \frac{1}{2}] \\ -1 & f\ddot{u}r \quad t \in [\frac{1}{2}, 1] \\ 0 & f\ddot{u}r \quad sonst \end{cases} \tag{2.32}$$

Die gute Zeitlokalisierung bedingt allerdings große Sprünge im Zeitbereich und eine damit einhergehende sehr schlechte Frequenzgenauigkeit durch ausgeprägte Nebenmaxima. Umgekehrt verhält es sich mit dem Sinc-Wavelet. Es basiert auf einem idealen Tiefpassfilter, welcher in einen Bandpass transformiert wird und somit im Frequenzbereich sehr gut lokalisiert ist. Definiert wird es nach Resnikoff und Qian [170, 166] durch folgenden Ausdruck:

$$\Psi(t) = \frac{\sin\left(\pi\left(\frac{t}{2}-\frac{1}{4}\right)\right)}{\pi\left(\frac{t}{2}-\frac{1}{4}\right)} \cos\left(3\pi\left(\frac{t}{2}-\frac{1}{4}\right)\right) \tag{2.33}$$

Sowohl das Haar- als auch das Sinc-Wavelet haben entweder Nachteile in der Zeit- oder in der Frequenzgenauigkeit. Aus diesem Grund hat man in den 80-er Jahren andere Wavelets entwickelt, die zwar nicht an die jeweilige gute Auflösung im Zeit- oder Frequenzbereich heranreichen, dafür in dem jeweils anderen Bereich auch nicht so eklatante Nachteile aufweisen [83]. Von den in dieser Arbeit untersuchten Wavelets sind im Folgenden ein paar repräsentative dargestellt.

Das in der Signalverarbeitung gebräuchlichste Wavelet ist nach Mertins [132] das Morlet-Wavelet, eine modulierte Gauß-Funktion. Es ist nach Torrence und Schlagner [174, 190] definiert als:

$$\Psi(t) = \frac{1}{\sqrt[4]{\pi}} e^{-j\eta t} e^{\frac{-t^2}{2}} \tag{2.34}$$

Der Parameter η bestimmt dabei die Mittenfrequenz des Wavelets, welche sich aus Gleichung 2.35 berechnet.

$$f_m = \frac{\eta + \sqrt{2+\eta^2}}{4\pi} \tag{2.35}$$

Ein weiteres sehr verbreitetes Wavelet ist das Mexican-Hat Wavelet. Es bietet gegenüber dem Morlet-Wavelet bei geringer Verschlechterung der Frequenzauflösung einen Gewinn an Zeitauflösung. Berechnet wird es nach Daubechies [54] aus der Formel:

$$\Psi(t) = \frac{2}{\sqrt[4]{9\pi}} (1-t^2) e^{\frac{-t^2}{2}} \tag{2.36}$$

Die Mittenfrequenz ist hier eine Konstante mit $f_m = 0,25Hz$.

Eine sehr hohe Frequenzauflösung durch seine bandbegrenzte Ausdehnung im Frequenzbereich verspricht auch das Meyer-Wavelet [60]. Damit neigt es weniger zum „Rauschen", d.h. zur spektralen Verbreiterung, als z.B. das Haar- oder das Morlet-Wavelet [168]. Nach Louis und Elden [125, 22, 62] wird es im Frequenzbereich definiert als:

$$\hat{\Psi}(\omega) = \frac{1}{\sqrt{2\pi}} e^{j\frac{\omega}{2}} (b(\omega) + b(-\omega)) \tag{2.37}$$

mit:

$$b(\omega) = \begin{cases} sin(\frac{\pi}{2}\nu(\frac{3\omega}{2\pi} - 1)), & \frac{2\pi}{3} \leq \omega \leq \frac{4\pi}{3} \\ cos(\frac{\pi}{2}\nu(\frac{3\omega}{4\pi} - 1)), & \frac{4\pi}{3} \leq \omega \leq \frac{8\pi}{3} \\ 0, & sonst \end{cases} \tag{2.38}$$

und

$$\nu(\omega) = \begin{cases} 0 \quad wenn \quad \omega \leq 0 \\ 1 \quad wenn \quad \omega \geq 1 \end{cases}, \; und \quad \nu(\omega) + \nu(1-\omega) = 1 \tag{2.39}$$

Betrachtet man die Vielfalt an Wavelets mit ihren unzähligen variablen Parametern, ist es schwierig, das optimale Anwendungsgebiet einzelner Wavelets zu definieren. Auch in dieser Arbeit wurden deshalb die hier dargestellten und andere Wavelet-Funktionen verschiedener Ordnung (z.B. Daubechie-, Coiflets, Symlets, Spline-Wavelet) untersucht und miteinander verglichen. Dabei erwies sich das Meyer-Wavelet für die Untersuchungen zum Türgeräusch als das mit dem besten Kompromiss aus hoher Frequenzauflösung in Frequenzen bis $f < 1kHz$ und hoher Zeitauflösung mit dennoch ausreichender Frequenzauflösung bei Frequenzen oberhalb von $f > 5kHz$. Aus diesem Grund wird das Meyer-Wavelet als repräsentatives Wavelet für die weiteren Betrachtungen verwendet.

2.2.1.3.7 Matching Pursuit

Einen ganz anderen Ansatz zur Zeit-Frequenz-Analyse verfolgt der Matching-Pursuit-Algorithmus (MP) von Mallat [126]. Dieses Verfahren geht davon aus, dass viele Signale $s(t)$ durch die iterative Superposition einer einzigen variierbaren Prototyp-Funktion h modelliert werden können [80, 56, 48, 159, 166, 24]:

$$s(t) = \sum_k A_k h_k(t) \tag{2.40}$$

Wobei $h_k(t)$ die Elementarfunktionen beschreibt, die sich komplett durch einen Satz von Parametern festlegen lässt. A_k ist dabei ein Gewichtungsfaktor, der durch das Innenprodukt $A_k = \langle s, h_k \rangle$ gebildet wird, wenn der Satz von Funktionen $\{h_k\}_{k \in Z}$ eine Orthogonalbasis formt [166]. Mallat benennt diesen Satz von Funktionen h_k als Wörterbuch (*dictionary*) [126].

Im Folgenden soll der Algorithmus des Matching Pursuit näher erläutert werden. Im ersten Durchgang sei $k = 0$ und $s_0(t) = s(t)$ das Eingangssignal. Dann gilt es aus dem Wörterbuch $h_k(t)$ diejenige Funktion herauszufinden, die dem Eingangssignal am nächsten kommt, in der Form, dass der quadrierte Betrag von A_k maximal wird:

$$|A_k|^2 = \max_{h_k} |\langle s_k(t), h_k(t) \rangle|^2 \tag{2.41}$$

Im Anschluss errechnet sich das Restsignal s_{k+1} durch Subtraktion des gefundenen Teilsignals $A_k h_k(t)$ vom Eingangssignal $s_k(t)$ nach folgendem Ausdruck:

$$s_{k+1}(t) = s_k(t) - A_k h_k(t) \tag{2.42}$$

In Abhängigkeit von der Anzahl der Durchläufe k nähert sich die Restfunktion s_{k+1} so immer weiter an null an. D.h., der Fehler, der bei dieser Approximation entsteht, ist theoretisch für $k \to \infty$ am kleinsten und steigt, je weniger Iterationen durchgeführt werden. Somit gibt es auch einen direkten Zusammenhang zur Wörterbuchgröße. Je größer der Umfang an Funktionen $h_k(t)$, desto größer ist die Wahrscheinlichkeit, dass eine im Wörterbuch abgelegte Funktion ziemlich genau der Eingangsfunktion entspricht und so der Fehler des Restermes minimal wird. Durch die vielen zu variierenden Parameter und die große Anzahl von Iterationen ist der Rechenaufwand sehr groß.

Aufgrund der damit erreichten Beschreibung eines Signals mit wenigen Parametern einer vorher festgelegten Basisfunktion ist eine sehr effiziente Datenkomprimierung möglich. Durch die Codierung nur dieser Lage- und Formparamter ist das Datenvolumen mit einem daraus resultierenden relativ geringen Satz an Funktionen meist wesentlich niedriger als das Originalsignal.

Die bei den Türgeräuschen benötigte Anwendung ist jedoch eine andere. Ein komplettes Türgeräusch mit Hilfe der vorher beschrieben Zeit-Frequenz-Transformationen umzuformen, ist stets mit starken Ungenauigkeiten behaftet. MP ermöglicht es nun durch die Extraktion der einzelnen analytisch geschlossenen Teilstücke, jedes einzelne davon in den Zeit-Frequenz-Bereich zu überführen. Dazu bedient es sich der Wigner-Ville-Transformation.

$$WVD_s(t,\omega) = \sum_k A_k^2 WVD_{h_k}(t,\omega) + \sum_{k \neq q} A_k A_q * WVD_{h_k h_q}(t,\omega) \tag{2.43}$$

Dabei bezeichnet der erste Ausdruck die Wigner-Verteilung der Signal-Terme, der zweite Teil repräsentiert hingegen die Kreuzterme der Wigner-Verteilung.

Unter der Bedingung, dass $h_k(t)$ eine einheitliche Energieverteilung hat und die Wigner-Ville-Verteilung energieerhaltend ist, kann man folgenden Ausdruck für die Wigner-Transformation herleiten [166]:

$$AS(t,\omega) = \sum_k |A_k|^2 WVD_{h_k}(t,\omega) \tag{2.44}$$

Diese Transformationsgleichung beinhaltet keine Kreuzterme mehr, so dass lediglich das extrahierte Teilstück in den Zeit-Frequenz-Bereich transformiert wird und man somit eine wesentlich sauberere Abbildung im Frequenzbereich erhält, als bei anderen Methoden.

Für den Satz an Funktionen $h_k(t)$, der mit dem Eingangssignal verglichen wird, sind mehrere verschiedene Basisterme anwendbar. So z.B. die Gabor-Funktion, die den Funktionsvorrat wie folgt definiert:

$$h_k(t) = \sqrt[4]{\frac{\alpha_k}{\pi}} e^{\left(\frac{\alpha_k}{2}(t-t_k)^2 + j\omega_k(t-t_k)\right)} \tag{2.45}$$

Wobei $\alpha_k > 0$ und t_k, ω_k Element der reellen Zahlen sind. Der Parameter α_k ist dabei die inverse Varianz der Gaußfunktion bei t_k und ω_k und entspricht etwa dem Dilationsparameter a in der Wavelet-Transformation. Mit Hilfe der Variation von t_k und ω_k wird die Mittenfrequenz und die zeitliche Lokalisierung geändert, wohingegen die Varianz die zeitliche Ausdehnung der Basis-Gabor-Funktion bestimmt. So erreicht man die bestmögliche Übereinstimmung mit der Eingangsfunktion $s(t)$. Die Zeit-Frequenz-Darstellung entspricht in etwa einer Ellipse mit den Zentren t_k und ω_k. Eine abrupte Änderung im Zeitbereich wird so mit einer relativ kleinen Varianz und eine lang andauernde Schwingung mit einer großen Varianz angenähert. Die komplette Zeit-Frequenz-Darstellung des Matching-Pursuit mit Gabor-Wörterbuch ergibt sich aus [207]:

$$AS(t,\omega) = 2\sum_k |A_k|^2 e^{\left(-\alpha_k(t-t_k)^2 - \frac{1}{\alpha_k}(\omega-\omega_k)^2\right)} \tag{2.46}$$

Das Ergebnis des MP vereint die Vorteile des Scalogramms eines Wavelets mit dem Spektrogramm der Kurzzeit-Fourier-Transformation. Die gute Zeitauflösung, die beim Wavelet in hohen Frequenzbereichen vorhanden ist, und die genaue Frequenzauflösung einer STFT mit einer lang andauernden Fensterfunktion sind hier gleichzeitig über den ganzen Frequenzbereich möglich. Außerdem entstehen keine negativen Werte wie bei der Wigner-Ville-Verteilung [167].

Aufgrund dieses enormem Auflösungsvorteils hat der MP-Algorithmus bereits in vielen Bereichen der Signalverarbeitung Anwendung gefunden. So gibt es Forschungsansätze, welche die Auswertung von EEGs in der Medizin, die ISAR Radarbildanalyse [166], die Detektion von Erdbebenwellen [162], die Bildkompression [124], die Videocodierung [44] und die Verarbeitung von Audiosignalen [81, 207, 208, 55] mit Hilfe von MP-Algorithmen ermöglichen.

Dem jeweiligen Anwendungsgebiet entsprechend, kann das Wörterbuch neben den Gabor-Atomen auch aus anderen Basisfunktionen bestehen. So gibt es unter anderem MP-Algorithmen mit „Gaussian Chirplets“ (auch Baraniuk-Mann Wavelet genannt) [208, 162], mit harmonischen Sinus- und Kosinuswellen [46], mit orthogonalen Wavelets oder Dirac-Funktionen sowie eine Kombination aus verschiedenen Basisfunktionen [126, 57].

Auch bei der Analyse von Türgeräuschen ist eine MP-Version mit einem gemischten Wörterbuch von Vorteil. Hier sind sehr kurze Impulse und länger andauernde, harmonische Anteile vorhanden. Deshalb sind auch Dirac-Funktionen und harmonische Komponenten im Wörterbuch enthalten. Ebenfalls untersucht werden Wörterbücher mit orthogonalen Wavelets und Gaborfunktionen. Aus Gründen des erheblichen Speicherbedarfes und der immensen Rechendauer in Matlab musste der Algorithmus jedoch nach jeweils 1000 Iterationen abgebrochen werden. Dies führt bei komplexen Eingangssignalen natürlich zu keiner exakten Abbildung. Die so entstandene Zeit-Frequenz-Darstellung zeigt jedoch das Potential dieses Verfahrens.

2.2.1.3.8 Constant Q Transformation

Die durch die Wavelet-Analyse erreichte, nahezu logarithmische Frequenzauflösung kommt der menschlichen Schallanalyse sehr entgegen. Gleichzeitig bietet jedoch die Kurzzeit-Fourier-Transformation durch Faltung mit Sinus- und Kosinus-Funktionen im Frequenzbereich die Möglichkeit, sinusförmige Signalanteile besser aus einem Schall zu extrahieren, als dies mit einem Wavelet möglich ist. Bei einem Türgeräusch sind allerdings beide Analysen von Vorteil.

Brown analysierte das Obertonspektrum von Violinen mit Hilfe der Kurzzeit-Fourier-Transformation. Allerdings gab diese den Abstand zwischen zwei Obertönen im unteren Frequenzbereich nicht mehr mit genügend hoher Auflösung wieder, wohingegen bei hohen Frequenzen eine unnötige Redundanz berechnet wurde. Die daraufhin von ihr entwickelte Analysefunktion veröffentlichte sie in [39] unter dem Namen Constant-Q-Transformation. Dieser Begriff kann allerdings zu Missverständnissen führen, da einige Veröffentlichungen aufgrund des festen Verhältnisses von Bandbreite zu Mittenfrequenz auch ein Wavelet als Constant-Q-Transformation bezeichnen, so z.B. auch van Boogaart in [32].

Genau genommen, handelt es sich bei der CQT im Sinne von Brown aber um eine unvollständige Wavelet-Transformation [182]. Wie auch bei den Wavelets bezeichnet das Q den Quotienten aus Bandbreite Δf und Mittenfrequenz f_m. Im Gegensatz dazu wird die Eingangsfunktion im Zeitbereich allerdings nicht mit einem Mother-Wavelet sondern wie bei der STFT mit einer Fensterfunktion multipliziert und anschließend nach Fourier transformiert. Das Resultat ist eine mit der Frequenz steigende Zeitauflösung, was sehr zur Einzelimpulsdetektion eines Türgeräusches beiträgt. Zusammengefasst ergibt sich für die Berechnung der CQT das Q aus:

$$Q = \frac{f_m}{\Delta f} \tag{2.47}$$

Somit bestimmt das Q die Zeitauflösung in Abhängigkeit der Frequenz zu:

$$Q = \frac{1}{2^{\frac{1}{12m}} - 1} \tag{2.48}$$

Die Variable m beschreibt hier die Anzahl der Koeffizienten pro Halbton. Damit sind $12m$

die Anzahl der betrachteten Koeffizienten pro Oktave, also pro Frequenzverdopplung. Nach Brown ist das m für die Analyse von Oberschwingungen auf zwei oder vier zu setzen, damit auch in hohen Frequenzen noch eine ausreichend hohe Frequenzauflösung vorhanden ist.

Daraus resultiert eine von Q abhängige, variable Fensterbreite $N[k] = \frac{f_s Q}{f_m}$, die nach Brown [39] in die Grundgleichung der Kurzzeit-Fourier-Transformation wie folgt eingeht:

$$X(k) = \frac{1}{N[k]} \sum_{n=0}^{N[k]-1} W[k,n]x[n]e^{\frac{-j2\pi Qn}{N[k]}} \tag{2.49}$$

f_s steht hier für die Samplingfrequenz. Außerdem berechnet sich die jeweilige Mittenfrequenz f_m aus:

$$f_m(k) = (2^{\frac{1}{24}})^k f_{min} \tag{2.50}$$

Der in der Veröffentlichung von Brown auf $2^{\frac{1}{24}}$ (1,029) festgelegte Faktor bestimmt die Frequenzauflösung der CQT und wird in der hier vorliegenden Untersuchung mit einem Wert von 1,005 genauer gewählt.

Die CQT hat jedoch einige negative Seiten. So entsteht ein Informationsverlust, der zu hohen Frequenzen hin zunimmt [39, 182]. Dadurch, dass die Fensterbreite zu oberen Frequenzen abnimmt und das dort liegende Fenster auf das Fenster mit der längsten Zeitdauer zentriert ist, gibt es im oberen Frequenzbereich nicht betrachtete Bereiche zwischen den einzelnen Fenstern. D.h., sollte in so einem Zwischenraum ein stark band- und zeitbegrenzter Impuls vorhanden sein, wird dieser nicht mit in die Berechnung einbezogen. Diesem Problem kann man jedoch ansatzweise mit entsprechender Überlappung entgegenwirken [99]. Trotzdem folgt aus diesem Informationsverlust die Nichtumkehrbarkeit, d.h., dass es zur CQT keine Rücktransformation gibt. Außerdem ist die CQT keine geschlossene Orthogonal-Transformation wie z.B. die STFT, auch wenn die einzelnen Blöcke der jeweiligen Koeffizienten für sich genommen orthogonal sind.

Trotz der nicht zu vernachlässigenden Nachteile überwiegen in vielen akustischen Anwendungen die Vorteile der CQT. So findet man vielfältige Anwendungen in den Veröffentlichungen von Brown [39, 41, 40, 42], Stigge [182], Izmirli [106], Purwins [165], Chatterji [45] und Ellis [63].

In den Untersuchungen zum Türgeräusch haben sich folgende Parameter für die CQT als sinnvoll herausgestellt:

Fenster	Hamming
minimale Frequenz f_{min}	50Hz
maximale Fensterlänge	20ms
Anzahl der zu berechnenden Frequenzen	1237 (ergibt sich aus $\frac{log(\frac{Abtastrate/2}{minimaleFrequenz})}{log(Frequenzauflösung)}$)

Tabelle 2.5: Für die Untersuchungen zum Türgeräusch verwendete Parameter der CQT

2.2.2 Gehöreigenschaften

Das reale, physikalisch messbare Schallsignal wird auf dem Weg zur auditven Wahrnehmung durch den anatomischen Aufbau des Gehörs verändert. Das folgende Kapitel erläutert deshalb den grundsätzlichen Aufbau des Hörorgans und gibt einen Überblick über sich daraus ergebende und für diese Arbeit relevante Schallbeeinflussungen.

2.2.2.1 Aufbau des Gehörs

Das Ohr ist das Sinnesorgan, das den Luftschall in Nervenspikes umsetzt, aus denen das Hörereignis anschließend neuronal „berechnet" wird (mechanisch-neuronale Transformation). Grundsätzlich wird das Ohr in das Außenohr, das Mittelohr und das Innenohr unterteilt. Zum äußeren Ohr zählen die Ohrmuschel und der Gehörgang. Die Ohrmuschel fängt den Luftschall auf und leitet ihn zum Trommelfell. Bei jedem Menschen hat diese trichterförmige Hautfalte eine individuelle Form und Größe, die aufgrund der geometrischen Gegebenheiten eine kleine Resonanzstelle im Frequenzgang im Bereich von $2 > f > 4$ kHz verursacht. An das zum Mittelohr zugehörige Trommelfell schließen die drei Gehörknöchelchen Hammer, Amboss und Steigbügel an. Deren Aufgabe ist die Weiterleitung und Verstärkung des Schalls zum Innenohr. Dieser dritte Teil des Ohres beinhaltet in den Bogengängen das Gleichgewichtsorgan und die Schnecke (Cochlea), das eigentliche Hörorgan. Sie ist mit Flüssigkeit, der Endo- und Perilymphe, gefüllt und enthält die Basilarmembran mit Ihren Haarzellen [172].

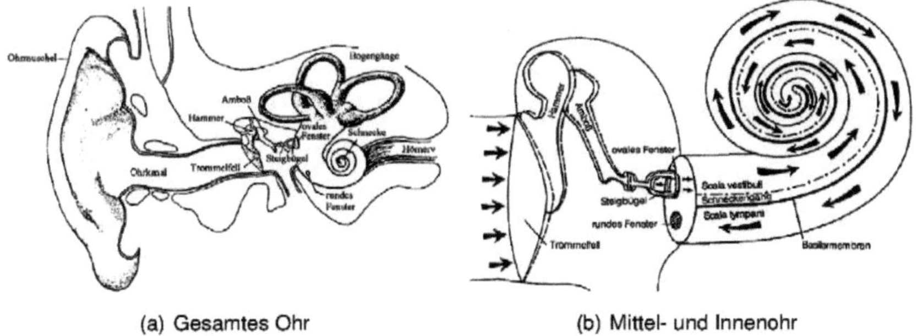

(a) Gesamtes Ohr

(b) Mittel- und Innenohr

Abbildung 2.4: Anatomischer Aufbau des menschlichen Hörorgans

Der eintreffende Schall regt das Trommelfell zum Schwingen an. Über die Gehörknöchelchen wird eine Impedanzwandlung durchgeführt, die diese Erregung an die in der Schnecke befindliche Flüssigkeit, die Perilymphe, überträgt. Die Sinneszellen, vor allem die auf der Basilarmembran, sind letztlich für die mechanisch - elektrische Wandlung (Luftschallwellen in Impulse für den Hörnerv) des Schalls verantwortlich. Angeregt durch die mechanische Bewegung der Flüssigkeit, schwingt die Basilarmembran dabei in Form einer Wanderwelle [17]. Die Steifigkeit nimmt vom Steigbügelfuß im Verhältnis von 10000:1 ab, wodurch die Welle im hinteren Verlauf langsamer, und die Wellenlänge kürzer wird. Die Amplituden erhöhen sich jedoch aufgrund der größeren Flexibilität. Daraus ergibt sich für jede Frequenz ein spezifischer Ort auf der Basilarmembran, an der die Auslenkung einen Maximalwert annimmt. Dort werden auch die Haarzellen maximal ausgelenkt, woraus ein hörbarer Reiz resultiert. Die Beschaffenheit des Gehörgangs, die Schallübertragung und -wandlung, sind für die spezifische Hörwahrnehmung verantwortlich. Insbesondere der Aufbau der Basilarmembran bestimmt die Frequenzselektion und die logarithmische Frequenzempfindlichkeit des Menschen.

2.2.2.2 Empfindlichkeit des Hörsinns

Der Frequenzbereich, den ein Mensch durch Hören wahrnehmen kann, ist stark altersabhängig und liegt etwa zwischen $f = 16Hz$ und $f = 16kHz$. Im Allgemeinen haben jüngere Personen eine höhere obere Grenze als ältere. Während die obere Grenzfrequenz bei Säuglingen durchaus $f = 20kHz$ betragen kann, wird sie im Alterungsprozess und durch dauerhafte Lärmbelästigung durch die Umwelt zu niedrigeren Frequenzen hin verschoben. Das heißt, dass ein älterer Mensch sehr hohe Frequenzen erst ab einem wesentlich höheren Schalldruckpegel wahrnehmen kann, als ein gesunder junger. Schalle mit Frequenzen oberhalb des menschlichen Hörbereiches werden als Ultraschall bezeichnet, Frequenzen unterhalb $f = 16Hz$ als Infraschall. Deren Wahrnehmung erfolgt nur durch Körperschall und kann z.B. Übelkeitserscheinungen während der Autofahrt hervorrufen [43, 220, 222]. Der Dynamikumfang des Ohres ist dem anderer Sinne um ein Vielfaches überlegen. So erstreckt sich der wahrnehmbare Schalldruck von $p = 10^{-5}\frac{N}{m^2}$ bis $p = 10^2\frac{N}{m^2}$ bei Frequenzen von $f = 2 - 4kHz$, wobei man den gerade noch wahrnehmbaren Pegel bei tonalen oder schmalbandigen Signalen als Ruhehörschwelle bezeichnet. Diese ist frequenzabhängig und wird in den Kurven gleicher Lautstärke nach DIN 45630 veranschaulicht.

Die Schmerzschwelle des Gehörs liegt am oberen Ende des Dynamikumfanges bei $p = 20\frac{N}{m^2}$ bis $p = 100\frac{N}{m^2}$. Da eine physiologische Schädigung bei Schalldruckpegeln nahe der Schmerzgrenze sehr wahrscheinlich ist, schützt sich das Ohr ab Drücken von $p = 0,2\frac{N}{m^2}$ durch den Trommelfellspanner, der die Übersetzung zum Mittelohr ändert und somit dämpft [218].

Das menschliche Gehör kann nach Zwicker [217] eine Pegeländerung von $\Delta L = 1dB$ erkennen. Somit ergeben sich ca. 600 Pegelstufen von der Ruhehörschwelle bis zur Schmerzgrenze, die der Mensch zu separieren in der Lage ist.

2.2.2.3 Zeitliche Maskierung des Hörsinns

Fastl [66] untersuchte mit Hilfe der Abfrage- und der Einregelmethode die Frequenzauflösung des menschlichen Gehörs. Dafür befragte er Probanden, die Sinustöne verschiedener Frequenz aber gleicher Zeitdauer und Sinustöne gleicher Frequenz aber unterschiedlicher zeitlicher Dauer zu hören bekamen, ob sich bei gleichem Pegel eine andere Tonhöhenempfindung einstellt. Aus seinen Untersuchungen mit einem Schalldruckpegel von $L = 70dB$, deren Ergebnisse teilweise in Tabelle 2.6 und in Abbildung 2.5 zu sehen sind, kann man schließen, dass der menschliche Hörsinn die Zeit-Frequenz-Analyse nicht linear vornimmt.

	Testtondauer Δt							
	2ms	5ms	10ms	20ms	50ms	100ms	200ms	500ms
f_m in Hz	Δf in Hz							
125	-	-	28,8	11,8	4,4	2,5	1,9	1,7
250	-	-	24,1	9,4	3,1	1,3	0,9	0,8
500	-	-	19,0	6,9	3,0	1,9	1,3	1,2
1k	-	-	22,7	7,8	4,3	2,9	2,5	1,6
2k	-	56,8	25,7	13,9	7,8	4,9	4,1	2,8
4k	244,4	149	102,2	64,6	42,1	24,6	14,4	15,3

Tabelle 2.6: Bandbreiten Δf, die sich aus der Unterscheidbarkeit der Tonhöhe in Abhängigkeit der Tondauer Δt und der Mittenfrequenz f_m ergeben [66].

Vielmehr zeigt die in [66] veröffentlichte Tabelle 2.6, dass der Mensch erst Sinustöne umso genauer in der Frequenz wahrnehmen kann, je länger sie andauern. Vor allem aber ist erkennbar, dass die Unterscheidbarkeit der Testsignale für höhere Mittenfrequenzen deutlich schlechter ausfallen als für die niedrigerer Frequenz, selbst bei einer relativ langen Dauer von $t = 500ms$ für den Testton. Daraus ist ersichtlich, dass zum einen die Frequenzunterscheidungsfähigkeit mit zunehmender Signaldauer zunimmt, diese andererseits von der jeweiligen Mittenfrequenz abhängt und sich zu höheren Mittenfrequenzen hin verschlechtert.

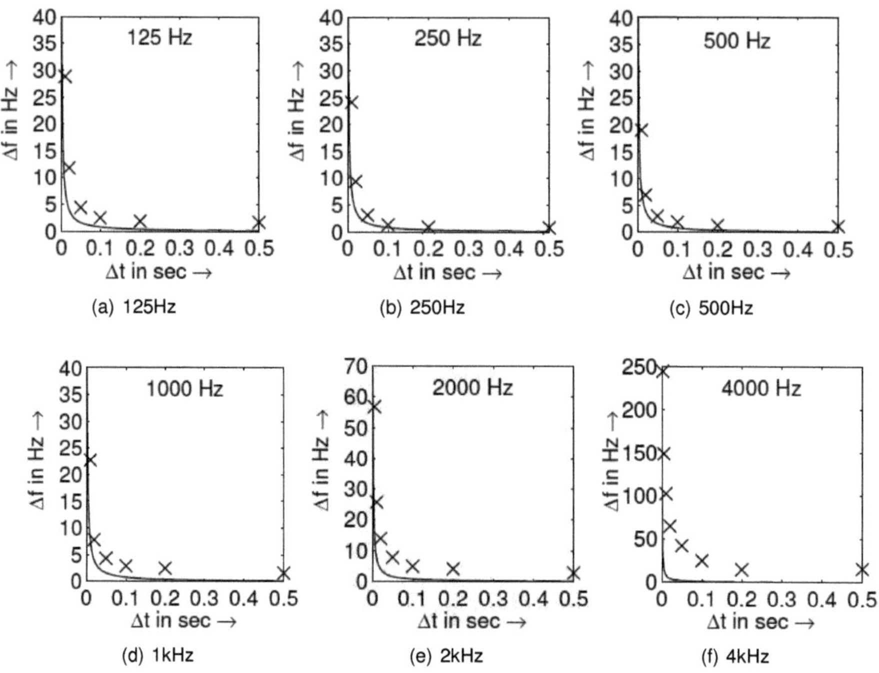

Abbildung 2.5: Frequenzunterschiedsschwellen Δf in Abhängigkeit von Tondauer Δt [66]

Neben der Bandbreitenauflösung in Abhängigkeit der zeitlichen Dauer eines Testsignales teilte Zwicker die zeitliche Maskierung gemäß Grafik 2.6 aus [217] in drei Bereiche ein.

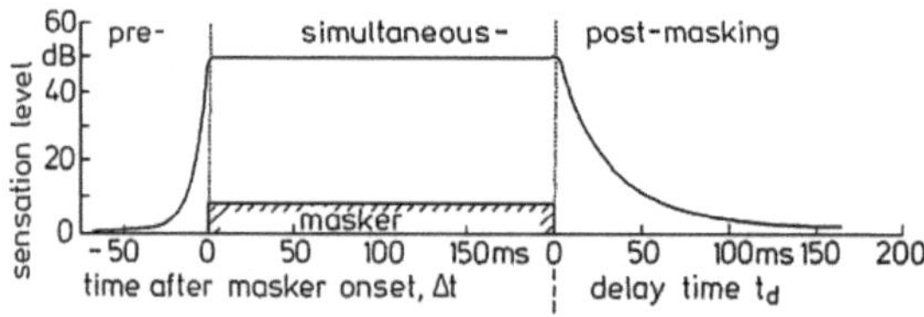

Abbildung 2.6: Einteilung der zeitlichen Maskierung des Gehörs in Vor-, Simultan- und Nachverdeckung

Die Vorverdeckung entsteht dabei durch unterschiedliche Signallaufzeiten im Gehirn. Dort wird lauteren Geräuschen eine höhere Priorität auf der Signallaufbahn eingeräumt als leiseren [160]. Das führt dazu, dass die Ruhehörschwelle bereits $t = 20ms$ vor Beginn des eigentlichen Geräuschereignisses angehoben wird. Diese Zeit ist nicht vom Pegel abhängig sondern fest. Vielmehr wird mit steigendem Pegel des Maskierers der Anstieg der Mithörschwelle steiler.

Die Simultanverdeckung beschreibt die Anhebung der Mithörschwelle während der Dauer des maskierenden Schalls. Dabei kann es zu Beginn des Maskierers bei zwei sich im Spektrum stark voneinander unterscheidenden Geräuschen (gemeint sind maskierender und maskierter Schall) zu einem so genannten Overshoot kommen, der die Mithörschwelle kurzzeitig um bis zu $\Delta L = 10dB$ anhebt. Die Bestandteile von Türgeräuschen sind aber im Wesentlichen Impulse, so dass von einer ähnlichen spektralen Verteilung und damit einhergehend mit einer geringen Ausprägung des Overshoot-Effektes ausgegangen wird.

Nach dem Abschalten des maskierenden Schalls erfolgt die Nachverdeckung. Deren Kurvenverlauf ist abhängig vom Pegel des vorherigen Maskierers, was Grafik 2.7 aus [217] veranschaulicht und die mit Hilfe eines $t = 20ms$ langen Gaußimpulses gemessen wurde (zu betrachten sind die durchgezogenen Kurven).

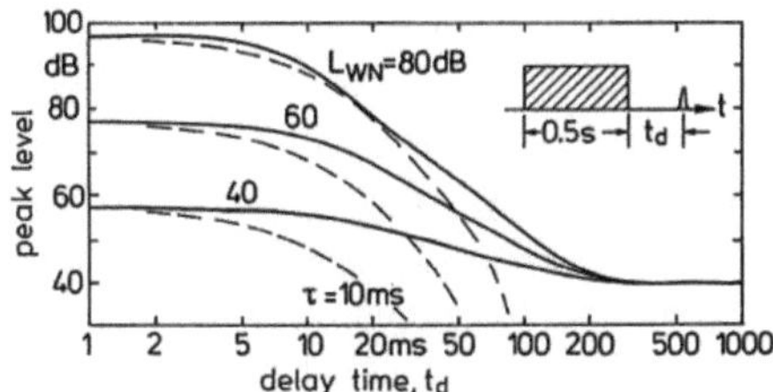

Abbildung 2.7: Zeitliche Nachverdeckung des Gehörs in Abhängigkeit des Pegels des Maskierers

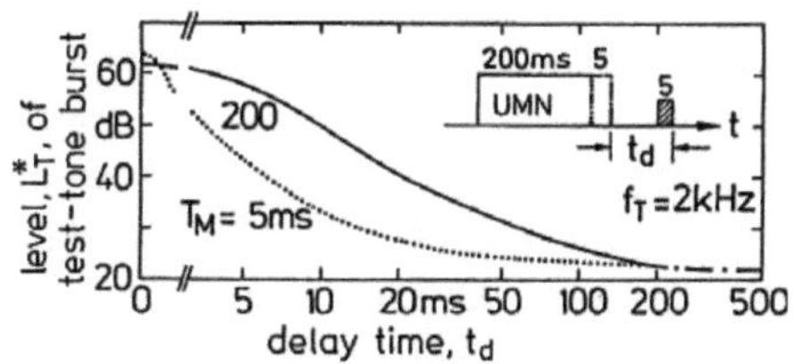

Abbildung 2.8: Zeitliche Nachverdeckung des Gehörs in Abhängigkeit der Dauer des Maskierers

Für alle Pegel des Maskierers gilt, dass die Mithörschwelle nach $t = 200ms$ in einem mehr oder weniger steilen Kurvenverlauf auf die Ruhehörschwelle abgesunken ist. Ebenso besteht eine Abhängigkeit von der Dauer des Maskierers, die den Kurvenverlauf beeinflusst.

Dies ist in Abbildung 2.8 dargestellt.

2.2.2.4 Auditory Scene Analysis

Möchte man der subjektiven Bewertung von Schallereignissen näher kommen, muss man sich mit der auditorischen Signalverarbeitung befassen. So erzeugen ein oder mehrere Schallquellen sich überlagernde Schalldruckschwankungen, welche aus einem Gemisch von Teilkomponenten bestehen, die er im Zeitbereich und im logarithmischen Frequenzbereich analysiert und klassifiziert. Mit diesem Prozess der akustischen Wahrnehmung des menschlichen Hörsinns beschäftigt sich die auditorische Szenenanalyse. Sie beschreibt die Mechanismen und Verarbeitungsstrategien, die vom auditorischen System genutzt werden, um einzelne Ereignisse aus einem einfallenden Schallsignal zu extrahieren und die relevanten Informationen herauszufiltern [13]. Nach Bregman [36] teilt der Hörsinn das eingehende Schallsignal zunächst in sehr kleine Merkmale, die so genannten *features*, auf und verwendet nach Yost [210] dabei als Entscheidungskriterien deren spektrales Profil, die Harmonizität, die interaurale Zeit- und Pegeldifferenz, Amplitudenanstiege und -abfälle sowie deren eventuelle Amplituden- oder Frequenzmodulation. Im Anschluss versucht er, größere Sinneinheiten, die *events*, auf Basis einer primitiven und einer schemenbasierten Gruppierung zu bilden. Während die schemenbasierte Gruppierung durch die lebenslange Hörerfahrung geprägt ist und durch Vergleiche zu bereits bekannten Strukturen funktioniert, benötigt die primitive Gruppierung kein gelerntes Wissen und ist angeboren. Sie basiert hauptsächlich auf dem Gestaltprinzip der Psychologie und ist der optischen Wahrnehmung sehr ähnlich. So sind z.B. Regionen, die im Zeit- oder Frequenzbereich verbunden sind (*continuity*), genauso Teil der gleichen Figur, wie zueinander nahe liegende (*proximity*), sich ähnelnde (*similarity*), sich gleichzeitig ändernde (*common fate*) und zu einander geschlossen strukturierte (*closure*) Elemente. Ebenso ordnet das Hörsystem langsame Frequenz- oder Zeitänderungen eher einem gemeinsamen Objekt zu als schlagartige (*good continuation*). Die daraus geformten *events* werden mit den gleichen Mitteln in noch größere Sinneinheiten zu auditorischen Objekten zusammengefasst, den *streams* oder *sources* [131, 12]. Diese ermöglichen es, dass man z.B. der Melodie eines einzelnen Instrumentes in einem Orchester folgen kann, obwohl sich alle beteiligten Instrumente im Schallsignal überlagern. Aus diesem Grund ist es nicht möglich, unter ausschließlicher Betrachtung des zeitlichen Schalldruckverlaufes, Rückschlüsse auf die menschliche Hörempfindung zu ziehen. Vielmehr muss man bei der Analyse ähnlich vorgehen, wie das Hörsystem und die einzelnen Sinneinheiten aus dem Zeit-Frequenz-Bereich extrahieren [36].

Die Funktionsweise der auditorischen Geräuschklassifikation ist nach Genuit und Hellbrück von verschiedenen Einflussfaktoren abhängig [78], [98]. Bild 2.9 teilt diese in verschiedene

Bereiche auf.

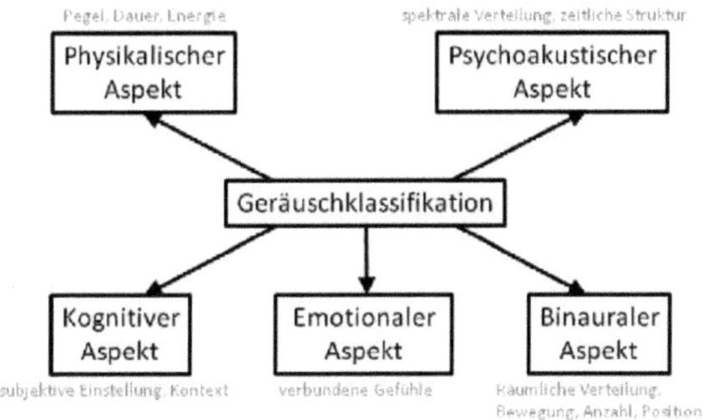

Abbildung 2.9: Die Geräuschklassifikation beeinflussende Faktoren in einem komplexen auditiven Wahrnehmungsumfeld

Dabei beschreibt der physikalische Aspekt physikalisch tatsächlich messbare Parameter wie Energiegehalt, Zeitdauer und Pegel. Darüber hinaus klassifiziert ein Mensch Geräusche aber auch anhand deren Modifikation durch das Mittel- und Innenohr. Die Muskeln der Gehörknöchelchen tragen dazu bei, dass sich durch Straffung bei einem länger andauerndem hohen Pegel das Übersetzungsverhältnis der Gehörknöchel ändert und damit die Lautheitsempfindung abnimmt. Ebenso löst die Basilarmembran mit ihrer Frequenz-Orts-Transformation die physikalisch linear messbare Frequenz logarithmisch auf und bildet aufgrund ihrer für bestimmte Frequenzen unterschiedlich empfindlichen Orte Frequenzgruppen, die physikalisch so nicht vorhanden sind. Das führt zum psychoakustischen Aspekt, der z.B. die vom Menschen empfundene Lautheit, Tonhöhe und Schärfe umfasst. Zusätzlich hat auch das binaurale Hören einen Einfluss auf die Wahrnehmung. Die Schalldiffraktion durch die Kopf- und Ohrform sowie die Phasenlaufzeit des Schalls von einem zum anderen Ohr fasst Genuit unter dem binauralen Aspekt zusammen. Allerdings ist dieser hier vernachlässigbar, da die Geräuschquelle direkt neben einem Ohr platziert ist und die räumliche Darbietung somit keine zusätzliche Information über das Türgeräusch an sich enthält, so dass dieser Aspekt durch diotische Wiedergabe und anschließende monaurale Auswertung vernachlässigt wird. Ein sehr großer Teil der Klassifikation erfolgt in einer realitätsnahen Urteilssituation durch die kognitive Voreinstellung eines Menschen zum Produkt bzw. zur Funktion und dem damit assoziierten Klang. Ebenso beeinflussen mit dem Beurteilungsobjekt oder der Situatuion verbundene Emotionen die Empfindung des Geräusches. Unabhängig von den physikalischen und psychoakustischen Parametern gibt es so messtechnisch nicht oder nur sehr schwer erfassbare Urteilsdimensionen. In der hier abstrahierten, laborähnlichen Beurteilungsumgebung lassen sich z.B. solche Kriterien wie Einstellung zum Fabrikat oder zur Farbe und damit evtl. verbundene Gefühle durch anonymisierte Geräuschdarbietung und die Laborumgebung minimieren. Sie werden in dieser Arbeit deshalb als konstant angesehen und nicht weitergehend variiert.

2.2.3 Psychoakustische Größen

Die Erkenntnisse aus der kognitiven Signalverarbeitung von akustischen Reizen helfen bei der Beurteilung von auditiven Empfindungen. Auf Basis von Hörversuchen entwickelte man in den vergangen Jahren eine ganze Reihe von Algorithmen, die z.B. die allgemeine Hörempfindung der Lautheit, der Tonheit, der Impulshaftigkeit oder der Schärfe nachbilden können. Diese Empfindungsgrößen sind vom Menschen getrennt voneinander wahrnehmbar. Die nächsten Abschnitte stellen die in dieser Untersuchung verwendeten Verfahren kurz vor.

2.2.3.1 Psychoakustische Spezifische- und Gesamt-Lautheit nach Zwicker

Wie bereits beschrieben, bietet sich als objektiv messbare physikalische Größe zur Beschreibung der Lautheitsempfindung der Schalldruckpegel in $dBSPL$ und der A-bewertete Schalldruckpegel in $dB(A)$ an. In seinen Forschungen entwickelte Zwicker [218] jedoch ein anderes Maß, nämlich die psychoakustische Lautheit N nach DIN 45631 [146] mit der Einheit $sone$ die unter Berücksichtigung der Frequenzgruppenbildung und der Frequenzverdeckung zur Beschreibung dieser Empfindung weitaus besser geeignet ist als die reine Betrachtung des Pegels L. So ergibt sich insbesondere für Geräusche, die sich im Spektrum stark voneinander unterscheiden, eine bessere Reproduktion der empfundenen Lautheit. Beispielsweise kann ein Geräusch, was im Vergleich zu einem anderen eine als dreimal so hoch empfundene Lautheit hat, denselben A-bewerteten Schalldruckpegel aufweisen [218].

Prinzipiell lässt sich das Lautheitsberechnungsverfahren nach Zwicker [214, 221, 219, 216] gemäß Grafik 2.10 in die Ermittlung des Erregungsmusters und die daraus resultierende Berechnung der spezifischen und der Gesamtlautheit einteilen [178].

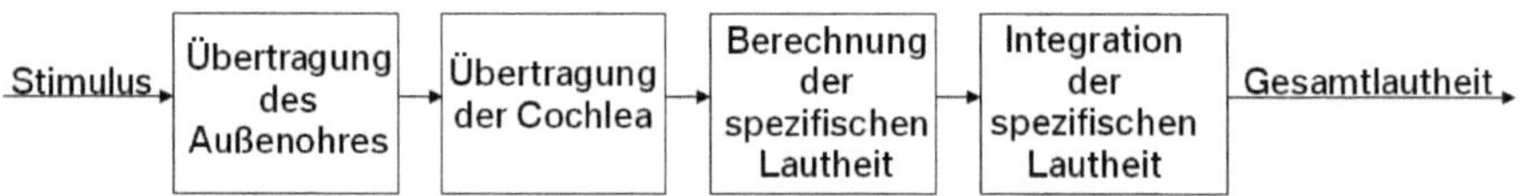

Abbildung 2.10: Blockdiagramm des Algorithmus der psychoakustischen Lautheit nach Zwicker. Dabei erfolgt die Berechnung der Lautheit im Anschluss an die Nachbildung der Übertragungsfunktionen.

Zunächst wird der Frequenzbereich gemäß der gehörgerechten kritischen Bänder der Bark-

Skala unterteilt. Nach Filtern dieser Teilbänder mit der Dämpfungsfunktion des Außenohres erhält man anschließend die Schallintensität der kritischen Bänder. Im Block „Übertragung der Cochlea“ erfolgt in einem nächsten Schritt die Umwandlung in Erregungspegel, welche man zunächst in Kernerregung und Flankenerregung unterscheidet. Die Kernerregung ergibt sich durch Intensitätsaddition aller Anregungspegel über der Ruhehörschwelle aus den Frequenzgruppen. Daraus leiten sich auch die Flankenerregungen ab, indem jeweils frequenzgruppenbreite Bandpassfilter mit endlicher Flankensteilheit die Frequenzmaskierung der Cochlea nachbilden. Dabei ist die Filtervorderflanke, also der Anstieg zu tiefen Frequenzen, pegelunabhängig. Die Rückflanke zu hohen Frequenzen wird jedoch mit zunehmender Intensität der Erregung flacher. Es ergibt sich also eine Abhängigkeit von der Barkmittenfrequenz und der Intensität der Erregung. Letztendlich erfolgt eine Intensitätsaddition aller Kernerregungspegel und Flankenerregungspegel. Daraus errechnet der nächste Block die spezifische Lautheit N' gemäß Gleichung 2.51.

$$N' = 0,08 \cdot \left(\frac{E_{TQ}}{E_0}\right)^{0.23} \cdot \left[\left(1 - \frac{E_{TQ} + E_{gr}}{E_0}\right)^{0.23} - 1\right] \tag{2.51}$$

E_{TQ} bezeichnet darin die Erregung an der Ruhehörschwelle, E_0 die Erregung, die der Bezugs-Schall-Intensität $I_0 = 10^{-12} \frac{W}{m^2}$ entspricht und E_{gr} die Intensität der Grunderregung innerhalb eines kritischen Bandes.

Der Einzahlwert, die Gesamtlautheit N eines Schalls, ergibt sich dann durch Integration der spezifischen Teillautheiten N' über alle Tonheitsbänder z nach Gleichung 2.52.

$$N = \int_{z=0}^{24Bark} N' dz \tag{2.52}$$

Aufbauend auf der Lautheit nach Zwicker existiert seit 2008 in DIN45631 eine Änderung A1 [152], die ein Modell für die Berechnung der Lautheit zeitvarianter Geräusche beinhaltet. Da diese Änderung erst nach Fertigstellung dieser Arbeit beschlossen wurde, findet sie hier auch keine Berücksichtigung.

2.2.3.2 Psychoakustische Spezifische- und Gesamt-Lautheit nach Moore

Aufbauend auf dem in DIN 45630 und DIN 45631 [144, 146] spezifizierten Algorithmus gibt es mittlerweile andere Methoden zur Ermittlung der empfundenen Lautheit. In dieser Arbeit wurde dabei insbesondere die von Moore betrachtet [138, 139]. Sie baut auf dem Lautheitsverfahren von Zwicker und auf neueren Messungen der Kurven gleicher Lautheit nach [67, 201, 19, 74, 184] auf und beinhaltet somit nicht die noch in ISO 226 enthaltenen Messabweichungen bei tiefen Frequenzen.

Die Berechnung ist dabei in fünf Teilschritte unterteilt und lässt sich, wie in Grafik 2.11 gezeigt, schematisch darstellen. Alle nachfolgenden Ausführungen zur Herangehensweise sind in den Veröffentlichungen von Moore und Glasberg [138, 139] nachzulesen.

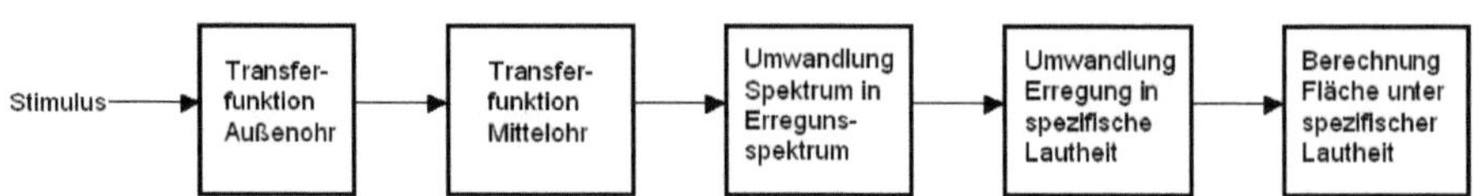

Abbildung 2.11: Blockdiagramm des Algorithmus der psychoakustischen Lautheit nach Moore in Anlehnung an [138, 139]; im Unterschied zum Algorithmus von Zwicker aus Grafik wird nach den Transferfunktionen des Ohres ein Erregungsspektrum erzeugt; im Anschluss erfolgt daraus die Lautheitsberechnung

Gegenüber der Lautheitsberechung nach Zwicker unterscheidet sich der Ansatz von Moore außerdem in der Einbeziehung der Übertragungsfunktionen des Außen- und Mittelohres, dass er Erregungsmuster mit Hilfe von auditiven Filtern berechnet, in der Ermittlung der spezifischen Lautheit und darin, dass er monaurale und binaurale Lautheit differenziert. Ein wesentlicher Unterschied zum Modell von Zwicker ist ebenfalls, dass Geräusche an der Ruhehörschwelle und an der Maskierungschwelle eine kleine, aber dennoch von null verschiedene Lautheit haben, welche von der Frequenz unabhängig ist. [139]

In einem ersten Schritt wird das einfallende Signal durch einen Filter geleitet, der die Schallveränderung durch das Außenohr bis zum Trommelfell nach Shaw, Killion, Kuhn und Studebaker [177, 112, 120, 183, 113] simuliert.

Das zweite Filter bildet die Schallbeeinflussung durch das Mittelohr nach. Oberhalb von $f > 500Hz$ handelt es sich dabei um die invertierte Kurve der Ruhehörschwelle am Trommelfell. Unterhalb von $f < 500Hz$ sinkt die Empfindlichkeit deutlicher als die $L = 100phon$ Kurve, die in früheren Modellen von Moore Anwendung fand. Die jetzige Transferfunktion basiert auf den Forschungen nach Puria [164], die eine deutlich schwächere Empfindlichkeit zu Grunde legen.

Die Erregungsmuster werden im Anschluss aus dem an der Cochlea anliegenden Spektrum errechnet. Während sich für die Erregungsbandbreiten für Frequenzen unterhalb von $f < 500Hz$ ähnliche Werte ergeben wie im ursprünglichen Algorithmus zur kritischen Bandbreite CB von Zwicker, gibt es für tiefere Frequenzen große Unterschiede. Aus Gleichung 2.53 kann man die Werte für die so genannte äquivalente rechteckige Bandbreite ERB in Hertz (equivalent rectangular bandwidth) in Abhängigkeit der jeweiligen Mittenfrequenz f_m in kHz errechnen. Die Erregungsmuster werden auf Grundlage der Mittenfrequenz gebildet und sind von dieser in Pegel und Form abhängig. Die daraus resultierenden Filter sind für

$50Hz > f > 15kHz$ gültig.

$$ERB = 24,7 \log_{10}(4,37 f_m + 1) \tag{2.53}$$

In einem weiteren Block erfolgt die Umrechnung des Erregungsmusters in die spezifische Lautheit N' in Abhängigkeit der Erregung E_{SIG}. So ergibt sich die spezifische Lautheit für den Fall, dass $10^{10} \geq E_{SIG} \geq E_{THRQ}$ mit $E_{THRQ} = 2,31$ aus:

$$N' = C[(GE_{SIG} + A)^{\alpha} - A^{\alpha}] \tag{2.54}$$

Wobei die Konstante α für Frequenzen oberhalb $f > 500Hz$ den Wert $\alpha = 0,2$ (Korrekturfaktor, der so gewählt wurde, dass eine Erhöhung des Pegels einer $f = 1kHz$-Schwingung von $L = 40dBSPL$ auf $L = 80dBSPL$ die 16-fache Lautheit ergibt) und A den Wert $2E_{THRQ}$ sowie $C = 0,047$ (Korrekturfaktor, so dass aus einer $f = 1kHz$-Schwingung mit einem Pegel von $L = 40dBSPL$ eine Lautheit von $N = 1sone$ resultiert) annimmt. G steht für die tieffrequente Verstärkung der Cochlea, in Bezug zu deren Verstärkung bei $f \geq 500Hz$. Dabei ist das Produkt aus G und E_{THRQ} konstant, so dass es sich z.B. bei einer gegenüber $f = 500Hz$ um $L = 10dB$ höheren E_{THRQ} zu $G = 0.1$ ergibt.

Wenn $E_{SIG} < E_{THRQ}$ ist, kommt ein Korrekturglied hinzu und es gilt folgende Formel:

$$N' = C \left(\frac{2E_{SIG}}{E_{SIG} + E_{THRQ}} \right)^{1,5} [(GE_{SIG} + A)^{\alpha} - A^{\alpha}] \tag{2.55}$$

Für den Fall, dass $E_{SIG} > 10^{10}$ ist, ergibt sich ein sehr kurzer Ausdruck zu:

$$N' = C \left(\frac{E_{SIG}}{1,04 \cdot 10^6} \right)^{0,5} \tag{2.56}$$

Im letzten Schritt berechnet man die Gesamtlautheit durch Aufsummieren der spezifischen Teillautheiten pro ERB. Zum Erreichen einer höheren Genauigkeit ist es auch möglich, mit einem Zehntel des ERB-Intervalls zu rechnen, aufzusummieren und anschließend durch zehn zu teilen. Diese Berechnung erfolgt getrennt für jedes Ohr. Zur Ermittlung der Gesamtlautheit bei binauralem Hören werden die beiden Lautheiten einfach addiert, wohingegen das diotische Hören (wie es in den Hörversuchen dieser Arbeit der Fall ist) in der doppelten Lautheit resultiert.

2.2.3.3 Schärfe nach Zwicker

Auch das Verfahren zur Modellierung der Schärfe S, als Gewichtungsfunktion der spezifischen Lautheit baut auf der Lautheitsempfindung nach Zwicker auf und ist in DIN45631 [151] genormt. Ursprünglich definierte Zwicker die psychoakustische Schärfe nach Formel

2.57 [215]. Die Funktion $g(z)$ ist dabei die Gewichtungsfunktion der Schärfe und von Zwicker gemäß Gleichung 2.58 definiert.

$$S = c \cdot \frac{\int_{z=0}^{24Bark} N'(z) \cdot g(z) \cdot z \, dz}{\int_{z=0}^{24Bark} N'(z) \cdot z \, dz} \text{ acum} \tag{2.57}$$

$$g(z) = 1 \text{ für } 0 < z \leq 16Bark \quad \text{und} \quad g(z) = 0,66 \cdot e^{0,171 \cdot z} \text{ für } 16 < z \leq 24Bark \tag{2.58}$$

2.2.3.4 Schärfe nach Aures

Auch hier gibt es jedoch neuere Vorschläge zur Bestimmung der Gewichtungsfunktion, die nach Widmann [204] eine zu geringe Gewichtung der hohen Frequenzen beinhaltet. So schlug Aures 1984 bereits eine Alternative gemäß den Gleichungen 2.59 und 2.60 vor [8].

$$S = c \cdot \frac{\int_{z=0}^{24Bark} N'(z) \cdot g''(z) \cdot z \, dz}{\ln\left(\frac{\frac{N}{sone}+20}{20}\right) \text{sone}} \text{ acum} \tag{2.59}$$

$$g''(z) = e^{\left(\frac{0,171 \cdot z}{Bark}\right)} \tag{2.60}$$

Der Referenzwert von $S = 1acum$ entspricht dabei einem schmalbandigen Rauschen von $f = 920Hz$ bis $f = 1080Hz$ bei einem Schalldruckpegel von $L = 60dB$. Wie bereits aus der Formel ersichtlich wird, ist die Schärfe nach Aures abhängig von der Lautheit.

3 Psychometrische Messungen zum Türgeräusch

Das Ziel dieser Arbeit ist die Definition eines Zielgeräusches und die Erstellung eines Modells zur Vorhersage der auditven Wahrnehmung des Türgeräusches. Dafür ist es notwendig, dessen auditive Wahrnehmung zunächst erst einmal einzufangen. Erst auf der Basis von subjektiven Urteilen kann überhaupt eine Ableitung des *target sounds* und schließlich eine Nachbildung erfolgen.

Die Vorgehensweise zum Einfangen der subjektiven Wahrnehmung von Türgeräuschen ist ein wesentlicher Bestandteil der Modellierung des Geräuscheindruckes, dessen Prozess bereits Grafik 1.1 verdeutlichte. Dabei werden die z.B. mittels Mikrofon oder Kunstkopf aufgezeichneten Geräusche gezielt verändert und Probanden in standardisierten Hörversuchen zur Analyse dargeboten. Die für die Beurteilungen relevanten Merkmale können anschließend mit Hilfe der Signalverarbeitung aus dem Schallsignal extrahiert werden.

Für die Definition eines Zielgeräusches stellt sich zunächst die Frage nach dessen Existenz. In einer ersten Erhebung erfolgt deshalb anhand vorgegebener geräuschbeschreibender Begriffspaare eine rein formelle Umfrage nach den akustischen Merkmalen eines optimalen Türgeräusches. Anhand der darin abgegebenen Urteile lassen sich bereits erste Rückschlüsse auf die Existenz und den Klangcharakter eines *target sounds* für Türgeräusche gewinnen.

Diese Beurteilung ohne jeglichen auditiven Stimulus und anhand „trockener"Adjektive ist natürlich sehr abstrakt und liefert nur eine grobe Abschätzung. Aus diesem Grund werden im Anschluss reelle Hörversuche mit einer großen Auswahl an modifizierten und nicht modifizierten Stimuli sowie einer großen Anzahl an Probanden durchgeführt. Daraus lassen sich die subjektiven Beurteilungen des Geräuschcharakters und der Güte realer Türgeräusche gewinnen. Darüber hinaus dienen diese Urteile aber als Basis für die Anwesenheit und die Ausgeprägtheit auditiv relevanter Objekte im Schallsignal. Wie bei allen psychometrischen Messungen muss der Mensch auch hier als Messinstrument betrachtet werden. Das impliziert allerdings auch gewisse mögliche Varianzquellen, die für dieses Messmittel gesondert gelten. Deshalb erläutert dieses Kapitel den Versuchsaufbau und die Versuchsdurchführung im Hinblick auf die Gütekriterien eines psychologischen Experiments (die Objektivität, Reliabilität und Validität). Mit Hilfe der explorativen Faktorenanalyse geben die Beurteilungen der Probanden außerdem Auskunft über die Wahrnehmungsdimensionen, d.h. über die getrennt von einander wahrgenommenen Eigenschaften der Stimuli.

Um eine reelle Abbildung des von den Probanden empfundenen Geräuscheindruckes zu erhalten sind aufgrund der multidimensionen Information im Zeit-Frequenz-Bereich viele Modifikationen der Stimuli und somit auch eine große Anzahl von Hörversuchen notwendig, die sich mit einer hohen Anzahl von Begriffspaaren zur vollständigen Beschreibung der Geräusche und der damit einhergehenden zeitlichen Ausdehnung noch vergrößert. Aus diesem Grund wird anschließend versucht, den zeitlichen Aufwand durch die gezielte Auswahl der wichtigsten Begriffspaare zu minimieren. Eine erneute Faktorenanalyse prüft dabei die Korrektheit der Reduktion der Bezeichner.

Die Bewertung des auditiven Reizes hängt neben der reinen Zusammensetzung des Schallsignales unter anderem auch von kognitiven Faktoren ab. Dabei ist ein in bisherigen Untersuchungen zur Fahrzeugakustik oftmals entscheidendes Merkmal der Charakter des Fahrzeuges. In der Motorakustik unterscheiden die Sounddesigner so z.B. den Klang eines Sportwagens von dem einer Limousine. Aus diesem Grund soll auch in den Untersuchungen zum Türgeräusch der Einfluss dieses kognitiven Faktors (die Erwartungshaltung an das Produkt) mit berücksichtigt werden. Dabei soll untersucht werden, ob die Probanden das Türgeräusch von einer Limousine von dem eines Sportwagens unterscheiden.

Ein wesentlicher Faktor, der in vielen Veröffentlichungen zur subjektiven Geräuschwahrnehmung extrahiert wird, ist die Lautheit. Ihr Einfluss auf die empfundene, auditive Geräuschqualität lässt sich bereits aus den Hörversuchen zur Dimensionsanalyse herleiten. Im Vergleich und zur Absicherung der dort gewonnenen Ergebnisse, soll aber auch ein Hörversuch mit einem Bezeichner, der nur die Lautheitsempfindung beschreibt, durchgeführt werden.

Aus den mit Hilfe dieser Versuche gewonnenen Ergebnissen sollte eine Definition des Zielgeräusches und eine Modellierung des Geräuscheindruckes möglich sein.

3.1 Erhebung zum optimalen Türgeräusch

Ein erklärtes Ziel dieser Arbeit ist die Definition des optimalen Türgeräusches. Dies kann zunächst rein formal ohne die Hilfe von Hörversuchen außschließlich mit treffenden Bezeichnern [1] wie z.B. Begriffspaaren wie *minderwertig-hochwertig* erfolgen. Dabei stellt sich die

[1] Der Begriff Bezeichner wird hier als Synonym für Begriffspaar verwendet.

Frage, was Probanden überhaupt unter einem optimalen Türgeräusch verstehen, d.h. welche Vokabeln sie zur Beschreibung auswählen und wie deren Ausprägung bei einem ihrer Meinung nach optimalen Geräusch auszusehen hat. In vielen Untersuchungen zur Fahrzeugakustik unterscheiden die Probanden zwischen verschiedenen Fahrzeugtypen [35]. Insbesondere differenzieren sie zwischen einem Sportwagen und einer Luxuslimousine. Während z.B. das Motorgeräusch eines Sportwagens Dynamik vermitteln soll, muss das einer Luxuslimousine in erster Linie einen Komfortanspruch verkörpern [35]. Insofern stellt sich auch beim Türgeräusch die Frage, ob der von den Probanden als optimal empfundene Klang der Tür eines Sportwagens sich von dem optimalen Türgeräusch einer Luxuslimousine unterscheidet.

3.1.1 Angewandte Methodik

Zur verbalen Beschreibung bietet sich die Methode des semantischen Differentials an. Die hier gegenübergestellten konträren bipolaren Bezeichner erlauben auf einer siebenstufigen Skala eine sehr feine Abstufung der Merkmalsausprägung. Nach Davison [58] kann man davon ausgehen, dass die Probanden den „Abstand" der einzelnen Skalenfelder als gleich groß beurteilen. Dadurch sind die gewonnenen Bewertungen intervallskaliert und erlauben z.B. Auswertungen über arithmetische Mittelwerte, was z.B. bei Ordinalskalierung nicht möglich ist. Im Gegensatz zur freien verbalen Bewertung ermöglicht das semantische Differential durch fest zugeordnete Bezeichner eine einheitliche Auswertung und eine gemeinsame Terminologie aller Versuchsteilnehmer.

Daraus lässt sich der Klangcharakter des jeweils als optimal bewerteten Geräusches visualisieren, indem anhand der einzelnen Urteile oder anhand der Mittelwerte aller Probanden ein so genanntes Polaritätsprofil in das semantische Differential eingezeichnet wird. Durch Berechnung der Distanzmaße und der Korrelationsbeziehungen lässt sich so die Ähnlichkeit der Polaritätsprofile für einen Sportwagen und eine Luxuslimousine visualisieren [203, 34, 10, 33].

Menschen nutzen individuelle, sich voneinander unterscheidende Begriffe zur Beschreibung von Geräuschen, deren Verwendung nicht immer der offiziellen Notation des Lexikons entspricht [185]. Dadurch variieren die Bedeutungen gleicher Adjektive interviduell. Die Attributpaare des Semantischen Differentials könnten also von jedem Menschen anders verstanden werden. Es besteht dabei die Gefahr, dass Probanden dasselbe Begriffspaar anders interpretieren und deshalb auch die Ausprägung völlig unterschiedlich bewerten. Um dem entgegen zu wirken, erfolgte die Benennung und Auswahl der kontextspezifischen geräuschbeschreibenden Antonympaare über Umfragen unter zwölf Experten der BMW Group und aus bereits etablierten Untersuchungen zur Fahrzeugakustik z.B. von Namba und Kuwano [123], Hashimoto [95]und Bismarck [20] und aus Osgoods Veröffentlichungen zur Semantik der Sprache [157].

Dabei wurden neben den allgemein beschreibenden Adjektiven aus diesen Veröffentlichungen hier auch speziell auf das Türgeräusch zutreffende ausgesucht, welche der Terminologie der Experten aus der Akustik entstammen. Tabelle 3.1 zeigt die verwendeten Antonympaare.

laut-leise
gut-schlecht
schlapp-nicht schlapp
klackend-nicht klackend
unausgewogen-ausgewogen
klapprig-solide
billig-teuer
minderwertig-hochwertig
blechern-nicht blechern
leicht-schwer
tonal-nicht tonal
hell-dunkel
klickend-nicht klickend
unausgereift-ausgereift
unangenehm-angenehm
hallig-nicht hallig
hart-weich
scharf-stumpf
nachschwingend -nicht nachschwingend
ploppig-nicht ploppig
hohl-massiv
rasselnd-nicht rasselnd
aufdringlich-unaufdringlich
kraftlos-kraftvoll
blass-ausdrucksvoll
hochfrequent-tieffrequent

Tabelle 3.1: Aufstellung aller im semantischen Differential zum Türgeräusch verwendeten Adjektivpaarungen

3.1.2 Probanden

An den Umfragen zum optimalen Türgeräusch nahmen insgesamt 38 Mitarbeiter der BMW Group im Alter von 23 bis 59 Jahren teil, davon 16 Fachleute, die auf dem Gebiet der Akustik arbeiten, sich aber nicht speziell mit Türgeräuschen beschäftigen. Lediglich drei Personen sind davon Experten in der Funktionsakustik der Türgeräusche. Unter den 38 Probanden befanden sich 12 Frauen im Alter von 23 bis 43 Jahren. Die Nationalitäten bestehen aus 29 Deutschen, zwei Türken, vier Chinesen, einem Engländer und zwei US Amerikanern. Eine genaue Übersicht über die beteiligten Probanden gibt Tabelle 3.2. Es ist bereits zu erkennen, dass die Versuche keine völlig fachfremden Personen, die sich im täglichen Arbeitsleben nicht mit der Entwicklung von Kraftfahrzeugen beschäftigen, involvierten. Da die Umfragen aber 22 Laien aus nicht akustischen Bereichen einbezogen, ist davon auszugehen, dass es sich bei den Ergebnissen der vorliegenden Stichprobe nicht um ein Abbild von Geräuschexperten handelt, sondern dass diese vielmehr eine Stichprobe aus einer gemischten Probandenschaft aus akustischen Experten und Laien umfassen. Eine weitere Ausdehnung auf nicht bei der BMW Group beschäftigte Personen wurde aufgrund des eng gesteckten Zeitrahmens und des ungleich höheren Aufwandes nicht durchgeführt.

Probanden	Anzahl	Alter	Nationalität
Männer	26	25-59	30xD,2xTR,1xCHN,1xGB,2xUS
Frauen	12	23-43	11D,1xCHN
Fachleute	16	25-45	15xD,1xTR

Tabelle 3.2: Überblick über die Zusammensetzung der Probanden für die Umfragen und Hörversuche dieser Arbeit

3.1.3 Versuchsdurchführung

Das von den Probanden als optimal empfundene Türgeräusch sollte rein formell anhand eines Fragebogens [1] und mit Hilfe der oben aufgeführten Adjektivpaare definiert werden. Die Versuchsteilnehmer erhielten dazu vier in Excel vorgefertigte Evaluierungsbögen via Email. Jeweils getrennt nach Sportwagen und Luxuslimousine mussten sie so den optimalen Klang eines Öffnungs- und eines Schließgeräusches anhand der Ausprägung der bipolaren Bezeichner des semantischen Differentials charakterisieren.

Als Einleitung diente eine schriftliche Einführung, in der die Aufgabe und die Handlungsanweisung erklärt wurden. Zur besseren Orientierung enthielt der Kopf der Bewertungsbögen

[1] Der Fragebogen ist im Anhang 212 beigefügt.

jeweils ein Bild eines Sportwagens des Types BMW Z4 Roadster oder einer Luxuslimousine vom Typ BMW 7er jeweils in neutralem Grau um Farbeinflüsse auf die Beurteilung zu vermeiden.

Das Excel Formblatt fragte geführt jeweils einzeln die Adjektivepaare ab und erlaubte nur eine eindeutige Markierung auf der siebenstufigen Skala. Damit konnte sichergestellt werden, dass die Versuchsteilnehmer zu jedem Begriffspaar eine aussagekräftige Ausprägung notierten.

3.1.4 Ergebnisse

In der formalen Beschreibung des Geräusches anhand der Umfragen gibt es signifikante Unterschiede in der Beurteilung des optimalen Geräusches eines Sportwagens und einer Luxuslimousine.

statistischer Test, angewendet auf	Schwellwert	Nullhypothese H_0	Gültigkeit der H_0
KS auf Normalität (zweiseitig) mittl. Bewertung Sportwagen/Limousine	$KS_{0,05} = 0,0306$	H_0: Normalverteilung	H_0 ablehnen wenn $KS > KS_{0,05}$
KS auf Normalität (zweiseitig) Öffnen/Schließen des Sportwagens	$KS_{0,05} = 0,0432$	H_0: Normalverteilung	H_0 ablehnen wenn $KS > KS_{0,05}$
KS auf Normalität (zweiseitig) Öffnen/Schließen der Limousine	$KS_{0,05} = 0,0432$	H_0: Normalverteilung	H_0 ablehnen wenn $KS > KS_{0,05}$
KS auf Normalität (zweiseitig) Öffnen Sportwagen/Limousine	$KS_{0,05} = 0,0432$	H_0: Normalverteilung	H_0 ablehnen wenn $KS > KS_{0,05}$
KS auf Normalität (zweiseitig) Schließen Sportwagen/Limousine	$KS_{0,05} = 0,0432$	H_0: Normalverteilung	H_0 ablehnen wenn $KS > KS_{0,05}$
F-Test (zweiseitig) mittl. Bewertung Sportwagen/Limousine	$F_{\frac{0,05}{2}} = 1,0923$	H_0: $\sigma_1^2 = \sigma_2^2$	H_0 ablehnen wenn $F > F_{\frac{0,05}{2}}$
F-Test (zweiseitig) Öffnen/Schließen des Sportwagens	$F_{\frac{0,05}{2}} = 1,1330$	H_0: $\sigma_1^2 = \sigma_2^2$	H_0 ablehnen wenn $F > F_{\frac{0,05}{2}}$
F-Test (zweiseitig) Öffnen/Schließen der Limousine	$F_{\frac{0,05}{2}} = 1,1330$	H_0: $\sigma_1^2 = \sigma_2^2$	H_0 ablehnen wenn $F > F_{\frac{0,05}{2}}$
F-Test (zweiseitig) Öffnen Sportwagen/Limousine	$F_{\frac{0,05}{2}} = 1,1330$	H_0: $\sigma_1^2 = \sigma_2^2$	H_0 ablehnen wenn $F > F_{\frac{0,05}{2}}$
F-Test (zweiseitig) Schließen Sportwagen/Limousine	$F_{\frac{0,05}{2}} = 1,1330$	H_0: $\sigma_1^2 = \sigma_2^2$	H_0 ablehnen wenn $F > F_{\frac{0,05}{2}}$
t-Test (zweiseitig) mittl. Bewertung Sportwagen/Limousine	$t_{\frac{0,05}{2}} = 1,6456$	H_0: $\mu_1 = \mu_2$	H_0 ablehnen wenn $\|t\| > t_{\frac{0,05}{2}}$
t-Test (zweiseitig) Öffnen/Schließen des Sportwagens	$t_{\frac{0,05}{2}} = 1,6464$	H_0: $\mu_1 = \mu_2$	H_0 ablehnen wenn $\|t\| > t_{\frac{0,05}{2}}$
t-Test (zweiseitig) Öffnen/Schließen der Limousine	$t_{\frac{0,05}{2}} = 1,6464$	H_0: $\mu_1 = \mu_2$	H_0 ablehnen wenn $\|t\| > t_{\frac{0,05}{2}}$
t-Test (zweiseitig) Öffnen Sportwagen/Limousine	$t_{\frac{0,05}{2}} = 1,6464$	H_0: $\mu_1 = \mu_2$	H_0 ablehnen wenn $\|t\| > t_{\frac{0,05}{2}}$
t-Test (zweiseitig) Schließen Sportwagen/Limousine	$t_{\frac{0,05}{2}} = 1,6464$	H_0: $\mu_1 = \mu_2$	H_0 ablehnen wenn $\|t\| > t_{\frac{0,05}{2}}$

Tabelle 3.3: Prüfkriterien des Kolmogorw-Smirnow- (KS),t- und F-Tests zur Überprüfung der Unterschiede der optimalen Türgeräusche zwischen Öffnen und Schließen und zwischen Sportwagen und Limousine. Begriffe: mittlere Bewertung = Mittelung über Öffnen und Schließen und über alle Attribute; Öffnen bzw. Schließen = Mittelung über alle Attribute getrennt nach Öffnen und Schließen

Deskriptor	Fahrzeug	Varianz	KS	F-Wert	t-Wert
mittl. Bewertung	Sport	2,27	0,0024	1,02	1,07
mittl. Bewertung	Limousine	2,31	0,0017		
Öffnen	Sport	0,09	0,0022	1,11	**2,48**
Schließen	Sport	0,10	0,0019		
Öffnen	Limousine	0,10	0,0020	1,00	1,26
Schließen	Limousine	0,10	0,0017		
Öffnen	Sport	0,09	0,0022	1,11	**1,96**
Öffnen	Limousine	0,10	0,0020		
Schließen	Sport	0,10	0,0019	1,00	**2,13**
Schließen	Limousine	0,10	0,0017		

Tabelle 3.4: Varianz, KS, F-Werte und t-Werte für die Umfragen zum optimalen Türgeräusch; mittlere Bewertungen zwischen Sportwagen und Luxuslimousine sowie die Beurteilungen des Öffnens und Schließens einer Limousine sind gleich

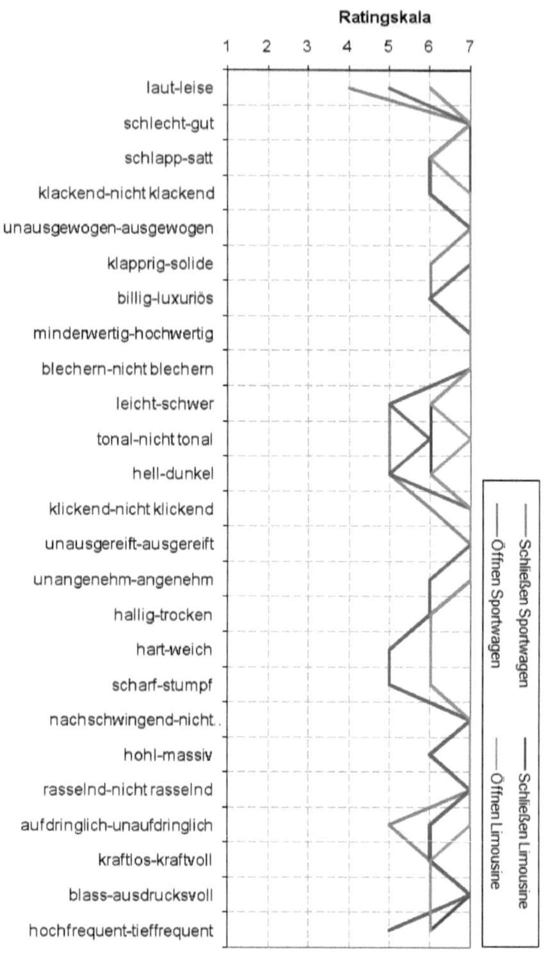

Abbildung 3.1: Gegenüberstellung des Polaritätsprofils des Öffnungs- und Schließgeräusches eines Sportwagens und einer Limousine für das optimale Türgeräusch; über alle Bezeichner gemittelt, sind Unterschiede zwischen dem Öffnungs- und Schließgeräusch einer Limousine im Gegensatz zu denen eines Sportwagens **nicht** signifikant; Mittelwertsgleichheit von *schlecht-gut, unausgewogen-ausgewogen, unausgereift-ausgereift, nachschwingend-nicht nachschwingend, rasselnd-nicht rasselnd, kraftlos-kraftvoll* usw. ist überall signifikant

Einen Überblick über die mit einem arithmetischen Mittelwert dargestellten Bewertungen gibt Grafik 3.1. Dabei liegt die Standardabweichung der einzelnen Antonympaare jeweils zwischen $\sigma = 0,2$ und $\sigma = 1$. Nur das Adjektivpaar *plastisch-diffus* zeigt eine über alle Kategorien gemittelte, höhere Standardabweichung von $\sigma = 1,59$. Aus dem Polaritätenprofil ist ersichtlich, dass die Probanden mit Ausnahme des Attributpaares *laut-leise* die Ausprägungen zwischen fünf und sieben bewerten. Für die Antonympaare *schlecht-gut,unausgewogen-ausgewogen, minderwertig-hochwertig, blechern-nicht blechern, unausgereift-ausgereift, nachschwingend-nicht nachschwingend, rasselnd-nicht rasselnd* beträgt der arithmetische Mittelwert $\bar{x} = 7$ mit einer Standardabweichung von $\sigma = 0$. Aufgrund der Bewertungen dieser Antonympaare ist es somit nicht möglich, für die Umfragen zum optimalen Türgeräusch eine Dimensionsanalyse auf Basis einer Faktoranalyse durchzuführen. Diese geht davon aus, dass die Bewertungen in einer Normalverteilung vorliegen. Trennt man die Bewertungen nach den Kategorien an Öffnen und Schließen und Sportwagen und Limousine so beurteilen die Probanden die Ausprägung der Gegensatzpaare *klapprig-solide, minderwertig-hochwertig, blechern-nicht blechern, unangenehm-angenehm* und *rasselnd-nicht rasselnd* stets einstimmig, so dass die Bedingung der Normalverteilung hier ebenfalls verletzt ist und somit eine Analyse nur auf Basis von für alle Begriffspaare gemittelten Signifikantests, Mittelwerten und Standardabweichungen erfolgen kann. Über die Begriffspaare gemittelt erhält man aus den Tabellen 3.3 und 3.4 wieder eine Normalverteilung, die Voraussetzung für die Anwendung des t-Test ist.

Tabelle 3.3 gibt dabei Auskunft über die zur Hilfe genommenen statistischen Testverfahren und die Schwellwerte. Als Nullhypothese liegt für den KS-Test die Normalverteilung, für den zweiseitigen F-Test die Gleichheit der Varianzen und für den zweiseitigen t-Test die Mittelwertgleichheit zugrunde. In der zweiten Tabelle 3.4 wurden diese Parameter angewendet. Jeweils fett-gedruckt sind die nicht signifikanten Werte. Aus den t-Werten ist ersichtlich, dass die mittleren Bewertungen (unabhängig vom Öffnen und Schließen) zwischen Sportwagen und Limousine statistisch genau so übereinstimmen, wie die Beurteilungen des Öffnungs- und Schließgeräusches einer Limousine. Bei allen anderen t-Tests wurde die Nullhypothese abgelehnt. Das bedeutet, dass diese Mittelwertsunterschiede nicht zufällig entstanden, sondern signifikant sind.

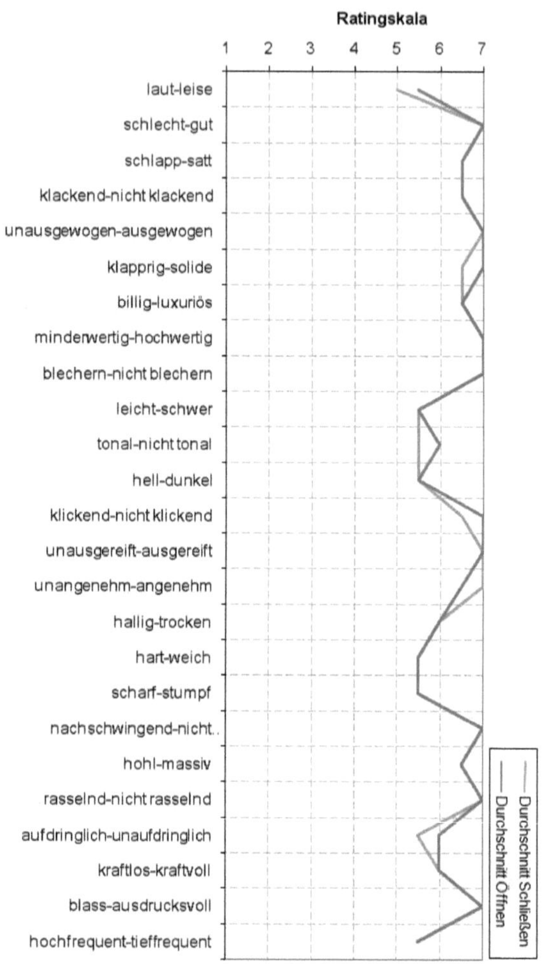

Abbildung 3.2: Gegenüberstellung des aus einer Limousine und eines Sportwages über alle Attribute gemittelten Polaritätsprofils des Öffnungs- und Schließgeräusches für das optimale Türgeräusch; Mittelwertsgleichheit ist gemittelt über alle Bezeichner und die Fahrzeugtypen signifikant, d.h., die Probanden unterscheiden nicht zwischen Limousine und Sportwagen

Abbildung 3.2 stellt die mittleren Bewertungen (unabhängig von Limousine und Sportwagen) der Öffnungs- und Schließgeräusche im Polaritätenprofil gegenüber. Daraus und aus den Tabellen 3.3 und 3.4 ist ersichtlich, dass es kaum wesentliche Unterschiede zwischen den beiden Profilen gibt. Der t-Test zwischen den beiden Polaritätsprofilen zeigt, dass die

Nullhypothese nicht signifikant ist, so dass die Unterschiede zwischen den Profilen mit $\alpha = 5\%$ dem Zufall entstammen.

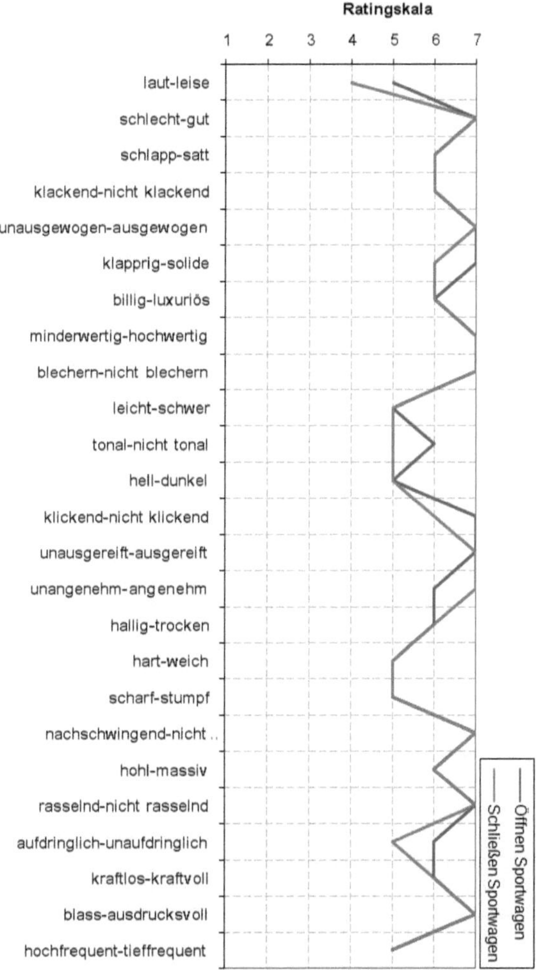

Abbildung 3.3: Gegenüberstellung des Polaritätenprofils des optimalen Öffnungs- und Schließgeräusches eines Sportwagens; Mittelwertsgleichheit ist mit Ausnahme von *schlecht-gut*, *unausgewogen-ausgewogen*, *nachschwingend-nicht nachschwingend* usw. (alle Bezeichner, die im Mittel die gleiche Bewertungen erhalten haben) **nicht** signifikant

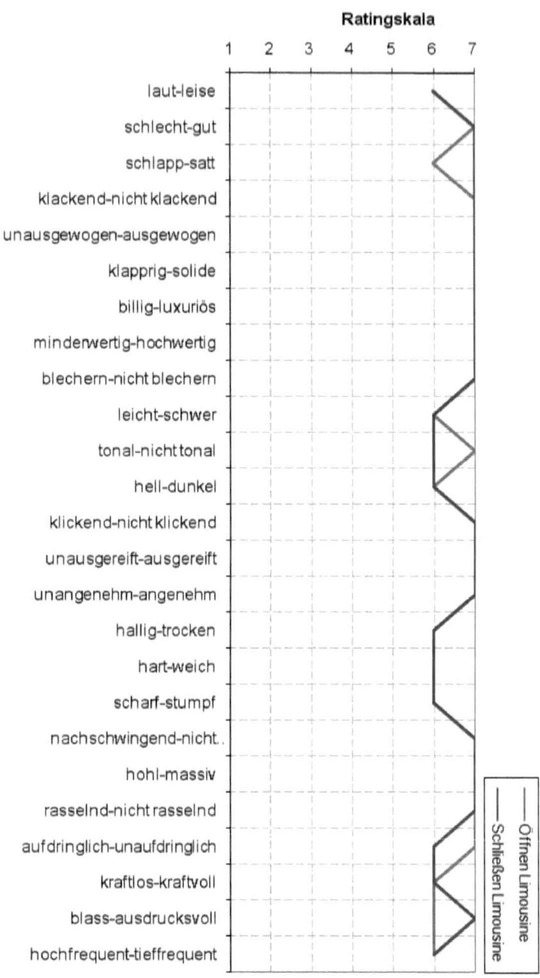

Abbildung 3.4: Gegenüberstellung des Polaritätenprofils des optimalen Öffnungs- und Schließgeräusches einer Limousine; Mittelwertsgleichheit ist gemittelt über alle Bezeichner signifikant

Unter Betrachtung der nach den Kategorien Sportwagen und Limousine und Öffnen und Schließen getrennten Bewertungen ergibt sich ein differenziertes Bild. Die Unterschiede zwischen dem Öffnungs- und dem Schließgeräusch des Sportwagens sind bei einer Irrtumswahrscheinlichkeit von $\alpha = 5\%$ im Gegensatz zu denen der Limousine signifikant. Dies fällt schon beim Betrachten der Polaritätsprofile in den Abbildungen 3.3 und 3.4 auf und kann den Signifikanztests der Tabellen 3.3 und 3.4 entnommen werden.

Im Gegensatz dazu definieren die Probanden das optimale Geräusch eines Sportwagens anders als das einer Limousine. Sowohl das Schließgeräusch als auch das Öffnungsgeräusch eines Sportwagens unterscheidet sich mit $\alpha = 5\%$ signifikant von dem einer Luxuslimousine.

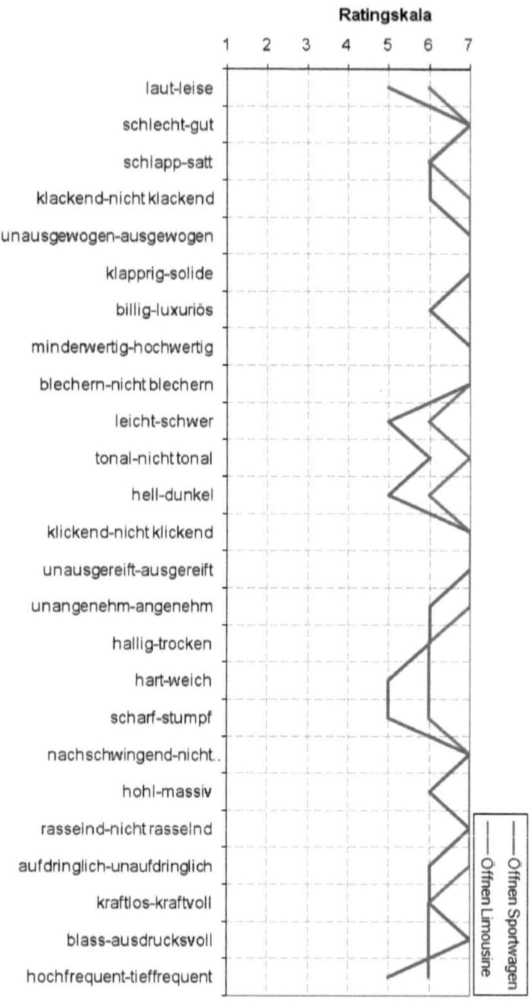

Abbildung 3.5: Gegenüberstellung des für das Öffnungsgeräusch einer Limousine und des eines Sportwagens gemittelten Polaritätsprofils; Mittelwertsgleichheit ist mit Ausnahme von *schlecht-gut*, *unausgewogen-ausgewogen*, *klickend-nicht klickend*, *nachschwingend-nicht nachschwingend* usw. (alle Bezeichner, die im Mittel die gleiche Bewertungen erhalten haben) **nicht** signifikant

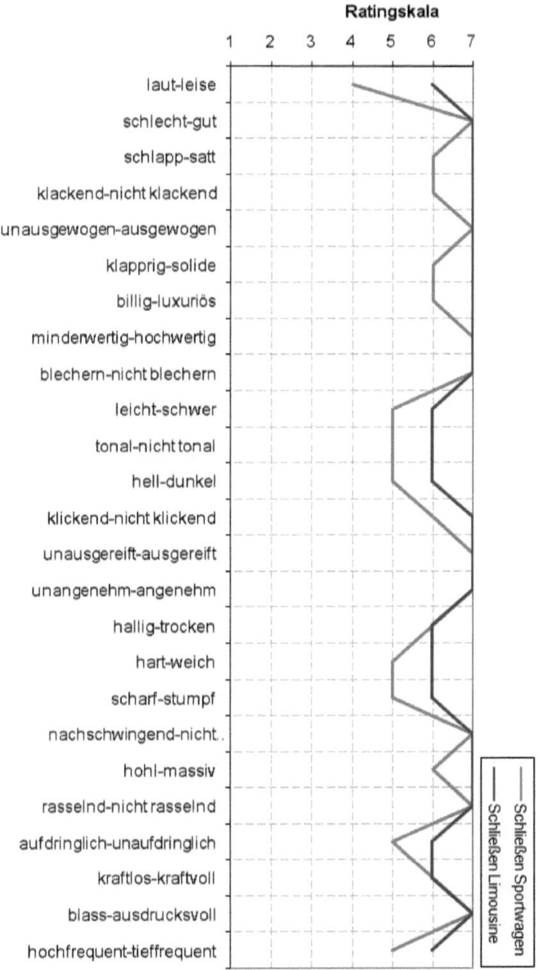

Abbildung 3.6: Gegenüberstellung des für das Schließgeräusch einer Limousine und des eines Sportwagens gemittelten Polaritätsprofils; Mittelwertsgleichheit ist mit Ausnahme von *schlecht-gut*, *unausgewogen-ausgewogen*, *nachschwingend-nicht nachschwingend* usw. (alle Bezeichner, die im Mittel die gleiche Bewertungen erhalten haben) *nicht* signifikant

Die Polaritätsprofile 3.5 und 3.6 zeigen, dass ein Öffnungsgeräusch einer Limousine weniger *klackend*, *luxuriöser*, *schwerer*, *weniger tonal*, *dunkler*, *angenehmer*, *weicher* und *stumpfer*, *massiver* jedoch *weniger ausdrucksvoll* und *unaufdringlicher* zu sein hat, das eines Sportwagens jedoch etwas weniger *tieffrequent*.

Ähnlich sehen die Unterschiede der optimalen Schließgeräusche eines Sportwagens und einer Limousine aus. Ausnahmen sind *schlapp-satt* bei dem das Schließgeräusch der Limousine jetzt satter als das eines Sportwagens klingen soll, *klapprig-solide*, bei dem der Sportwagen etwas klappriger klingen darf, *tonal-nicht tonal*, bei dem das Optimum jeweils etwas tonaler sein darf und *klickend-nicht klickend*, wo ein Sportwagen im Gegensatz zur Limousine etwas klickender sein sollte. Außerdem *unangenehm-angenehm* bei dem der Sportwagen im Gegensatz zum Öffnungsgeräusch genau so angenehm sein muss, *aufdringlich-unaufdringlich* die im Vergleich zum Öffnungsgeräusch beide etwas aufdringlicher sein dürfen und *blass-ausdrucksvoll*. Hier wird vom Schließgeräusch eines Sportwagens ein gleich starker Ausdruck wie von dem einer Limousine erwartet.

3.1.5 Ergebnisdiskussion

Die allgemeine Standardabweichung der Bewertungen liegt zwischen $\sigma = 0,2$ und $\sigma = 1,0$, was als sehr hoch einzustufen ist. Die Probandenurteile liegen in den Bewertungen zum optimalen Geräusch ohne Geräuschbeispiele sehr nahe beieinander, so dass man davon ausgehen kann, dass die Urteile reliabel und valide sind.

Mittelt man die Ausprägung einer Limousine und eines Sportwagens so sind die Unterschiede zwischen Öffnen und Schließen nicht signifikant. Das steht im Gegensatz zu den nach Kategorien aufgeteilten Bewertungen. Hier gibt es für eine Irrtumswahrscheinlichkeit von $\alpha = 5\%$ für den Sportwagen einen signifikanten Unterschied zwischen dem optimalen Öffnungs- und Schließgeräusch. Zurückzuführen ist das auf die unterschiedlichen Bewertungen der Einzelkategorie Sportwagen. Die Probanden assoziierten für diesen Fahrzeugtyp offenbar ein zum Öffnungsgeräusch verschiedenes Schließgeräusch. Die Unterschiede liegen dabei im Wesentlichen in charakterbeschreibenden Attributen wie z.B. *klapprig-solide*, *tonal-nicht tonal*, *laut-leise*, aber auch in gesamthaften Beschreibungen wie z.B. *aufdringlich-unaufdringlich* und *unangenehm-angenehm*. Für die Limousine bestehen diese Differenzen nicht. Dort wird der Charakter des Öffnungsgeräusches nicht signifikant vom Charakter des Schließgeräusches unterschieden. Offenbar stellen sich die Probanden in beiden Fällen ein Geräusch vor, welches dem eines voluminösen, massiven und überaus steifen Körpers ähnelt. Das verdeutlicht auch die absolute Einordnung der Bewertungen auf der Ratingskala. Bis auf wenige Ausnahmen finden sich alle Bewertungen zum optimalen Geräusch in der Maximalausprägung sieben wieder. Das optimale Öffnungs- und Schließgeräusch sollte in jedem Fall *sehr gut*, *nicht blechern* und *sehr massiv* sein. Die Einordnung der Lautstärke mit sechs, zeigt allerdings, dass es durchaus wahrnehmbar sein muss. Dies könnte man als eine Art Rückmeldung einstufen, die der Nutzer über den Zustand der Tür haben möchte.

Vergleicht man die unterschiedlichen Bewertungen für einen Sportwagen und einer Limousine, so erhält man stets signifikante Differenzen. Das Schließen eines Sportwagens solle, genau so wie das Öffnen *lauter* sein als das einer Limousine. Ebenso darf es *klackender*, weniger *luxuriös*, *tonaler*, *härter* und *aufdringlicher* sein. Dies deutet offenbar auf den sportlichen Charakter des Sportwagens hin. Dieser soll auffallen und darf dies auch durch seinen Klangcharakter untermauern. Die Türgeräusch der Limousine unterstreicht offenbar eher die Zurückhaltung und das understatement eines solchen Fahrzeugtyps.

In der Qualitätsbewertung unterscheiden die Probanden hingegen nicht. Sowohl die Limousine als auch der Sportwagen müssen einen *sehr guten* und *ausgereiften* Geräuscheindruck vermitteln. Dies könnte man wiederum mit der Erwartungshaltung der Konsumenten erklären. Luxuslimousinen und auch Sportwagen sind im Allgemeinen sehr teure Fahrzeuge, an die Käufer hohe Ansprüche, nicht nur im Bezug auf Design und Fahrleistungen sondern auch im Hinblick auf Eigenschaften wie z.B. das Türgeräusch haben. Offenbar unterscheidet sich das als optimal empfundene Türgeräusch für diese Fahrzeugtypen von dem einer weniger prestigeträchtigen Fahrzeugklasse.

Die im Vergleich zu den anderen Paaren hohe Standardabweichung von $\sigma = 1,59$ von *plastisch-diffus* ist möglicherweise darin begründet, dass die Probanden dem Begriffspaar nicht eindeutig einen Geräuschcharakter zuordnen können. Möglicher Weise versteht ein Proband unter diffus etwas anderes als der nächste. Aus diesem Grund sollte bei der Interpredation der Ausprägung dieses Begriffspaares Vorsicht geboten sein, da diese evtl. mehreren Geräuschbildern zugeordnet werden müssen.

3.2 Hörversuche zur Ermittlung der Wahrnehmungsdimensionen

Ein wesentliches Ziel dieser Arbeit besteht in der Beschreibung der auditiven Wahrnehmung von Türgeräuschen. Damit stellt sich die Frage, wie eine große Probandenschaft die Güte und die Klangcharakteristik von Öffnungs- und Schließgeräuschen von Fahrzeugtüren bewertet. Gibt es dabei Unterschiede in der Wahrnehmung zwischen Männern und Frauen? Existiert die akustische Qualität als Wahrnehmungsdimension im Perzeptionsraum oder gibt es gar noch andere Faktoren? Diese Problemstellungen beantwortet das nachfolgende Kapitel.

3.2.1 Angewandte Methodik

Viele Versuche zur Geräuschbewertung verwenden einen Dominanzpaarvergleich zur Evaluierung. Diese Methode ist sehr gut geeignet um auch die Wahrnehmung feiner akustischer Unterschiede zwischen zwei Geräuschen einzufangen. Allerdings kann dabei der Bezug zum realen Geräuscheindruck etwas verloren gehen, da sich die Probanden in ein Geräusch „einhören" können, ihr Gehör also auf die minimal enthaltenen Unterschiede trainieren. Das entspricht aber nicht der realen Bedienersituation. Ein Fahrzeugnutzer betätigt ein Türgeräusch in der Regel oft nur einmal und vergleicht auch nicht direkt und wiederholt mit anderen Fahrzeugen. Ein weiterer Nachteil dieser Methode ist der erhebliche zeitliche Aufwand der von der Anzahl der Stimuli n abhängt. Die notwendige Anzahl der Vergleichspaare berechnet sich gemäß Formel 3.1 aus [129].

$$Anzahl\ Vergleiche = \frac{n \cdot (n-1)}{2} \tag{3.1}$$

In dieser Arbeit soll eine umfassende Untersuchung zu Einflussfaktoren und Geräuschcharakteristika erfolgen, die eine Reduktion der Stimuli auf ein für einen Dominanzpaarvergleich zeitlich durchführbares Maß nicht ermöglicht. Des Weiteren sollen die Versuchsteilnehmer verschiedene Geräuschcharakteristika bewerten, die eine Aussage über ihren akustischen Wahrnehmungsraum liefern. Aus diesen Gründen greift diese Untersuchung auf die mehrdimensionale Skalierung des semantischen Differentials zurück.

Zur Geräuschbeurteilung stand den Probanden eine siebenstufige Skala zur Verfügung, auf der sie zu jedem Geräuschbeispiel jeweils alle konträren Antonympaare bewerten mussten.

Die Auswahl der verbalen Deskriptoren des semantischen Differentials entspricht der des Versuches zum optimalen Türgeräusch aus Tabelle 3.1.

Zur Bestimmung der Wahrnehmungsdimensionen bietet sich eine explorative Faktorenanalyse an. Dabei gilt eine Faktorladung von $r = 0,5$ als Schwellwert für die Zuordnung eines Itempaares zu einem Faktor. Die Festlegung der Anzahl der Faktoren erfolgt mit Hilfe einer Hauptkomponentenanalyse und nach dem Kaiser-Kriterium, bei dem die Zahl der zu extrahierenden Faktoren gleich der Zahl der Faktoren mit Eigenwerten größer eins ist [10]. D.h., dass ein Faktor mindestens die Varianz eines einzelnen Adjektivpaares erklären muss. Um die Aussagefähigkeit der durchgeführten Faktorenanalyse zu prüfen, werden das Kaiser-Mayer-Olkin-Maß und der Barlett-Test auf Sphärizität berechnet. Ein KMO-Maß über $KMO = 0,8$ deutet dabei auf eine gute Eignung der Korrelationsmatrix für eine Faktorenanalyse, während man beim Barlett-Test auf das übliche Signifikanzniveau von $\alpha = 5\%$ achtet, um auszuschließen, dass die Korrelationskoeffizienten gleich Null sind. Ebenso geben die außerhalb der Diagonalen liegenden Elemente der Anti-Image-Matrix Auskunft darüber, ob die einzelnen Variablen in die Faktorenanalyse mit einbezogen werden dürfen. Sie sollten gegen Null gehen, da sie ein indirekter Schätzer für den Messfehler der Faktorenanalyse sind.

Im Allgemeinen stellte sich die Frage, wie man den akustischen Eindruck von Türgeräuschen getrennt von anderen Sinneseindrücken wie Haptik und Optik sowie der Assoziation zum Produkt erfassen kann. Ein Feldexperiment begünstigt die externe Validität, also die Übertragbarkeit auf die tatsächliche Situation, also das Betätigen der Tür. Allerdings lassen sich die anderen Sinneswahrnehmungen, die die Probanden dabei erfahren, nicht zweifelsfrei vom akustischen Eindruck trennen.

Ein potentieller Kunde erlebt das Türgeräusch am reellen Fahrzeug, indem er die Tür betätigt. Auch in der Entwicklung neuer Automobile werden zur Präsentation neuer Konzepte und zur Gesamtbeurteilung des Ist-Standes in einem realitätsnahen Beurteilungsumfeld verschiedene, komplett ausgestattete Fahrzeuge miteinander verglichen und den Entscheidungsträgern vorgeführt. Dies vermittelt jedem einen Eindruck über die Optik des Gesamtfahrzeuges, die Haptik des Türgriffes und über den Charakter des Türgeräusches. Der Vorteil aber auch zugleich Nachteil dieser Präsentationsmethode ist die Kombination aller Sinneseindrücke. Vielen Menschen fällt es am realen Objekt leicht, dessen Klang zu beurteilen. Andererseits beeinflussen die anderen Sinneseindrücke den akustischen und bringen eine große Messunsicherheit in die Bewertung der Akustik. Ein weiterer Nachteil liegt in der Reproduzierbarkeit. Da es dem Menschen schwer fällt, kleinere Unterschiede absolut zu hören [77], muss er sich aufgrund der räumlichen und damit auch zeitlichen Distanz zwischen den einzelnen Objekten auf sein akustisches Kurzzeitgedächtnis verlassen, wodurch es auch zu Fehlern in der akustischen Beurteilung kommen kann. Ebenso ist die Reproduktion eines solchen Vergleiches sehr aufwendig. Verschiedene Baustände und Toleranzen an den Fahrzeugen sowie der Einfluss der Raumakustik tragen entscheidend zum Gesamtklangbild bei. Deshalb müssen im Falle einer Wiederholung dieselben Fahrzeuge mit identischen Einstellungen im gleichen Raum an gleicher Stelle dargeboten werden, was praktisch schwer zu realisieren ist.

Aus diesem Grund wurde die Beurteilungsumgebung in ein Audiolabor der BMW-Group verlegt. Diese mit sechs identischen Hörplätzen ausgestattete Versuchsumgebung ist mit der Anordnung und der Auswahl von Sitzen einem PKW-Innenraum nachempfunden, was den Probanden die Beurteilungssituation, nämlich die Bewertung eines Fahrzeugs, etwas näherbringen soll. Die Darbietung der Geräusche erfolgte über elektrostatische Kopfhörer des Types Stax SR 303. Aufgrund ihrer offenen Bauweise und der sehr leichten Membran besitzen diese im Gegensatz zu geschlossenen Kopfhörern oder gar Lautsprechern ein sehr gutes Impulsverhalten, was für die zeitrichtige Wiedergabe und den linearen Frequenzgang, insbesondere in hohen Frequenzen, von Türgeräuschen essentiell ist. Zur Gewährleistung, dass alle Wiedergabeplätze das gleiche Signal übertragen, ist die gesamte Messkette auf einen Referenzplatz eingemessen und abgeglichen. Die Probanden bekommen auf diese Weise realitätsnahe akustische Aufnahmen vorführt.

3.2.2 Stimuli

Alle Geräuschaufnahmen zum Türgeräusch entstammen einem Semi-Freifeldraum der BMW-Group mit schallhartem Boden, so dass das Schallfeld ungefähr der einer realen Bediensituation im Freien entspricht. Mit einer Größe von ca. fünf mal sieben Metern Innenbreite und -länge ist er mit schallabsorbierenden Materialien ausgekleidet. Das daraus resultierende Klangbild ist sehr realistisch und entspricht in etwa dem Klangbild einer Autotür eines auf der Straße stehenden Fahrzeugs. Durch fehlende, die Geräuschquelle überlagernden, Reflektionen sind jegliche im Geräusch enthaltenen Fehler akustisch sichtbar. Für die Geräuschaufnahme galten dabei standardisierte Bedingungen zur Positionierung des Kunstkopfes HMS II der Firma HEAD acoustics und der Fahrzeuge. Der Kunstkopf befindet sich dabei immer außerhalb vom PKW in einem Abstand von ca. $l = 85cm$ bei seitlicher Ausrichtung zur Tür sowie einer simulierten Körpergröße von $l = 1,85m$.

Er ermöglicht dabei eine an den menschlichen Hörsinn angelehnte, binaurale Geräuschaufnahme. Aufgrund der nachempfundenen Kopfgeometrie und den in den Ohrmuscheln an Stelle des menschlichen Trommelfells platzierten Mikrofonen kann er die durch Kopfform, Ohrmuschel und Ohrkanal bedingte Schalldiffraktion, -flexion und -absorbtion nachbilden [76, 75]. Außerdem ermöglicht er im Gegensatz zu Mikrofonen für diesen Anwendungsfall eine wiederholgenauere und wesentlich schnellere Positionierung am Fahrzeug.

Die im Schallmessraum aufgezeichneten Geräusche müssen im Hinblick auf den Untersuchungsgegenstand angepasst werden. Aufgrund der verwendeten Messtechnik und der endlichen Schalldämmung des Schallmessraumes sind die Aufnahmen vor und nach dem eigentlichen Türgeräusch nicht vollständig leise, so dass diese in geringem Maße ein Hintergrundrauschen enthalten. Außerdem entstehen bei der Aufnahme oftmals Nebengeräusche, welche die Urteile der Probanden ebenfalls verfälschen können und die durch Schneiden und Filtern entfernt wurden. Die Schnittmarke liegt dabei im Nullpunkt des Schalldruckes, so dass es zu keiner spektralen Verbreiterung durch Sprungstellen im Zeitbereich, also wieder zu Störgeräuschen, kommt. Das Hintergrundrauschen im Messraum darf durch diese Manipulation nicht unterbrochen werden. Sollten bei der Nachbearbeitung Lücken entstehen, so wurden diese durch gezieltes Ersetzen des Rauschens aus anderen Abschnitten geschlossen. Beim Anhören des soundfiles beeinflusst dieser Hintergrund möglicherweise die Bewertung durch die Probanden, so dass alle Geräusche auf eine einheitliche Länge von zwei Sekunden zugeschnitten wurden.

Auch Fahrzeuge selbst verursachen während der Geräuschaufnahme immer wieder Nebengeräusche. So tritt z.B. das Klappern der Heckentlüftung direkt nach dem Türzuschlag auf, was für den Laien akustisch nicht vom Rest des Geräusches zu trennen ist. Allerdings ist es hauptsächlich auf dem der Tür abgewandten Ohr wahrnehmbar, so dass man es durch Ausblenden dieses Kanals weitgehend entfernen kann. Aus diesem Grund erfolgt die Wiedergabe in den Hörversuchen nur diotisch und auch die anschließende Auswertung verwendet nur den der Tür zugewandten Kanal.

Ein Ziel ist es, die Wahrnehmungsdimensionen zu bestimmen. Aus diesem Grund sollten alle relevanten, real existierenden Ausprägungen eines Türgeräusches in den Hörversuchen vorhanden sein, was jedoch aufgrund der vielen Einflussparameter und damit der großen Menge an Variationsmöglichkeiten nicht machbar ist. Deshalb muss man versuchen, einzelne Teilpfade gezielt zu betrachten. Ein solcher ist die Lautheit und der damit verbunde Pegel. In fast allen Untersuchungen zur Geräuschbewertung spielt er eine dominante Rolle und stellt eine eigene Wahrnehmungsdimension dar. So z.B. in den Untersuchungen von Hashimoto [95]. Deshalb sind jeweils zwei aus den ersten drei Hörversuchen als besonders gut und zwei als besonders schlecht bewertete Öffnungs- und Schließgeräusche in den nachfolgenden Hörversuchen dabei, die jeweils in 2dB-Schritten in einem großen Bereich von $L = 42dB(A)$ bis $L = 76dB(A)$ (energetisches Mittel über $t = 2s$, Zeitbewertung: *fast*) im Pegel variiert sind.

Alle anderen Dimensionen sollen pegelunabhängig untersucht werden, so dass der Rest der Geräusche auf einen einheitlichen Pegel normiert ist. Dieser richtet sich nach dem kleinsten vorkommenden realen Geräuschpegel und ergibt sich so beim Öffnen zu $L = 55dB(A)$ und beim Schließen zu $L = 60dB(A)$.

Auch wenn die Hörversuche ein breites Spektrum der real möglichen Ausprägungen umfassen, ist es zur Dimensionsbestimmung dennoch notwendig, die Zeit- und Frequenzstruktur gezielt zu beeinflussen und den Probanden als teilsynthetisches Geräusch gemäß Abbildung 1.1 darzubieten. Einige real existierende Öffnen und Schließen wurden modifiziert, indem man in der Zeit-Frequenz-Struktur speziell hervortretende Eigenschaften, wie z.B. Nachschwingen oder tonale Überhöhungen im Hauptgeräusch verstärkt oder abschwächt. Zusammen mit dem Original fließen sie ebenfalls mit in die Bewertung ein.

Insgesamt umfassen die Hörversuche fünf verschiedene Durchgänge, in denen die Probanden 80 (in jedem Durchgang gab es zusätzlich vier Wiederholungen) verschiedene Öffnungs- und Schließgeräusche bewerten. Davon entfallen bereits 18 auf die Pegelvariation. Aus Tabelle 6.1 im Anhang kann man entnehmen, dass sich darunter 22 nicht modifizierte und 40 modifizierte Öffungsgeräusche und 34 originale sowie 28 veränderte Schließgeräusche befinden. Eine genaue Übersicht über die Art der Modifikationen liefern die Tabellen 6.1, 6.2, 6.3 im Anhang.

3.2.3 Probanden

An den Hörversuchen waren die gleichen 38 Testpersonen aus den Umfragen zum optimalen Geräusch beteiligt. Die Probandengruppe setzte sich aus 29 Deutschen, zwei Türken, vier Chinesen, einem Engländer und zwei Amerikanern zusammen. Zwei Probanden waren als studentische Praktikanten bzw. Diplomanden bei der BMW-Group tätig. Das Alter der Probanden lag zwischen 23 und 59 Jahren. An der Studie wirkten außerdem zwölf Frauen im Alter zwischen 23 und 43 Jahren mit. Eine genaue Übersicht über die Probanden gibt Tabelle 3.2 aus den Umfragen zum optimalen Türgeräusch.

Da der Zeitbedarf zur Bewertung der großen Anzahl an Geräuschen sehr hoch ist und der Probandenpool im Unternehmen nicht unerschöpflich, waren diese Probanden an unterschiedlichen Durchgängen mit völlig anderen Geräuschen mehrmals beteiligt.

Bevor sie ihre Bewertung zu den Türgeräuschen abgeben durften, wurde die Hörfähigkeit mit einem Screeningverfahren überprüft. Grobe Hörfehler wie z.B. Tinitus oder Schwerhörigkeit konnten so erkannt werden. Das führte bei drei Personen zum Ausschluss aus der Probandengruppe. (Diese werden deshalb nicht zu den 38 Probanden gezählt.)

3.2.4 Versuchsdurchführung

Bei der Beurteilung mehrerer Geräusche kann es bei den Probanden zu Gewöhnungseffekten kommen. D.h. sie entwickeln aus der Gewohnheit, dass Attribut B immer nach Attribut A folgt, bereits ein gewisses Schema, die Adjektivpaarungen abzuarbeiten. Ebenso spielt die Polung der Antonympaare und der kontradiktorischen Begriffe eine entscheidende Rolle. Unter Umständen assozieren die Probanden z.B. das Attribut *leise* mit *gut*, wenn diese im Semantischen Differential immer untereinander angeordnet sind. Aus diesem Grund erfolgte hier für jeden Versuch und für jedes Geräuschbeispiel eine zufällige Polung und Reihenfolge der beschreibenden Wortpaarungen.

Bei der Planung des Umfangs der Versuche ist auch der jeweilige Zeitrahmen zu beachten. So verlangt die genaue Bewertung der Geräuschbeispiele und die randomisierte Anordnung der Begriffspaare im Semantischen Differential den Probanden ein hohes Maß an Konzentration ab, die mit zunehmender Versuchsdauer aufgrund von Ermüdung abnimmt. Nach Pashler [158] ist der Mensch von Natur aus darauf eingerichtet, eine Situation anhand seiner Sinne zu beurteilen. Dabei herrscht aber immer eine Interaktion zwischen verschiedenen Reizen, so dass er stets ein Zusammenspiel aller Eindrücke kognitiv verarbeitet. Das Fokussieren auf ein einzelnes Sinnesorgan ist daher nur begrenzt möglich. Vielmehr erfolgt mit fortschreitender Zeit eine Ablenkung durch andere Sinne. Die dann auftretenden Konzentrationsschwächen sind Ermüdungserscheinungen, welche eine größere Fehlervarianz bedingen und damit die Reliabilität der Messung verschlechtern. Deshalb beschränken sich die hier durchgeführten Hörtests auf eine Gesamtdauer von maximal 30 Minuten. Im Anschluss mit den Probanden geführte Interviews ergaben, dass diese Zeit für sie kein Problem darstellte. Daraus beschränkt sich die Anzahl der pro Hörversuch zu bewertenden Geräusche auf 20.

Ihre Bewertung zu den Ihnen angebotenen Geräuschen mussten die Probanden auf einem Fragebogen abgeben.[1] Dieser enthielt zunächst Instruktionen über die Vorgehensweise und das Semantische Differential im Allgemeinen. Zusätzlich erfolgte eine verbale, standardisierte und schriftlich fixierte Einleitung durch den Versuchsleiter, der zur Thematik hinführte und wichtige Hinweise zur Durchführung gab, welche nach Bortz [34] und Bech [14] für das korrekte Ausfüllen des Fragebogens und den reliablen Versuchsablauf zwingend erforderlich ist.[2]

Anhand festgelegter Formulierungen umschrieb der Versuchsleiter in den ersten Hörversuchen die klangbeschreibenden Begriffe verbal. Allerdings besteht bei deren Umschreibung dennoch die Gefahr, dass die Probanden mit den zur Hilfe genommenen Adjektiven andere Klangvorstellungen assoziieren. Deshalb wurden die in den ersten drei Versuchen von den Probanden mehrheitlich als extrem bewerteten Ausprägungen der jeweiligen Adjektivpaare in einer Orientierungsphase vor den eigentlichen, nachfolgenden Hörtests dargeboten. Das ermöglicht eine einheitliche Terminologie und trägt so entscheidend zur Verbesserung der Reliabilität bei.

Die Darbietung der Geräusche erfolgte jeweils in nach Öffnen und Schließen getrennten Hörversuchen. Im Gegensatz zur gemeinsamen Geräuschwiedergabe, bei der die Probanden gezwungen sind, einen vom Versuchsleiter vorgegebenen Zeitrahmen einzuhalten, konnten sie die Geräusche hier mit Hilfe von Touch Displays selbständig auswählen. Vor dem Versuch wurden sie instruiert, sich in der Orientierungsphase zunächst alle Beispiele anzuhören und anschließend in der Bewertungsphase selbstständig Quervergleiche zwischen den einzelnen anonymisierten und für jeden Durchgang neu randomisierten Beispielen zu ziehen, was ihnen das Einordnen auf den jeweiligen Skalen erleichtern und somit die Genauigkeit des Testes erhöhen sollte.

Zur Sicherung der Reliabilität werden einige der im Hörtest verwendeten Geräusche während eines Versuches und über alle Versuche hinweg wiederholt. Diese Maßnahme ist notwendig, da situative Störungen, wie z.B. Unkonzentriertheit der Probanden sowie Missverständnisse oder gar Raten, die Messgenauigkeit verschlechtern. Als Grenzwert für die Retestreliabilität wurde hier einen Korrelationskoeffizienten nach Bravis-Pearson von $k = 0.85$ und ein Signifikanzniveau von $\alpha = 5\%$ angewendet, so dass Probanden deren Bewertun-

[1] Der Fragebogen ist im Anhang auf Seite 215 beigefügt.

[2] Die Instruktionsnotizen sind im Anhang auf Seite 214 beigefügt.

gen der Wiederholungen unter diesen Werten lagen von der späteren Ergebnisauswertung hätten ausgeschlossen werden müssen. Das war aber bei keiner Testperson notwendig.

Auch die Anordnung der Geräusche hat möglicher Weise einen Einfluss auf die Messgenauigkeit. Folgt z.B. ein normal lautes Geräusch nach einem sehr lauten, so ist anzunehmen, dass die Probanden dessen Lautheitsausprägung nicht richtig einstufen. Mit Hilfe der für jeden einzelnen Hörversuch randomisierten Anordnung der Items kann man diesen Fehler durch Herausmitteln entgegenwirken. So erleben andere Probandengruppen durch die Darbietung des Beispiels an anderer Stelle keine solche Beeinflussung.

Die Probanden sollen sehr detaillierte Bewertungen abgeben. Dies ist beim einmaligen Abspielen des jeweiligen Öffnens oder Schließens jedoch schwierig, da der Höreindruck bei der Vielzahl der abgefragten Adjektivpaare bereits wieder verschwimmt. Die selbstständig angeregte wiederholte Wiedergabe erfordert aber ein erneutes Anwählen des Geräusches, was der Testperson zusätzliche Aufmerksamkeit abverlangt und somit zu deren Ablenkung vom auditiven Eindruck beiträgt. Aus diesem Grund werden alle Geräusche in einer Schleife abgespielt, was eine einheitliche Länge der Beispiele voraussetzt. Diese ist infolge der Geräuschaufbereitung auf zwei Sekunden begrenzt, so dass sich stets die gleiche Wiederholfrequenz ergibt.

Die Geräuschauswahl wurde über alle Hörversuche verteilt so getroffen, dass sie möglichst alle Itempaarungen in den maximalen Ausprägungen enthielt. Zur Überprüfung, ob die Probanden die komplette Skala für Ihre Beurteilung ausnutzen, dienten Box-Whisker-Plots zur Mittelwert- und Varianzverteilung sowie die minimalen und maximalen Ausprägungen [116]. Damit sind die Streuungen der einzelnen Bewertungen miteinander vergleichbar und man kann eine Aussage über den Sinngehalt der Messung treffen [33]. Durch die vorhergehende Orientierungsphase konnte die Sekundärvarianz aufgrund unterschiedlicher Ausnutzung der Skala aber weitgehend minimiert werden.

Das Falsifizieren der Nullhypthese belegt die Richtigkeit der Hypothese. Ein im Sinne der Nullhypthese nichtsignifikantes Ergebnis ist ein statistischer Beleg dafür, dass die H_1 zutrifft, d.h., dass ein prognostizierter Unterschied nicht dem Zufall entstammt, sondern einer berechtigten Annahme [203]. Zur Signifikanzprüfung verwendete man hier den t-Test für abhängige Stichproben. Ausgehend von einem Signifikanzniveau von $p = 5\%$ prüfte man z.B. die Unterschiede in der Bewertung von Probandengruppen, die Signifikanz von Deskriptorenpaarungen oder die Zusammenhänge zwischen Pegel, Kategorie des Geräusches und der Bewertung. Außerdem wurde mit Hilfe von Signifikanztests alle vorhandenen Abweichungen darauf untersucht, ob diese zufälligen Schwankungen unterliegen, welche z.B. durch die Auswahl der Probandengruppe entstehen, oder ob tatsächliche Zusammenhänge zu Grunde liegen [33].

3.2.5 Ergebnisse

3.2.5.1 Ergebnis der Faktorenanalyse für das Öffnungsgeräusch

Die Reliabilitätstest (F- und t-Test) wurden anhand der anonymisierten Wiederholungen durchgeführt. Dabei gab es keine signifikanten Unterschiede in der Bewertung der wiederholt dargebotenen Geräusche. Ebenso füllten alle Probanden den Fragebogen vollständig, formell richtig und lesbar aus. Aus diesem Grund ist davon auszugehen, dass die Probanden reliable Beurteilungen abgaben.

Die Hörwahrnehmung des Öffnungsgeräusches umfasst nach Anwendung des Kaiser-Kriteriums sechs Dimensionen, mit denen sich $s^2 = 75,21\%$ der kummulierten Varianz abdecken lassen. Dabei beträgt das „measure of sampling adequacy" nach Kaiser-Meyer-Olkin $KMO = 0,91$, was nach Kaiser [109] als „marvelous" zu interpretieren ist. Ebenso bestätigt der Barlett-Test auf Sphärizität mit einer Signifikanz von $p = 0,000$ und damit mit einer Wahrscheinlichkeit von 95%, dass die Varianz der Korrelationsmatrix nicht nur zufällig von der Einheitsmatrix abweicht.

In den so ermittelten Faktoren lässt sich sowohl die Frequenz- als auch die Zeitstruktur von Türgeräuschen wiederfinden. Tabelle 3.7 zeigt die einzelnen Faktoren und deren Antonympaare, die in abfallender Reihenfolge nach ihrer Faktorladung geordnet sind.

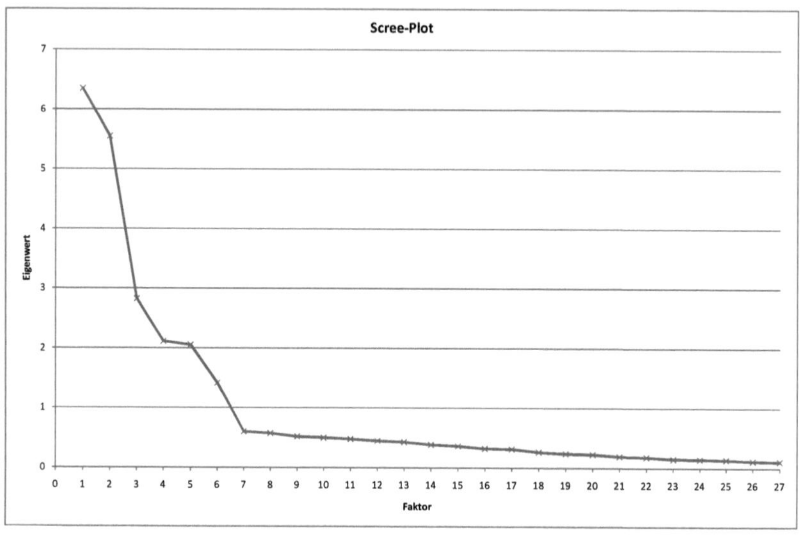

Abbildung 3.7: Screeplot zur Faktorenanalyse des Öffnungsgeräusches; Kaiser-Kriterium ergibt sechs Faktoren

So umfasst die erste Dimension (die den Faktoren zugeordneten Bezeichnungen sind der Ergebnisdiskussion zu entnehmen) mit dem aus Tabelle 3.8 ersichtlichen höchsten Varianzanteil von $s^2 = 23,52\%$ konnotative Paare wie z.B.: *unausgereift-ausgereift*, *unausgewogen-ausgewogen*, *schlecht-gut* und *minderwertig-hochwertig*.

Der zweite Faktor besitzt mit $s^2 = 20,54\%$ schon einen deutlich geringeren Varianzanteil. Er enthält z.B. die denotativen Adjektivpaare *schwach-kraftvoll*, *hochfrequent-tieffrequent*, *schrill-nicht schrill* und *hell-dunkel*.

Ebenso denotativen Charakter hat die dritte Wahrnehmungsdimension. Sie umfasst einen Varianzanteil von $s^2 = 10,45\%$ und setzt sich aus den Begriffspaaren *ploppig-nicht ploppig* ($r = 0,871$) und *topfig-nicht topfig* ($r = 0,852$) zusammen. Ebenso laden *tonal-nicht tonal* mit $r = 0,568$ und *hohl-massiv* $r = 0,557$ auf diesen Faktor.

Ein weiterer, vierter, Faktor besteht aus den Geräuschcharakter beschreibenden Adjektivpaaren *nachschwingend-nicht nachschwingend* mit $r = 0,789$ und *hallig-nicht hallig* mit einer Faktorladung von $r = 0,783$. Er besitzt einem Varianzanteil von $s^2 = 7,83\%$.

Das Begriffspaar *hart-weich* und *laut-leise* bilden einen fünften Faktor, der eine Varianz von $s^2 = 7,61\%$ klärt. Die Faktorladungen betragen $r = 0,811$ und $r = 0,738$. Beide Paare laden auf keinen anderen Faktor.

Auf die sechste Wahrnehmungsdimension lädt ausschließlich *klickend-nicht klickend* mit $r = 0,801$. Der Faktor klärt dabei $s^2 = 5,25\%$ der Gesamtvarianz.

Als einzige Adjektivpaare sind *rasselnd-nicht rasselnd* und *metallisch-nicht metallisch* mit einer maximalen Faktorladung von $r = 0,475$ und $r = -0,391$ zu keinem Faktor zuzuordnen. Insbesondere die aus Tabelle 3.6 zu entnehmenden F-Werte mit $F = 6,42$ und $F = 7,44$ zeigen bei einer Irrtumswahrscheinlichkeit von $\alpha = 5\%$ und einem damit verbundenen F-Schwellwert von ca. $F = 1,06$ (Die Entscheidungskriterien sind in Tabelle 3.5 aufgeführt) eine zu geringe Trennschärfe. Die Varianz dieser Adjektivpaare unterscheidet sich somit signifikant von der mittleren Varianz der anderen Begriffe. Zusätzlich haben diese Paare einen sehr hohen Varianzanteil von $\sigma^2 = 4,49$ und $\sigma^2 = 5,20$ was einer Urteilsunsicherheit von ca. zwei Skalenstufen entspricht. Aus diesem Grund fallen sie aus der Dimensionsanalyse und aus der in den folgenden Abschnitten betrachteten algorithmischen Annäherung heraus.

Da die Probanden aus den Umfragen zum optimalen Türgeräusch zum Antonympaar *plastisch-diffus* keine gemeinsame Meinung haben, wurde dieses Paar aufgrund der dort aufgetretenen großen Standardabweichung in den Hörversuchen nicht abgefragt.

Testverfahren	Schwellwert	Nullhypothese H_0	Gültigkeit der H_0
KS auf Normalität (zweiseitig)	$KS_{0,05} = 0,005148$	H_0: Normalverteilung	H_0 ablehnen wenn $KS > KS_{0,05}$
F-Test (zweiseitig)	$F_{\frac{0,05}{2}} = 1,0579$	H_0: $\sigma_1^2 = \sigma_2^2$	H_0 ablehnen wenn $F > F_{\frac{0,05}{2}}$

Tabelle 3.5: Kriterien zur Prüfung der Gleichheit der Varianzen für die Adjektivpaare des Öffnungsgeräusches

Deskriptor	Varianz	KS	F-Wert
unausgereift-ausgereift	0,67	0,00012	1,04
unausgewogen-ausgewogen	0,67	0,00007	1,04
schlecht-gut	0,68	0,00002	1,03
minderwertig-hochwertig	0,67	0,00005	1,04
klapprig-solide	0,74	0,00034	0,94
unangenehm-angenehm	0,68	0,00008	1,03
aufdringlich-unaufdringlich	0,75	0,00025	0,93
blechern-nicht blechern	0,75	0,00319	0,93
billig-teuer	0,76	0,00045	0,92
schwach-kraftvoll	0,73	0,00017	0,96
hochfrequent-tieffrequent	0,68	0,00036	1,03
schrill-nicht schrill	0,67	0,00042	1,04
hell-dunkel	0,67	0,00023	1,04
leicht-schwer	0,71	0,00021	0,98
blass-ausdrucksvoll	0,73	0,00073	0,94
scharf-stumpf	0,71	0,00052	1,02
ploppig-nicht ploppig	0,73	0,00132	1,04
topfig-nicht topfig	0,73	0,00257	1,04
tonal-nicht tonal	0,64	0,00086	0,91
hohl-massiv	0,72	0,00054	1,03
nachschwingend-nicht nachschwingend	0,67	0,00077	1,03
hallig-nicht hallig	0,72	0,00052	1,03
hart-weich	0,67	0,00032	1,04
laut-leise	0,68	0,00012	1,03
klickend-nicht klickend	0,72	0,00089	1,03
rasselnd-nicht rasselnd	4,49	**0,06623**	**6,42**
metallisch-nicht metallisch	5,20	**0,07781**	**7,44**

Tabelle 3.6: KS und F-Werte für die Deskriptoren des Öffnungsgeräusches; *rasselnd-nicht rasselnd* und *metallisch-nicht metallisch* haben einen überdurchschnittlich hohen Varianzanteil, verletzten die Kriterien auf Normalverteilung und der Gleichheit der Varianzen; restliche Adjektivpaare geeignet

	Komponente					
	1	2	3	4	5	6
unausgereift-ausgereift	**0,827**	0,377	0,032	0,095	0,106	0,034
unausgewogen-ausgewogen	**0,797**	0,358	0,084	-0,112	0,176	0,011
schlecht-gut	**0,793**	0,260	0,110	0,177	0,243	0,084
minderwertig-hochwertig	**0,781**	0,304	0,139	0,214	0,091	0,115
klapprig-solide	**0,762**	0,177	0,078	0,229	-0,041	0,268
unangenehm-angenehm	**0,716**	0,293	0,101	0,330	0,234	0,082
aufdringlich-unaufdringlich	**0,557**	0,279	-0,053	0,285	0,400	0,052
blechern-nicht blechern	**0,547**	0,263	0,444	0,383	0,019	-0,167
billig-teuer	**0,534**	0,484	0,036	0,230	0,203	-0,048
schwach-kraftvoll	0,229	**0,851**	0,130	0,100	-0,154	0,054
hochfrequent-tieffrequent	0,382	**0,817**	0,023	0,096	0,238	0,146
schrill-nicht schrill	0,360	**0,812**	0,015	0,056	0,136	0,083
hell-dunkel	0,386	**0,780**	0,094	0,167	0,182	0,226
leicht-schwer	0,367	**0,749**	0,102	0,161	-0,151	0,053
blass-ausdrucksvoll	0,373	**0,709**	0,036	-0,238	-0,027	-0,188
scharf-stumpf	0,267	**0,584**	0,242	-0,007	**0,524**	0,225
ploppig-nicht ploppig	-0,033	-0,009	**0,871**	0,002	-0,123	0,098
topfig-nicht topfig	0,222	0,013	**0,852**	0,081	0,048	-0,122
tonal-nicht tonal	0,226	0,351	**0,568**	-0,003	0,110	0,286
hohl-massiv	0,367	0,379	**0,557**	0,167	-0,099	0,090
nachschwingend-nicht nachschwingend	0,217	0,072	0,111	**0,789**	0,051	0,030
hallig-nicht hallig	0,290	0,149	0,054	**0,783**	-0,092	-0,155
hart-weich	0,264	0,157	0,116	-0,060	**0,811**	-0,117
laut-leise	0,350	-0,189	-0,358	0,022	**0,738**	0,015
klickend-nicht klickend	0,284	0,188	0,125	-0,096	-0,052	**0,801**
rasselnd-nicht rasselnd	0,475	0,235	-0,365	-0,053	-0,034	0,441
metallisch-nicht metallisch	0,340	0,033	0,214	-0,391	0,023	-0,354

Tabelle 3.7: Varimax rotierte Faktorladungsmatrix der Faktorenanalyse für das Öffnungsgeräusch; 6 Faktoren (geordnet nach Varianzanteil); 1.Faktor ist hedonisch; Zugehörigkeit der Deskriptoren hervorgehoben; grau dargestellte korrelieren nicht

	Anteil Varianz	Kumulierte Varianz
Faktor 1 = Güte	23,516	23,516
Faktor 2 = Tonhöhe	20,545	44,061
Faktor 3 = Ploppfaktor	10,454	54,516
Faktor 4 = Nachschwingen	7,834	62,349
Faktor 5 = Lautheit	7,610	69,959
Faktor 6 = Klickfaktor	5,254	**75,214**

Tabelle 3.8: Varianzanteile der Faktoren an der Gesamtvarianz beim Öffnungsgeräusch; hedonischer Faktor mit höchstem Varianzanteil; insgesamt 75% der Gesamtvarianz geklärt

3.2.5.2 Ergebnis der Faktorenanalyse für das Schließgeräusch

Wie beim Öffnungsgeräusch füllten alle Probanden den Fragebogen auch beim Schließgeräusch vollständig, formell richtig und lesbar aus. Der t-Test zeigte keine signifikanten Unterschiede der in der Beurteilung der wiederholt dargebotenen Geräusche. Die Probanden gaben somit reliable Beurteilungen ab.

Auch die Hörversuche zu den Schließgeräuschen liefern eine für die Faktorenanalyse brauchbare Datenmatrix. Mit einem Signifikanzwert von null, bei einer Irrtumswahrscheinlichkeit von $\alpha = 5\%$ signalisiert der Barlett-Test die Unterschiedlichkeit der Korrelationsmatrix zur Einheitsmatrix. Ebenso bescheinigt das Kaiser-Meyer-Olkin-Maß von $KMO = 0,91$ („marvelous“) die hohe Eignung für eine Faktorenanalyse [9].

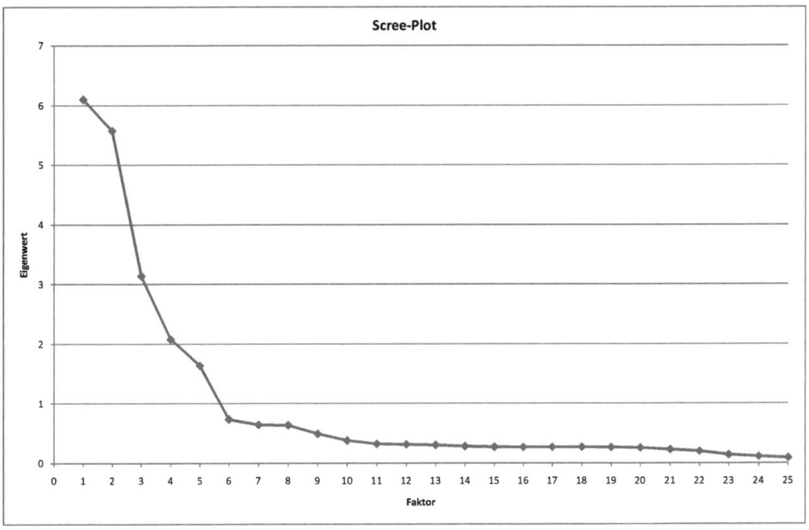

Abbildung 3.8: Screeplot zur Faktorenanalyse des Öffnungsgeräusches; Kaiser-Kriterium ergibt sechs Faktoren

Für das Schließgeräusch ergeben sich fünf Wahrnehmungsdimensionen die in der Ergebnisdiskussion genauer benannt werden. Tabelle 3.11 gibt einen Überblick über die rotierte Faktorladungsmatrix des Schließgeräusches.

Daraus lässt sich entnehmen, dass die erste Wahrnehmungsdimension die konnotativen Antonympaare *unausgereift-ausgereift* mit $r = 0,799$, *unausgewogen-ausgewogen*, $r = 0,785$, und *schlecht-gut* mit $r = 0,782$ umfasst. Diese klären $\sigma^2 = 24,40\%$ der Gesamtvarianz.

Der zweite Faktor mit $\sigma^2 = 22,27\%$ setzt sich aus den denotativen Antonymen *schwach-kraftvoll* mit $r = 0,839$, *hochfrequent-tieffrequent*, $r = 0,799$, *schrill-nicht schrill*, $r = 0,779$ sowie *hell-dunkel* mit $r = 0,769$ zusammen.

Nachschwingend-nicht nachschwingend, *tonal-nicht tonal* und *hallig-nicht hallig* repräsentieren die dritte Wahrnehmungsdimension mit einem Korrelationskoeffizienten von $r = 0,0911$, $r = 0,855$ und $r = 0,726$. Dieser Faktor klärt $\sigma^2 = 12,55\%$ der Gesamtvarianz.

Mit $\sigma^2 = 8,30\%$ bilden *laut-leise* mit $r = 0,811$ und *hart-weich* mit $r = 0,764$ den vierten, Faktor.

Die letzte, die fünfte, Wahrnehmungsdimension leitet sich aus *klickend-nicht klickend* $r = 0,739$ und *rasselnd-nicht rasselnd* mit $r = -0,656$ ab und umfasst wieder zwei für das Türgeräusch spezifische Begriffe. Dieser Faktor besitzt einen Varianzanteil von $\sigma^2 = 6,56$.

Testverfahren	Schwellwert	Nullhypothese H_0	Gültigkeit der H_0
KS auf Normalität (zweiseitig)	$KS_{0,05} = 0,005148$	H_0: Normalverteilung	H_0 ablehnen wenn $KS > KS_{0,05}$
F-Test (zweiseitig)	$F_{\frac{0,05}{2}} = 1,0579$	H_0: $\sigma_1^2 = \sigma_2^2$	H_0 ablehnen wenn $F > F_{\frac{0,05}{2}}$

Tabelle 3.9: Kriterien zur Prüfung der Gleichheit der Varianzen für die Adjektivpaare des Schließgeräusches

Deskriptor	Varianz	KS	F-Wert
unausgereift-ausgereift	0,65	0,00027	1,05
unausgewogen-ausgewogen	0,66	0,00032	1,03
schlecht-gut	0,65	0,00023	1,05
minderwertig-hochwertig	0,65	0,00019	1,05
klapprig-solide	0,71	0,00039	1,04
unangenehm-angenehm	0,67	0,00038	1,01
aufdringlich-unaufdringlich	0,69	0,00043	0,99
blechern-nicht blechern	0,71	0,00125	1,04
billig-teuer	0,70	0,00094	1,03
schwach-kraftvoll	0,65	0,00030	1,04
hochfrequent-tieffrequent	0,66	0,00036	1,03
schrill-nicht schrill	0,71	0,00098	1,04
hell-dunkel	0,66	0,00020	1,03
leicht-schwer	0,69	0,00082	1,01
blass-ausdrucksvoll	0,71	0,00113	1,04
scharf-stumpf	0,70	0,00086	1,03
ploppig-nicht ploppig	**2,84**	**0,02562**	**4,17**
topfig-nicht topfig	**2,97**	**0,03729**	**4,36**
tonal-nicht tonal	0,71	0,00098	1,04
hohl-massiv	0,70	0,00079	1,03
nachschwingend-nicht nachschwingend	0,65	0,00037	1,05
hallig-nicht hallig	0,69	0,00065	1,01
hart-weich	0,67	0,00034	1,01
laut-leise	0,65	0,00022	1,02
klickend-nicht klickend	0,71	0,00102	1,04
rasselnd-nicht rasselnd	2,20	**0,01337**	**3,23**
metallisch-nicht metallisch	1,54	**0,00921**	**2,26**

Tabelle 3.10: KS und F-Werte für die Deskriptoren des Schließgeräusches; *ploppig-nicht ploppig, topfig-nicht topfig, rasselnd-nicht rasselnd* und *metallisch-nicht metallisch* haben einen überdurchschnittlich hohen Varianzanteil, verletzten die Kriterien auf Normalverteilung und der Gleichheit der Varianzen; restliche Adjektivpaare geeignet

	Komponente				
	1	2	3	4	5
unausgereift - ausgereift	**0,799**	0,268	0,166	0,133	0,139
unausgewogen - ausgewogen	**0,785**	0,287	-0,033	0,182	0,074
schlecht - gut	**0,782**	0,271	0,230	0,231	0,124
minderwertig-hochwertig	**0,769**	0,308	0,267	0,071	0,176
klapprig-solide	**0,727**	0,174	0,285	-0,044	0,307
unangenehm-angenehm	**0,692**	0,279	0,394	0,230	0,141
blechern - nicht blechern	**0,673**	0,344	0,441	-0,076	-0,222
aufdringlich - unaufdringlich	**0,635**	0,337	0,295	0,428	0,144
billig-teuer	**0,530**	0,476	0,237	0,196	0,032
schwach-kraftvoll	0,217	**0,839**	0,136	-0,172	0,144
hochfrequent-tieffrequent	0,278	**0,799**	0,160	0,164	0,181
schrill-nicht schrill	0,313	**0,779**	0,160	0,164	0,181
hell-dunkel	0,349	**0,769**	0,214	0,165	0,291
leicht-schwer	0,345	**0,731**	0,216	-0,160	0,144
blass-ausdrucksvoll	0,375	**0,714**	-0,166	-0,008	-0,073
scharf-stumpf	0,296	**0,649**	0,061	0,447	0,161
hohl-massiv	0,377	**0,580**	0,292	-0,218	-0,010
nachschwingend-nicht nachschwingend	0,333	0,029	**0,911**	0,068	0,040
tonal-nicht tonal	0,264	0,194	**0,855**	0,033	0,051
hallig-nicht hallig	0,287	0,074	**0,726**	-0,069	-0,061
laut-leise	0,221	-0,136	-0,043	**0,811**	0,092
hart-weich	0,245	0,245	0,017	**0,764**	-0,182
klickend-nicht klickend	0,218	0,123	-0,013	-0,084	**0,739**
rasselnd-nicht rasselnd	0,381	0,134	-0,047	0,094	**-0,656**
metallisch-nicht metallisch	0,317	0,425	-0,206	0,016	-0,333

Tabelle 3.11: Varimax rotierte Faktorladungsmatrix der Faktorenanalyse für das Schließgeräusch; 5 Faktoren (geordnet nach Varianzanteil); 1.Faktor ist hedonisch; Zugehörigkeit der Deskriptoren hervorgehoben; grau dargestellte korrelieren nicht

	Anteil Varianz	**Kumulierte Varianz**
Güte = Faktor 1	24,402	24,402
Tonhöhe = Faktor 2	22,270	46,672
Nachschwingen = Faktor 3	12,551	59,224
Lautheit = Faktor 4	8,303	67,536
Klickfaktor = Faktor 5	6,562	**74,09**

Tabelle 3.12: Varianzanteile der Faktoren an der Gesamtvarianz beim Schließgeräusch; hedonischer Faktor mit höchstem Varianzanteil; insgesamt 74% der Gesamtvarianz geklärt; die Betitelung der Faktoren entstammt der folgenden Ergebnisdiskussion

Dabei ist anzumerken, dass die Adjektivpaare *ploppig-nicht ploppig* und *topfig-nicht topfig*, die beim Öffnungsgeräusch einen gemeinsamen Faktor bildeten aufgrund ihrer hohen Varianzen und des in Tabelle 3.10 aufgeführtem zu hohen F-Wertes von $F = 4,17$ und $F = 4,36$ aus der Faktorenanalyse für das Schließen ausgeschlossen wurden. Ebenso fallen die Antonyme *metallisch-nicht metallisch* und *rasselnd-nicht rasselnd* durch ihre hohen F-Werte von $F = 3,23$ und $F = 2,26$ aus den nachfolgenden Betrachtungen heraus. Tabelle 3.9 zeigt, dass sie bei einer Irrtumswahrscheinlichkeit von $\alpha = 5\%$ einen F-Wert von $F = 1,06$ unterschreiten müssen, damit sich ihre Varianz nicht signifikant von der über alle Adjektivpaare gemittelten Varianz unterscheidet.

3.2.6 Ergebnisdiskussion

3.2.6.1 Öffnungsgeräusch

Aus den Hörversuchen zum Öffnungsgeräusch gingen sechs Wahrnehmungsdimensionen hervor. Zu deren Beschreibung dienen kontradiktorische Antonyme.

Die sechs Faktoren der Faktorenanalyse des Öffnungsgeräusche klären eine Varianz von $\sigma^2 = 75,21\%$. Im Vergleich zu den Untersuchungen von Flindell und Lewis [72] sowie von Vo und Sebbeße [198] und auch Namba [141] bewegt sich dieser Wert auf Höhe üblicher kumulierender Varianzen so dass von einer guten Repräsentation der erhaltenen Wahrnehmungsdimensionen ausgegangen werden kann.

Im Gesamten erhält man fünf Wahrnehmungsdimensionen, die den Geräuschcharakter des Türgeräusches bezeichnen. Anhand der vorgegebenen Adjektivpaare extrahieren die Probanden einzelne auditorische Objekte und umschreiben somit auditorische Anteile im Gesamtgeräusch. Im Gegensatz dazu ist der erste Faktor hedonischer Natur und fasst den Gesamteindruck zusammen. Hier geht es nicht um spezifische Geräuscheigenschaften im

Sinne einer näheren Beschreibung der Zusammensetzung, sondern um die hedonische Qualität des Türgeräusches.

Mit den Antonymen *unausgereift-ausgereift*, *unausgewogen-ausgewogen*, *schlecht-gut* und *minderwertig-hochwertig* sowie *unangenehm-angenehm* misst die erste Wahrnehmungsdimension die hedonische Qualität und stellt somit ein Güteurteil der Probanden über das Öffnungsgeräusch dar. Auch in den Untersuchungen von Namba und Kuwano zu Helikoptergeräuschen [141], dem Geräusch einer Klimaanlage [140] und von Pkw-Beschleunigungszyklen [123] ergibt sich ein Faktor mit der Bezeichnung *pleasant* mit den Adjektivpaarungen *angenehm-unangenehm* (*pleasant-unpleasant*) und dem höchsten Varianzanteil. Auch Kerrick [110] ermittelte anhand von 16 Geräuschen von Fahrzeugen, Flugzeugen und Musik eine Wahrnehmungsdimension, die die Adjektivpaare *angenehm-unangenehm* und *gut-schlecht* enthält. Da es für den Faktor *pleasant* keine direkte deutsche Übersetzung gibt, bedienen sich deutsche Untersuchungen mehrerer bedeutungsähnlicher Begriffe. So wird er z.B. in der deutschen Ausgabe der Veröffentlichung von Kuwano [123] mit *Gefälligkeit*, von Handmann und Bodden [93] mit *Behaglichkeit* betitelt. Vo und Sebbeße [198] in ihren deutschsprachigen Veröffentlichungen zu Fahrzeuggeräuschen, Schreier [175] sowie Flindell und Lewis [72] betiteln diesen Faktor mit *Akzeptanz*. Diese Untersuchung umfasst in gewisser Weise mehrere der oben genannten Bezeichnungen. So könnte man in Anlehnung an *angenehm-unangenehm Gefälligkeit* oder *Behaglichkeit* verwenden. *Gut-schlecht* deutet auch auf *Akzeptanz*. Hingegen bezeichnen *unausgereift-ausgereift* sowie *unausgewogen-ausgewogen*, die Antonympaare mit der höchsten Faktorladung, eher die Güte als die *Gefälligkeit*. Aus diesem Grund wird dieser erste Faktor im Folgenden als *Güte* bezeichnet.

In der zweiten Wahrnehmungsdimension sind Paare wie z.B. *schwach-kraftvoll*, *hochfrequent-tieffrequent*, *schrill-nicht schrill* und *hell-dunkel* vertreten. Auch bei Kuwano [123] findet sich eine Wahrnehmungsdimension mit den Adjektivpaaren *powerfull-weak* und *high-low*, die sie mit *metallic* bezeichnet und die den zweit höchsten Varianzanteil beinhaltet. Bei Kerrick [110] lädt das Antonympaar *hell-dunkel* auf einen Faktor mit dem dritt größten Varianzanteil. Die Bezeichnung *metallic* oder *metallisch* sollte hier aufgrund ihrer hohen Varianz nicht gewählt werden. Aus oben genannten Gründen sind sich die Probanden in der Bedeutung dieses Adjektives nicht einig. Die im Faktor enthaltenen Antonympaare beschreiben allerdings in gewisser Weise eine Tonhöhenempfindung. *Schrill*, und *hell* bzw. *dunkel* betiteln diese eindeutig, während z.B. *leicht* oder *schwach* indirekt mit ihr assoziiert werden können. Ein leichtes Geräusch wird in dieser Erhebung mit einem hellerem Klang verbunden als ein schweres. Ebenso verhält es sich mit *schwach* und *kraftvoll*. Die *hell-dunkel* Empfindung deutet ziemlich stark auf die empfundene Klangfarbe hin. Daher liegt die Benennung Klangfarbe oder Tonhöhe nahe.

Der Begriff Klangfarbe (Timbre) ist jedoch oftmals aus der Musik bekannt und beschreibt dort unter anderem das Verhältnis von Grundtönen zu Obertönen eines durch ein Musikinstrument erzeugten Tones. Ein Türgeräusch besteht jedoch im Allgemeinen nicht aus einem Obertonspektrum sondern aus einem oder mehreren impulshaften, mit Frequenzschwerpunkten versehenem Haupt- und Nebenschlägen. Der möglicherweise mit Klangfarbe assoziierte musikalische Hintergrund könnte daher zu einer Fehlinterpretation des Charakters dieses Faktors führen.

Die Tonhöhe ist ebenfalls ein durch Musik und Psychoakustik geprägter Begriff. In der Psychoakustik beschreibt die Tonhöhe eine Empfindung, anhand derer man Schallereignisse bezüglich ihrer Tonlage orten kann. Sie ist eng verbunden mit der Physiologie des menschlichen Ohres, dem Ort der Stimulation der Haarzellen auf der Basilarmembran. Für reine Sinustöne stellt die psychoakustische Größe der Tonheit einen direkten Bezug zur physikalisch messbaren Frequenz dar [187],[218].

Auch wenn der Begriff Tonhöhe durch Psychoakustik und Musik bereits festgelegt ist, so bezeichnet er doch in beiden Fällen in gewisser Weise die akustische *hell-dunkel* oder *hoch-tief* Empfindung. In der Psychoakustik wird mit der Tonheit sogar ein direkter Bezug zur Frequenz hergestellt. Auf den zweiten Faktor lädt ebenfalls *hochfrequent-tieffrequent*, was eine direkte Analogie zur Tonhöhe nahe legt. Im Falle von Türgeräuschen besteht die Tonhöhe nicht wie in der Psychoakustik aus der Frequenzlage einzelner Sinustöne. Vielmehr ist es ein Frequenzgemisch, welches mit seiner Frequenzzusammensetzung die Empfindung von *schrill*, oder *hell* hervorruft. Genau wie bei der psychoakustischen Tonheit lässt sich dazu eine oder mehrere besonderes betonte Frequenzen finden, die diesen Faktor bestimmen. Die Bezeichnung Tonhöhe wird daher für die zweite Wahrnehmungsdimension im dieser Arbeit verwendet, ohne dass dies einen Bezug zur musikalischen oder psychoakustischen Tonhöhe darstellt.

Der dritte Faktor entstammt den Antonympaaren *ploppig-nicht ploppig* und *topfig-nicht topfig*, welche aus dem Wortschatz der befragten Experten resultieren. In etablierten Untersuchungen wurden diese Begriffe bislang nicht abgefragt. Sie betreffen nur das Türgeräusch und dort nur den Öffnungsvorgang. Während *ploppig* in erster Näherung ein Geräusch beschreibt, was beim Herausziehen eines Korkens aus einer Weinflasche entsteht, könnte man *topfig* vielleicht mit dem Angeschlagen eines hohlen Ölfasses umschreiben. Beim Öffnungsgeräusch treten beide Adjektivpaare in einer Wahrnehmungsdimension auf, die in Anlehnung an das Begriffspaar mit der höchsten Faktorladung im Folgenden den Namen *Ploppfaktor* erhält.

Nachschwingend-nicht nachschwingend und *hallig-nicht hallig* deuten auf eine zeitlich sehr stark ausgedehnte bzw. echobehaftete Charakteristik der Geräusches hin. Der Begriff *hallig* könnte im Extremfall mit dem Nachhall in einer Kathedrale oder einem Echo assoziiert werden. Allerdings treten solche extremen Nachhallzeiten von mehreren Sekunden Länge bei den hier verwendeten Türgeräuschen allein schon wegen der beschränkten Geräuschlänge von zwei Sekunden, aber vor allem wegen des Aufnahmeortes in der reflexionsarmen Schallmesskabine, nicht auf. Es handelt sich also vielmehr um eine Charakteristik, die im Türgeräusch als solches zu suchen ist. Dabei fällt auf, dass die Probanden vor allem solche Öffnungsgeräusche, als besonders *nachschwingend* oder *hallig* bewerten, die einen den Hauptschlag überdauernden Anteil beinhalten, bei denen das Öffnen also kein reiner Impuls ist, sondern aus einer komplexen Zeit-Struktur besteht. Beide Begriffe waren aufgrund ihres instationären Charakters nicht Gegenstand bisheriger Veröffentlichungen zum Türgeräusch. Dementsprechend gibt es dort auch keinen Faktor, der diese Antonympaare beinhaltet oder von ihnen bestimmt wird. In der hier vorliegenden Erhebung bilden diese Begriffspaare einen einzelnen Faktor, der in Anlehnung an das Antonympaar mit der höchsten Faktorladung den Namen *Nachschwingen* erhält.

Der Faktor mit dem Varianzanteil von $s^2 = 7,61\%$ enthält die Begriffspaare *hart-weich* und *laut-leise*. Bednarzyk [16] fand heraus, dass das Adjektivpaar *laut-leise* in der Geräuschwahrnehmung oftmals eine unabhängige Dimension beschreibt. So auch in den Forschungen von Namba [141, 140] und Kuwano [123]. Sie bezeichnen den damit verbundenen Faktor mit *powerfull*, da er z.B. mit Antonympaaren wie *strong-weak*, *loud-soft*, *harsh-mild* und *noisy-quiet* die Präsenz und die empfundene Lautheit ausdrückt. Bei Takao [186] ergibt sich genau wie in dieser Studie ein Faktor, den er mit *Härte* betitelt, und der die Antonympaare *hart-weich* sowie *laut-leise* umfasst. In der Fahrzeugentwicklung ist die Lautstärke meist in Form des A-bewerteten Schalldruckpegels ein häufig verwendetes Entwicklungsziel [35]. Somit ist die Lautstärke oder Lautheit in der Fahrzeugentwicklung ein weit verbreiteter und bekannter Begriff. Da das Antonympaar *laut-leise* in dieser Untersuchung zur Wahrnehmung von Türgeräuschen für die betrachtete Wahrnehmungsdimension neben *hart-weich* maßgeblich ist, erhält sie hier die Bezeichnung *Lautheit*. Dies soll die Verständlichkeit des später zu erstellenden Programmes verbessern und dem Bediener mit einem für ihn geläufigen Begriff einen leichteren Zugang zum dargestellten Geräuschcharakteristikum verschaffen. Die Bezeichnung *Lautheit* hat dabei jedoch keinen Zusammenhang mit der bereits definierten psychoakustischen Lautheit.

Die sechste Dimension bildet das Paar *klickend-nicht klickend*. Aufgrund dessen, dass keine anderen Antonympaare auf diesen Faktor laden, stellt sich eine gewisse Alleinstellung dieses Merkmals heraus. Kein anderer abgefragter Begriff beschreibt das Geräuschphänomen in einer ähnlichen Art und Weise. Dieses Antonympaar entstammt in der hier durchgeführten Untersuchung zum Türgeräusch wieder dem Wortschatz der befragten Experten und ist in den üblichen Studien zur Geräuschwahrnehmung nicht vorhanden. *Klicken* ist in der IT-Welt weit verbreitet. Hier bezeichnet man das kurze, helle Geräusch beim Betätigen der Maustaste als *Klicken*. Daher ist zu vermuten, dass die Probanden auch für das Türgeräusch ein kurzzeitiges und mit einem gewissen Frequenzschwerpunkt versehenes Ereignis als *Klicken* interpretieren. In Anlehnung an die Bezeichnung des Begriffspaares erhält dieser Faktor den Namen *Klicken*.

Zusammenfassend kann man in der Faktorenstruktur eine hohe Ähnlichkeit zu den Forschungen von Namba [141, 140] und Kuwano [123] feststellen. Wie auch in diesen Untersuchungen ergibt sich mit der *Güte* ein hedonischer Faktor. Ebenso weist der Lautheitsfaktor eine Ähnlichkeit zum Faktor *powerfull* auf. Der von Namba und Kuwano ermittelte Faktor *metallic* ist hier ebenfalls enthalten, splittet sich jedoch in die restlichen Wahrnehmungsdimensionen auf. Sie geben in gewisser Weise alle Auskunft über den Frequenzschwerpunkt und die Klangfarbe des Geräusches beinhalten jedoch zusätzliche Informationen der Zeitstruktur.

Aufgrund ihres geringen F-Wertes mussten die Paare *metallisch-nicht metallisch* und *rasselnd-nicht rasselnd* aus den Betrachtungen der Faktorenanalyse ausgeschlossen werden. *Metallisch-nicht metallisch* ist insbesondere in etablierten englischsprachigen Untersuchungen z.B. [123] zur Geräuschwahrnehmung ein weit verbreiteter Begriff, der oftmals eine eigene Wahrnehmungsdimension formt und bezeichnet. Dass er in dieser Untersuchung entfällt, lässt sich anhand der Bedeutungsunterschiede in den verschiedenen Sprachen erklären. So lautet die direkte Übersetzung des deutschen *metallisch* klingend nach [202] *amphoric*. Somit ist zu vermuten, dass das Englische *metallic* nicht genau die deutsche Entsprechung widerspiegelt. Das würde auch die hohe Varianz und den damit verbundenen geringen F-Wert der Probandenurteile dieses Begriffspaares erklären. Die Probanden sind sich offenbar in der Bedeutung des klangbeschreibenden Adjektives *metallisch-nicht metallisch* nicht einig und assoziieren unterschiedliche Klangbilder mit diesem Paar. Eine andere Erklärung wäre, dass der assoziierte Geräuschcharakter nicht im Klangbild der dargebotenen Türgeräusche enthalten ist. Allerdings repräsentieren die modifizierten und die originalen Geräuschbeispiele eine sehr große Bandbreite aller vorkommenden Öffnungsgeräusche, so dass es sich wahrscheinlich nicht um einen Fehler der externen Validität der Versuchsanordnung handelt.

Gleiches trifft für *rasselnd-nicht rasselnd* zu. Dieses Adjektivpaar ist offenbar so weit gefasst, dass die Probanden kein einheitliches Geräuschphänomen damit assoziieren oder dieses wiederum in den vorhandenen Beispielen unzureichend abgebildet wurde. Da die F-Werte der Adjektivpaare unter dem kritischen F-Wert liegenden, sind die übrigen Adjektivpaare für eine aussagekräftige Exploration des Wahrnehmungsraumes durchweg geeignet.

3.2.6.2 Schließgeräusch

Ähnlich wie bei den Öffnungsgeräuschen besteht der auditive Wahrnehmungsraum der Schließgeräusche aus einem Faktor, der die hedonische Qualität beschreibt und weiteren, die Geräuscheigenschaften im auditorischen Objektraum kennzeichnen. Im Gegensatz zum Öffnungsgeräusch sind das aber nicht fünf sondern nur vier Wahrnehmungsdimensionen. Aufgrund dessen, dass die F-Werte für die Antonympaare *ploppig-nicht ploppig* und *topfig-nicht topfig* zu hoch waren, ist davon auszugehen, das dieses auditorische Objekt beim Schließen nicht vorhanden ist. Somit herrscht unter den Probanden keine Einigkeit mehr über die Bedeutung des Begriffes, so dass dieser aus den Untersuchungen zum Schließgeräusch ausgeschlossen wurde. Die restlichen Wahrnehmungsdimensionen entsprechen weitgehend denen des Öffnungsgeräusches.

Alle fünf Faktoren klären $\sigma^2 = 74,09\%$ der Varianz, was wiederum einen sehr guten Wert darstellt.

Die erste Wahrnehmungsdimension entspricht der Gesamtgüte und klärt $\sigma^2 = 24,40\%$ der Gesamtvarianz. Im Gegensatz zum Öffnungsgeräusch verschiebt sich die Reihenfolge der Antonympaare in der Faktorladungsmatrix. So hat hier *gut-schlecht* die zweit höchste Faktorladung und liegt somit noch vor *unausgewogen-ausgewogen*. Ebenso korreliert *aufdringlich-unaufdringlich* erheblich weniger mit dem ersten Faktor als beim Öffnen. Im Großen und Ganzen laden allerdings die gleichen Antonympaare auf die erste Wahrnehmungsdimension. Sie erhält aus den im Öffnungsgeräusch diskutierten Gründen den Namen *Güte*.

Der zweite Faktor repräsentiert genau wie beim Öffnen die Tonhöhenempfindung des Schließgeräusches. Allerdings gewinnen die Adjektivpaare *blass-ausdrucksvoll* und *scharf-stumpf* an Bedeutung und laden nun stärker auf diesen Faktor. Aufgrund dessen, dass der *Ploppfaktor* nicht mehr existiert, ist *hohl-massiv* jetzt ebenfalls hier zugeordnet. Weil die Wahrnehmungsdimension allerdings ihren Charakter beibehalten hat und nach wie vor im Wesentlichen von den Adjektivpaaren *schwach-kraftvoll*, *hochfrequent-tieffrequent* sowie *hell-dunkel* bestimmt wird, erhält sie wie beim Öffnungsgeräusch den Namen *Tonhöhe*.

Die dritte Wahrnehmungsdimension entspricht ebenfalls der des Öffnungsgeräusches. Allerdings läd *tonal-nicht tonal*, ein beim Öffnen dem *Ploppfaktor* zugehöriges Adjektivpaar, jetzt auf diesen Faktor. Das ist mit einem bestimmten Geräuschphänomen erklärbar. Die beim Schließen impulsartige und damit breitbandige Energieeinleitung in die Karosserie kann Blechstrukturen in ihrer Eigenfrequenz anregen, die nach dem eigentlichen Hauptschlag als schmalbandige, langsam abklingende Ereignisse auditiv wahrnehmbar sind. Somit ist es durchaus möglich, dass die Probanden diesen Anteil als *tonal* und *nachschwingend* bewerten. Der Name ändert sich deshalb im Vergleich zum Öffnungsgeräusch nicht.

Diese Wahrnehmungsdimension wird somit auch beim Schließgeräusch als *Nachschwingfaktor* betitelt.

Laut-leise ist im vierten Faktor neben *hart-weich* das dominante Adjektivpaar. Im Vergleich zum Öffnen zeigt sich, dass die Faktorladung von *laut-leise* zugenommen, die von *hart-weich* hingegen abgenommen hat, wobei beide weiterhin eine sehr hohe Faktorladung aufweisen. Ebenso hat die Varianz des Faktors beim Schließen einen größeren Anteil an der Gesamtvarianz. Offenbar nimmt die Bedeutung der Lautstärke oder der Lautheit beim Schließgeräusch zu. Das kann mit der höheren Gesamtlautlautstärke des Schließgeräusches zusammenhängen. Während der Hauptteil der Öffnungsgeräusche auf $L = 55dB(A)$ normiert wurde, lag das Schließgeräusch bei $L = 60dB(A)$. Im Wesentlichen repräsentiert die hier abgebildete Wahrnehmungsdimension die Lautheitsempfindung des Schließgeräusches, so dass sie im Folgenden mit *Lautheit* bezeichnet wird, jedoch nicht mit der psychoakustischen Lautheit verwechselt werden darf.

Auf die letzte, die fünfte, Wahrnehmungsdimension lädt wieder *klickend-nicht klickend*. Auch der Varianzanteil ist mit dem des Öffnungsgeräusches mit $\sigma^2 = 6,56\%$ zu $\sigma^2 = 5,25\%$ vergleichbar. Aus den dort bereits diskutierten Gründen erhält dieser Faktor auch beim Schließen den Namen *Klickfaktor*.

Wie auch beim Öffnungsgeräusch fallen die Adjektivpaare *metallisch-nicht metallisch* sowie *rasselnd-nicht rasselnd* aufgrund ihres über dem kritischen F-Wert liegenden F-Wertes aus der Faktorenanalyse heraus, so dass nur die restlichen 23 Antonympaare in die Betrachtungen des Wahrnehmungsraumes eingehen.

Auch andere Wissenschaftler erforschten bereits die Wahrnehmung des Türschließgeräusches. So untersuchten Kuwano, Namba und Fastl an zwanzig Probanden elf Schließgeräusche, welche sie ebenfalls mit einem Kunstkopf in $l = 85cm$ Entfernung aufzeichneten und über Kopfhörer wiedergaben [121, 68, 122]. Die fünfzehn verwendeten Adjektivpaare bezeichneten allerdings keine transienten Zustände, wie z.B. *Klicken* oder *Ausschwingen*. Vielmehr handelte es sich um einen nicht geräuschspezifischen Standardwortschatz. Aus diesem Grund erhalten sie wie in ihren früheren Untersuchungen zu anderen Arten von Geräuschen von Namba und Kuwano wieder die drei Faktoren *metallic*, *pleasant* und *powerfull* und keinen aufgesplitten *metallic* Faktor. Dabei ergibt sich die erste Dimension aus Begriffspaaren wie *metallic-deep*, *heavy-light*, *dark-bright* und *sharp-dull*, und ist daher direkt mit dem Faktor *Tonhöhe* dieser Arbeit vergleichbar. Der Faktor *pleasant* aus *pleasant-unpleasant*, *beautiful-ugly* und *pleasing-unpleasing* entspricht hier dem Faktor *Güte*. Für getrennte Probandengruppen aus Deutschen und Japanern ergab sich eine Verschiebung der Varianzen der einzelnen Faktoren, so dass *metallic* bei der deutschen Probandengruppe die höchste Varianz hatte, bei der japanischen nach *pleasant* allerdings nur die zweit höchste. Auf *powerfull* läd, wie auch in dem hier durchgeführten Versuch, vor allem das

Adjektivpaar *loud-soft*.

Die Verschiebung der Varianzanteile der beiden Faktoren *metallic* und *pleasant* bedarf einer genaueren Betrachtung. Demnach wäre das in dieser Arbeit erhaltene Ergebnis dem einer Japanischen Versuchsgruppe zuzuordnen. Für die Deutschen Probanden hätte der Faktor *metallic* eine größere Bedeutung als *pleasant*. Eine mögliche Erklärung ist die Populationszusammensetzung in dieser Arbeit. Unter den Probanden befanden sich mehrere Nationalitäten. So setzte sie sich neben den Deutschen aus zwei Türken, vier Chinesen einem Engländer und zwei Amerikanern zusammen. Ebenso handelte es sich nicht ausschließlich um Studenten. Lediglich zwei Probanden waren als studentische Praktikanten bzw. Diplomanden bei der BMW-Group tätig. Eine weitere mögliche Erklärung für diese Varianzverschiebung ist die Populationsgröße. Kuwano et al. untersuchten eine Stichprobe von zwanzig, diese Arbeit jedoch 38 Personen. Es ist somit möglich, dass diese Verschiebung nicht auf die Nationalitäten sondern auf die Probandenanzahl zurückzuführen ist. Des weiteren teilt sich der Faktor *metallic* in dieser Arbeit auf. Im erweiterten Sinne (unter Vernachlässigung der zeitlichen Information, die die Terminologie der Begriffspaare beinhalten) umfasst er beim Schließgeräusch die Dimensionen *Tonhöhe*, *Ausschwingen* und *Klicken*. Daraus resultierend splitten sich auch die Varianzanteile auf. Darüber hinaus spielt die Versuchsanordnung und Durchführung eine große Rolle. Die Geräuschdarbietung und -aufbereitung erfolgte in beiden Untersuchungen auf völlig unterschiedliche Art und Weise. So beinhalteten die Versuche von Namba und Kuwano z.B. keine Orientierungsphase, in der die maximale Ausprägung der Begriffspaare vorgestellt wurde. Ebenso umfasste die Geräuschdarbietung keine stetigen Wiederholungen.

Abgesehen von den Varianzanteilen stimmt die Zusammensetzung der Faktoren dieser Arbeit mit denen von Kuwano et al. sehr gut überein. Es hat sich gezeigt, dass neben den nicht den Wortschatz betreffenden Dimensionen, in beiden Untersuchungen die Güte, die Tonhöhe und die Lautheit vertreten sind. Die restlichen Faktoren *Klickfaktor* und *Ausschwingen* sind im erweiterten Sinne dem Faktor *metallic* zuzuordnen und speziell für das Türgeräusch zugeschnittene Begriffspaare, die zusätzlich zeitvariante Informationen beinhalten und bei Kuwano et al. nicht abgefragt wurden.

Die von ihnen ermittelten Unterschiede zwischen den deutschen und den japanischen Probanden könnten hier nicht nachvollzogen werden. Unter den Probanden befanden sich keine Japaner. Ebenso war die Population nicht deutscher Testpersonen zu klein für eine signifikante Aussage über eventuelle Unterschiede. Zwischen Männern und Frauen sind Unterschiede in den Hörversuchen dieser Arbeit mit einer Urteilssicherheit von $p = 5\%$ nicht signifikant.

3.3 Hörversuche mit reduzierten Merkmalssatz

Ein Ziel der vorhergehenden Untersuchung war es, die Grunddimensionen des Perzeptionsraumes in Bezug auf die Hörwahrnehmung von Türgeräuschen zu erschließen. Auf diesen aufbauend ist es möglich, die menschliche Hörempfindung zum Türgeräusch mit physikalischen und psychoakustischen Messverfahren nachzubilden. Dazu ist es allerdings notwendig, eine Reihe von Charakteristika im Zeit-Frequenz-Bereich in einer Vielzahl von Hörbeispielen gezielt zu variieren und im Hörversuch darzubieten. Unter Berücksichtigung aller 27 in der Dimensionsanalyse verwendeten Adjektivpaare erfordert das allerdings einen sehr hohen Zeitaufwand, der nicht realisierbar ist. Zur effizienteren Durchführung der Hörversuche ist es daher sinnvoll, die 27 Antonympaare auf wenige charakteristische zu reduzieren, um damit die Bewertungszeit pro Geräusch zu verkürzen und so mehr Beispiele pro Versuch darzubieten. Dies ist insofern möglich, als dass die Bedeutung verschiedener Adjektivpaare miteinander linear zusammenhängt und diese sich somit zu bedeutungsgleichen Gruppen formieren [21]. Somit ist es nicht mehr notwendig, nahezu redundante Adjektivpaare abzufragen. Vielmehr genügt es, nur einige wichtige Vertreter einer Wahrnehmungsdimension heranzuziehen [10]. Dieser Abschnitt macht es sich also zur Aufgabe, die große Anzahl von Antonympaaren auf ein paar wenige, absolut relevante, zu verringern.

Allerdings stellt sich jetzt die Frage, ob dieser reduzierte Merkmalssatz für die bereits bestimmten fünf bis sechs Wahrnehmungsdimensionen ausreichend ist und einer explorativen Faktorenanalyse im Vergleich zum Kapitel 3.2 ähnliche Faktoren extrahiert werden.

3.3.1 Angewandte Methodik

Anhand der Höhe ihrer Faktorladung und der Varianz der einzelnen Adjektivpaare wurden die für den jeweiligen Faktor relevanten Antonympaare ausgewählt. Im Allgemeinen werden für eine solche Reduktion mindestens drei Begriffspaare zur Beschreibung eines Faktors verwendet. Allerdings beinhalten einige der zuvor ermittelten Wahrnehmungsdimensionen nur ein bis zwei Deskriptoren, so dass die in Tabelle 3.13 dargestellten neun Paare als reduzierter Merkmalssatz übrig bleiben.

laut-leise
gut-schlecht
minderwertig-hochwertig
hell-dunkel
klickend-nicht klickend
hart-weich
nachschwingend-nicht nachschwingend
ploppig-nicht ploppig (nur bei Öffnen)
schwach-kraftvoll

Tabelle 3.13: Zum Zwecke der Zeiteffizienz weiterer Hörversuche reduzierter Merkmalssatz

Die Vorgehensweise zur Dimensionsreduktion entspricht in der Auswahl des Messinstrumentes der des Kapitels 3.2. Allerdings sind im siebenstufigen semantischen Differential nicht mehr 27, sondern nur noch die nach Tabelle 3.13 ausgewählten neun Antonympaare vertreten.

Die Wahrnehmungsdimensionen extrahiert eine explorative Faktorenanalyse anhand des Kaiser-Kriteriums, nachdem vorher alle Werte mit Hilfe des KMO-Wertes und des F-Tests auf Reliabilität überprüft wurden.

3.3.2 Stimuli

Auch die Aufnahme und Aufbereitung entspricht der des Kapitels 3.2. Die Geräusche wurden von störenden Anteilen befreit, im Pegel normiert und auf eine einheitliche Länge von zwei Sekunden gebracht. Neben im Geräuschcharakter unveränderten Geräuschen wurden ebenfalls gezielte Modifikationen im Zeit-Frequenz-Bereich vorgenommen, um die auditorischen Objekte der einzelnen Wahrnehmungsdimensionen zu identifizieren und zu quantifizieren. So umfassten auch diese Hörversuche jeweils 18 Variationen der im Pegel veränderten Öffnungs- und Schließgeräusche. Zusätzlich enthalten sie 21 originale sowie 41 modifizierte Öffnungsgeräusche und 34 nicht modifizierte und 28 veränderte Schließgeräusche, wie man aus Tabelle 6.1 im Anhang entnehmen kann. Zur Sicherung der Reliabilität wurden pro Durchgang 4 Geräusche wiederholt. Die einzelnen Modifikationen der Stimuli sind den im Anhang beigefügten Tabellen 6.1,6.2 und 6.3 zu entnehmen.

3.3.3 Probanden

Aufgrund ihres reliablen Urteilsverhaltens bestand die Probandengruppe auch in diesen Versuchen aus den 38 Probanden, die bereits an den Hörversuchen zur Dimensionsanalyse 3.2 beteiligt waren. Die Zusammensetzung zeigt die dort abgebildete Tabelle 3.2.

3.3.4 Versuchsdurchführung

Die Anzahl von jeweils 80 Geräuschen erforderte insgesamt eine erneute Messreihe von fünf Versuchen mit jeweils zwanzig Beispielen, die zur Überprüfung der Reliabilität pro Durchgang jeweils vier zufällig ausgewählte und verteilte Wiederholungen enthielten. Daraus ergab sich ein vertretbarer zeitlicher Aufwand von im Durchschnitt zwanzig Minuten, in dem die Probanden problemlos und ohne Konzentrationseinbußen durch Ermüdung urteilten.

Auch dieser Versuch fand wieder im gleichen Audiolabor statt. Der Versuchsablauf bestand analog zum Kapitel 3.2 aus den Teilen Instruktion, Orientierungsphase und selbstständige Bewertung. In der Instruktion durch den Versuchsleiter und dem Text auf dem Deckblatt des Fragebogens wurden die Probanden darauf hingewiesen, sich zunächst die in den vorangegangenen Hörversuchen als extrem bewerteten Ausprägungen der Adjektivpaare anzuhören und sich anschließend einen Überblick über die vertretene Geräuschbandbreite dieses Versuches zu verschaffen. Danach sollten sie in der eigentlichen Bewertungsphase immer wieder Quervergleiche zu anderen Beispielen ziehen, um eine genauere Einordnung abgeben zu können.[1]

3.3.5 Ergebnisse des reduzierten Merkmalssatzes

Auch in den Hörversuchen zum reduierten Merkmalssatz zeigten die Reliabilitätstests keine signifikanten Unterschiede in der Bewertung der wiederholt dargebotenen Geräusche. Alle Probanden füllten den Fragebogen vollständig, formell richtig und lesbar aus. Aus diesem Grund ist davon auszugehen, dass sie reliable Beurteilungen abgaben.

[1] Der Fragebogen und die Instruktionsnotizen des Versuchsleiters sind im Anhang auf den Seiten 217 und 214 beigefügt. (Der Fragebogen entstammt den Versuchen aus Kapitel 3.4, ist aber bis auf die Benennung des Fahrzeugtypes identisch.)

3.3.5.1 Ergebnis der Faktorenanalyse für das Öffnungsgeräusch

Testverfahren	Schwellwert	Nullhypothese H_0	Gültigkeit der H_0
KS auf Normalität (zweiseitig)	$KS_{0,05} = 0,002736$	H_0: Normalverteilung	H_0 ablehnen wenn $KS > KS_{0,05}$
F-Test (zweiseitig)	$F_{\frac{0,05}{2}} = 1,0617$	H_0: $\sigma_1^2 = \sigma_2^2$	H_0 ablehnen wenn $F > F_{\frac{0,05}{2}}$

Tabelle 3.14: Kriterien zur Prüfung der Gleichheit der Varianzen für die Adjektivpaare des reduzierten Merkmalssatzes beim Öffnungsgeräusch

Tabelle 3.14 zeigt die Schwellwerte der Gütkriterien für die hier durchgeführten Hörversuche. Daraus ist zu entnehmen, dass ein F-Wert oberhalb von $F > 1,06$ eine Ungleichheit der beiden Varianzen bedeuten würde. Ebenso geht aus einem KS-Wert von $KS > 0,0027$ (Kolmogorov-Smirnov-Test) hervor, dass die Bewertungen der Stichprobe nicht in Form einer Normalverteilung vorliegen und damit z.B. ein t-Test nicht angewendet werden kann.

Deskriptor	Varianz	KS	F-Wert
gut-schlecht	0,68	0,00129	1,00
minderwertig-hochwertig	0,69	0,00192	1,01
schwach-kraftvoll	0,70	0,00215	1,03
hell-dunkel	0,65	0,00056	1,05
ploppig-nicht ploppig	0,71	0,00233	1,04
nachschwingend-nicht nachschwingend	0,67	0,00103	1,01
hart-weich	0,67	0,00111	1,01
laut-leise	0,66	0,00097	1,03
klickend-nicht klickend	0,69	0,00203	1,01

Tabelle 3.15: Varianz, KS und F-Werte für die Deskriptoren des reduzierten Merkmalssatzes beim Öffnungsgeräusch; alle Varianzen sehr gering, keine verletzen die Kriterien auf Normalverteilung und der Gleichheit der Varianzen; alle Adjektivpaare geeignet

Betrachtet man unter diesen Kriterien die Urteilsstreuung der Probanden in Tabelle 3.15 so fällt auf, dass für kein Adjektivpaar das Normalverteilungskriterium verletzt ist. Ebenso sind die Varianzen und damit die Streuuung der Bewertungen sehr gering. Die F-Werte bescheinigen außerdem, dass die Varianzen der einzelnen Antonyme sich nicht von der über alle Antonyme gemittelten Varianz unterscheiden. Offenbar gibt es keine Probleme beim Zuordnen eines auditiven Eindruckes zum Begriffspaar. Damit sind die Ergebnisse dieses Hörversuches sehr gut für die Weiterverwendung des Hörversuches geeignet.

	Komponente					
	1	2	3	4	5	6
schlecht-gut	**0,936**	0,291	0,170	0,253	0,125	0,101
minderwertig-hochwertig	**0,872**	0,323	0,216	0,185	0,156	0,173
hell-dunkel	0,478	**0,910**	0,211	0,181	0,193	0,374
schwach-kraftvoll	0,452	**0,827**	0,191	0,279	0,164	0,258
ploppig-nicht ploppig	0,335	0,219	**0,894**	-0,215	-0,172	0,107
nachschwingend-nicht nachschwingend	0,331	0,151	0,253	**0,881**	0,199	0,184
laut-leise	0,383	0,167	0,175	0,134	**0,768**	0,162
hart-weich	0,246	0,219	0,238	0,144	**0,539**	0,183
klickend-nicht klickend	0,246	0,279	0,356	0,102	-0,137	**0,813**

Tabelle 3.16: Varimax rotierte Faktorladungsmatrix der Faktorenanalyse mit reduziertem Merkmalssatz für das Öffnungsgeräusch; Adjektivpaare sind gleichen Faktoren zugeordnet wie im nicht reduzierten Merkmalssatz

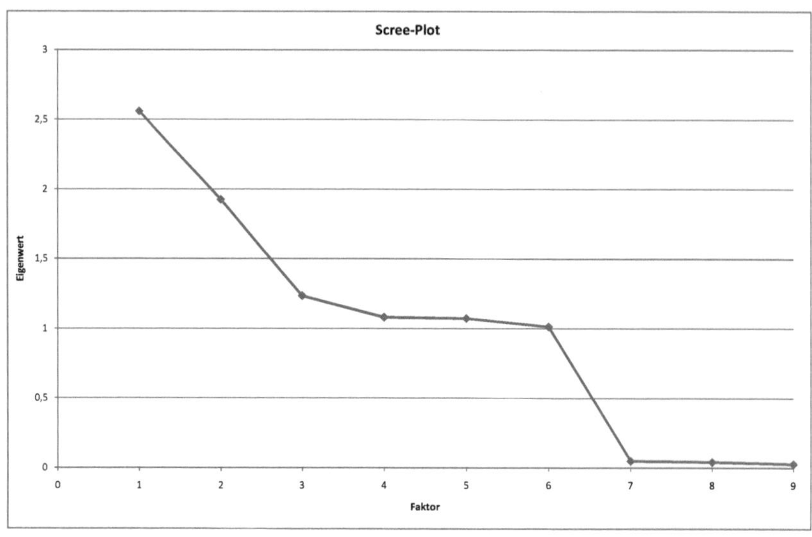

Abbildung 3.9: Screeplot zur Faktorenanalyse des Öffnungsgeräusches; Kaiser-Kriterium ergibt sechs Faktoren

Zur Kontrolle, ob der reduzierte Merkmalssatz auch den vollen Wahrnehmungsraum abdeckt, wurde hier wieder eine explorative Faktorenanalyse mit dem Kaiser-Kriterium angewendet, deren Ergebnisse Tabelle 3.16 und 3.17 zeigen. Das „Kaiser-Meyer-Olkin Measure of sampling adequacy“ zeigt dabei mit $KMO = 0,92$ eine hohe Eignung der Bewertungsmatrix für eine Faktorenanalyse. Ebenso bestätigt der Barlett-Test auf Sphärizität mit einer Signifikanz von $p = 0,000$, dass die Varianz der Korrelationsmatrix nicht nur zufällig von der Einheitsmatrix abweicht.

Diese ergibt sechs Wahrnehmungsdimensionen, die eine Gesamtvarianz von $\sigma^2 = 98,70\%$ klären. So laden die Paare *schlecht-gut* mit $r = 0,936$ und *minderwertig-hochwertig* $r = 0,872$ auf den ersten Faktor, der den höchsten Varianzanteil mit $\sigma^2 = 28,43\%$ besitzt. Der zweite wird von *hell-dunkel* mit $r = 0,910$ und *schwach-kraftvoll* $r = 0,827$ beschrieben. Die dritte Wahrnehmungsdimension, mit $\sigma^2 = 13,70\%$ bildet *ploppig-nicht ploppig* mit einer Faktorladung von $r = 0,894$. Mit $r = 0,881$ wie der vierte Faktor von *nachschwingend-nicht nachschwingend* beschrieben. Er klärt einen Varianzanteil von $\sigma^2 = 12\%$. *Laut-leise* und *hart-weich* laden mit $r = 0,768$ und $r = 0,539$ auf eine Wahrnehmungsdimension, die einen Varianzanteil von $\sigma^2 = 11,92\%$ umfasst. Der letzte Faktor weist mit $\sigma^2 = 11,25\%$ den geringsten Varianzanteil auf und wird durch die Antonympaare *klickend-nicht klickend* zu $r = 0,813$ beschrieben.

	Anteil Varianz	**Kumulierte Varianz**
Faktor 1 = Güte	28,431	28,431
Faktor 2 = Tonhöhe	21,394	49,825
Faktor 3 = Ploppfaktor	13,709	63,534
Faktor 4 = Nachschwingen	12,003	75,5377
Faktor 5 = Lautheit	11,916	87,453
Faktor 6 = Klickfaktor	11,251	**98,704**

Tabelle 3.17: Varianzanteile der Faktoren an der Gesamtvarianz beim reduzierten Merkmalssatz des Öffnungsgeräusches; hedonischer Faktor mit höchstem Varianzanteil; insgesamt 99% der Gesamtvarianz geklärt

3.3.5.2 Ergebnis der Faktorenanalyse für das Schließgeräusch

Testverfahren	Schwellwert	Nullhypothese H_0	Gültigkeit der H_0
KS auf Normalität (zweiseitig)	$KS_{0,05} = 0,002736$	H_0: Normalverteilung	H_0 ablehnen wenn $KS > KS_{0,05}$
F-Test (zweiseitig)	$F_{\frac{0,05}{2}} = 1,0617$	H_0: $\sigma_1^2 = \sigma_2^2$	H_0 ablehnen wenn $F > F_{\frac{0,05}{2}}$

Tabelle 3.18: Kriterien zur Prüfung der Gleichheit der Varianzen für die Adjektivpaare des reduzierten Merkmalssatzes beim Schließgeräusch

Aufgrund der gleichen Anzahl der Geräusche gelten für das Schließgeräusch auch die in Tabelle 3.18 aufgeführten gleichen Prüfkriterien wie für das Öffnen.

Deskriptor	Varianz	KS	F-Wert
gut-schlecht	0,66	0,00089	1,04
minderwertig-hochwertig	0,71	0,00241	1,04
schwach-kraftvoll	0,70	0,00199	1,02
hell-dunkel	0,66	0,00094	1,04
ploppig-nicht ploppig	2,43	**0,03561**	**3,55**
nachschwingend-nicht nachschwingend	0,69	0,00212	1,01
hart-weich	0,68	0,00092	1,00
laut-leise	0,67	0,00107	1,02
klickend-nicht klickend	0,70	0,00210	1,02

Tabelle 3.19: Varianz, KS und F-Werte für die Deskriptoren des reduzierten Merkmalssatzes beim Schließgeräusch; *ploppig-nicht ploppig* mit überdurchschnittlich hoher Varianz, verletzt die Kriterien auf Normalverteilung und der Gleichheit der Varianzen; restliche Adjektivpaare geeignet

Bei der Anwendung dieser Schwellwerte auf die Bewertungen durch die Probanden kann man aus Tabelle 3.19 entnehmen, dass bis auf das Begriffspaar *ploppig-nicht ploppig* alle Antonyme eine sehr geringe Varianz und eine Normalverteilung aufweisen. Demzufolge sind diese für die weiteren Untersuchungen und einen t-Test geeignet. *Ploppig-nicht ploppig* besitzt im Vergleich mit $\sigma^2 = 2,43$ eine sehr hohe Streuung. Außerdem ist hier das Kriterium der Normalverteilung verletzt und die Varianz dieses Begriffspaares unterscheidet sich von der gemittelten Varianz der restlichen. Aus diesem Grund wird es in die nachfolgenden Betrachtungen nicht mit einbezogen.

	Komponente				
	1	2	3	4	5
schlecht-gut	**0,913**	0,258	0,291	0,143	0,157
minderwertig-hochwertig	**0,885**	0,282	0,173	0,103	0,196
hell-dunkel	0,389	**0,864**	0,196	-0,102	0,371
schwach-kraftvoll	0,287	**0,772**	0,289	0,113	0,265
nachschwingend-nicht nachschwingend	0,272	0,197	**0,925**	-0,134	0,207
laut-leise	0,193	-0,172	-0,364	**0,884**	0,286
hart-weich	0,172	0,157	0,361	**0,726**	0,254
klickend-nicht klickend	0,296	0,255	-0,277	0,089	**0,932**

Tabelle 3.20: Varimax rotierte Faktorladungsmatrix der Faktorenanalyse mit reduziertem Merkmalssatz für das Schließgeräusch; Adjektivpaare sind gleichen Faktoren zugeordnet wie im nicht reduzierten Merkmalssatz

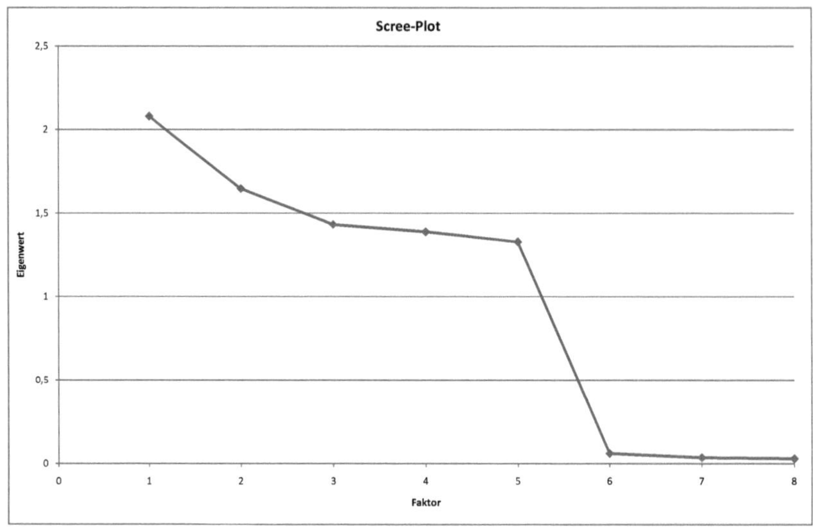

Abbildung 3.10: Screeplot zur Faktorenanalyse des Öffnungsgeräusches; Kaiser-Kriterium ergibt sechs Faktoren

	Anteil Varianz	Kumulierte Varianz
Faktor 1 = Güte	25,986	25,986
Faktor 2 = Tonhöhe	20,582	46,469
Faktor 3 = Nachschwingen	17,896	64,466
Faktor 4 = Lautheit	17,358	81,824
Faktor 5 = Klickfaktor	16,608	**98,433**

Tabelle 3.21: Varianzanteile der Faktoren an der Gesamtvarianz beim reduzierten Merkmalssatz des Schließgeräusches; hedonischer Faktor mit höchstem Varianzanteil; insgesamt 98% der Gesamtvarianz geklärt

Die Aufstellungen 3.20 und 3.21 stellen das Ergebnis der explorativen Faktorenanalyse (Hauptkomponentenanalyse) nach dem Kaiser-Kriterium dar. Das „Kaiser-Meyer-Olkin Measure of sampling adequacy" zeigt dabei mit $KMO = 0,89$ eine sehr hohe Eignung der Bewertungsmatrix für eine Faktorenanalyse. Der Barlett-Test auf Sphärizität bestätigt mit einer Signifikanz von $p = 0,000$ das die Korrelationsmatrix hochsignifikant von der Einheitsmatrix abweicht.

Die Hauptkomponente besteht beim Schließen mit $r = 0,913$ und $r = 0,885$ aus den Items *gut-schlecht* und *minderwertig-hochwertig.* Sie klärt $\sigma^2 = 25,99\%$ der Gesamtvarianz. Der zweite Faktor umfasst die Antonympaare *hell-dunkel* und *schwach-kraftvoll,* deren Faktorladung $r = 0,864$ bzw. $r = 0,772$ beträgt und die zusammen die Varianz von $\sigma^2 = 20,58$ abdecken. In der dritten Wahrnehmungsdimension ist *nachschwingend-nicht nachschwingend* mit $r = 0,925$ enthalten. Sie klärt $\sigma^2 = 17,90\%$ der Gesamtvarianz. *Laut-leise* und *hart-weich* haben mit $r = 0,884$ und $r = 0,726$ einen Varianzanteil von $\sigma^2 = 17,35\%$. Der letzte Faktor besitzt eine Varianz von $\sigma^2 = 16,61$ und besteht zu $r = 0,932$ aus dem Item *klickend-nicht klickend.*

3.3.6 Ergebnisdiskussion

Im Vergleich zu den Versuchen der Dimensionsanalyse erhält man mit dem reduzierten Merkmalssatz den gleichen Wahrnehmungsraum. Die sechs Faktoren beim Öffnungsgeräusch und die fünf Dimensionen beim Schließen beinhalten die gleichen Items. Durch Extraktion und dementsprechende Zuordnung eines jeden Items zu einem Faktor werden im Gegensatz zur Faktorenanalyse der Dimensionsreduktion $\sigma^2 = 98,43\%$ bzw. $\sigma^2 = 98,70\%$ der Varianz geklärt.

Im Vergleich zur Dimensionsreduktion des Öffnungsgeräusches ohne reduzierten Merkmalssatz besitzt das Antonympaar *hell-dunkel* jetzt eine größere Faktorladung als *schwach-kraftvoll* und beinhaltet so mit der höchsten Faktorladung den Hauptanteil am Faktor *Tonhöhe.* Ebenso verhält es sich mit den Items *laut-leise* und *hart-weich.* Auch hier ändern sich die Faktorladungen und *laut-leise* weist eine höhere Korrelation zum Faktor Lautheit auf als *hart-weich.* Ebenso verhält es sich beim Schließvorgang. Auch hier besitzt *hell-dunkel* im reduzierten Merkmalssatz eine größere Faktorladung als *hart-weich.*

Eine Ursache dafür ist die Auswahl der Geräuschbeispiele. Die Hörversuche des reduzierten Merkmalssatzes enthielten eine andere Geräuschauswahl, bei der unter anderem gezielte Modifikationen im Zeit-Frequenzbereich vorgenommen wurden, um in der späteren objektiven Nachbildung qualitative Aussagen zu auditorischen Objekten vornehmen zu können.

Da die Faktorenstruktur und auch die Items im reduzierten Merkmalssatz im Wesentlichen unverändert geblieben sind, kann man diesen als Bewertungsgrundlage für die weiteren Untersuchungen der auditorischen Objekte von Türgeräuschen anwenden. Somit können die durch den instationären Signalcharakter bedingten und für die Erschließung der Zusammenhänge notwendigen vielfachen Modifikationen anhand weniger beschreibender Adjektivpaare abgefragt werden. Der durch die große Geräuschanzahl bedingte sehr hohe Zeit- und Konzentrationsaufwand der Probanden lässt sich somit ohne wesentlichen Informationsverlust deutlich reduzieren.

3.4 Sportwagen oder Limousine: Der Einfluss des Kontextes auf die Beurteilung

In vielen Bereichen der Motorakustik von Pkws unterscheiden Probanden zwischen dem sound eines Sportwagens und dem einer Luxuslimousine [35]. So zeigte auch die Erhebung zum optimalen Türgeräusch in Kapitel 3.1, dass die befragten Personen das Zielgeräusch eines Sportwagens von dem einer Limousine beim Öffnen und Zuschlagen der Tür unterscheiden. Diese Untersuchung beruhte jedoch auf Umfragen und Bewertungen auf einem Fragebogen und ohne Hörbeispiele. Daher stellt sich in diesem Abschnitt die Frage, ob diese Differenzierung neben der formalen und fiktiven Unterscheidung aus Kapitel 3.1 auch anhand realer Türgeräusche existiert oder ob es ein Zielgeräusch für beide Fahrzeugtypen gibt. Anhand dieser Versuche wäre es möglich, einen spezifischen *target sound* auch anhand eines bestimmten Geräuschbeispiels festzulegen.

3.4.1 Angewandte Methodik

Ein Hörversuch am realen Fahrzeug wird von vielen nicht auditiven Dimensionen beeinflusst [15]. So erfahren die Probanden durch das Berühren und Ziehen des Griffes auch haptische Einflüsse, die von dessen Form und Rückstellkraft beeinflusst sind und für jedes Fahrzeug differieren. Für ein valides, ausschließlich den auditiven Sinn betreffendes Ergebnis wurden die Hörversuche daher wieder in einem Audiolabor durchgeführt. Als Bewertungsgrundlage diente das semantische Differential aus Gründen der Zeitersparnis allerdings mit dem reduzierten Merkmalssatz aus Kapitel 3.3. Mit Hilfe des zweiseitigen t-Tests wurde geprüft, ob sich die Messreihen eines Sportwagens und einer Limousine auch signifikant voneinander unterscheiden.

3.4.2 Stimuli

Wie Tabelle 6.1 zeigt, dienten jeweils sechzehn verschiedene Öffnungs- und Schließgeräusche als Stimuli. Diese waren bereits in den vorhergehenden Hörversuchen beteiligt, so dass die Probanden die Merkmalsausprägungen bereits auditiv bewertet hatten. Deren

Auswahl erfolgte dahingehend, dass die Beispiele ein möglichst breites Spektrum der Ausprägung aller zu bewertenden Adjektivpaare beinhalteten.

3.4.3 Probanden

Aufgrund des bereits angesprochenen begrenzten Probandenpools nahmen die in Tabelle 3.2 vorgestellten 38 Probanden aus den Kapiteln 3.2 und 3.3 auch an diesen Hörversuchen teil. Die Reliabilität ihrer Antworten konnte somit bereits in den vorhergehenden Versuchsreihen bestätigt werden.

3.4.4 Versuchsdurchführung

Die Versuchsdurchführung orientiert sich im Wesentlichen an den Hörversuchen zur Dimensionsanalyse und zum reduzierten Merkmalssatz aus den Kapiteln 3.2 und 3.3. Das umfasst die Instruktion, die anonymisierte und randomisierte Darbietung, die Orientierungsphase mit der Darbietung von extremen Merkmalsausprägungen genau so wie die selbstständige Anwahl und die Vergleichsmöglichkeit zu anderen Geräuschbeispielen.[1]

Um herauszufinden, ob eine Differenzierung nach Fahrzeugcharakter auch bei Türgeräuschen existiert, hatten die 38 Probanden in dieser Versuchsreihe mit zwanzig Geräuschpaaren (inklusive vier Wiederholungen) allerdings zusätzlich die Aufgabe, sich vorzustellen, sie stünden vor einem bestimmten Fahrzeugtyp. Anschließend mussten Sie den gleichen Versuch (mit geänderter Anordnung der Geräusche) unter dem Gesichtspunkt wiederholen, dass sie jetzt vor einem Sportwagen stehen, während sie beim ersten Durchgang für eine Luxuslimousine bewerteten. Zur Unterstützung der imaginären Situation diente ein auf Leinwand projiziertes Bild des jeweiligen Fahrzeugtyps. So wurde ein BMW Z4 Roadster als typischer Vertreter eines puristischen Sportwagens und ein BMW 7er als Repräsentant einer Luxuslimousine dargestellt.

Der zeitliche Aufwand der Versuchsreihe belief sich so auf ca. dreißig Minuten.

3.4.5 Ergebnisse

Die Reliabilitätstests (F- und t-Test) wurden anhand der anonymisierten Wiederholungen durchgeführt. Dabei gab es keine signifikanten Unterschiede in der Bewertung der wiederholt dargebotenen Geräusche. Ebenso füllten alle Probanden den Fragebogen vollständig,

[1]Der Fragebogen und die Instruktionsnotizen des Versuchsleiters sind im Anhang auf den Seiten 217 und 214 beigefügt.

formell richtig und lesbar aus. Aus diesem Grund ist davon auszugehen, dass die Probanden reliable Beurteilungen abgaben.

3.4.5.1 Ergebnis für das Öffnungsgeräusch

Testverfahren	Schwellwert	Nullhypothese H_0	Gültigkeit der H_0
KS auf Normalität (zweiseitig)	$KS_{0,05} = 0,004933$	H_0: Normalverteilung	H_0 ablehnen wenn $KS > KS_{0,05}$
F-Test (zweiseitig)	$F_{\frac{0,05}{2}} = 1,0821$	H_0: $\sigma_1^2 = \sigma_2^2$	H_0 ablehnen wenn $F > F_{\frac{0,05}{2}}$
t-Test (zweiseitig)	$t_{\frac{0,05}{2}} = 2,2419$	H_0: $\mu_1 = \mu_2$	H_0 ablehnen wenn $\lvert t \rvert > t_{\frac{0,05}{2}}$

Tabelle 3.22: Kriterien zur Prüfung der Normalverteilung, der Gleichheit der Varianzen und Mittelwerte für die Adjektivpaare des Öffnungsgeräusches zur Unterscheidung zwischen Sportwagen und Limousine

In Tabelle 3.22 sind die Prüfkriterien für die Untersuchung auf Unterschiede dargestellt. Darin besagt ein KS-Wert, der größer als $KS > 0,005$ ist, dass die Bewertungen nicht in Form einer Normalverteilung vorliegen und somit kein t-Test angewendet werden darf. Ebenso deutet ein F-Wert von $F > 1,08$ darauf hin, dass sich die Varianz dieses Merkmalspaares grundlegend von der Varianz des anderen Fahrzeugs unterscheidet. Da der t-Test Varianzengleichheit bedingt, ist auch das ein Ausschlusskriterium für dessen Anwendung. Ein Wert von $\lvert t \rvert > 2,24$ deutet darauf hin, dass die Unterschiede zwischen den Bewertungsskalen nicht dem Zufall entstammen und die Mittelwerte der Bewertungen mit einer Irrtumswahrscheinlichkeit von $\alpha = 5\%$ signifikant abweichen. Dementsprechend würde es bei einem größeren t-Wert Unterschiede zwischen den Bewertungen eines Sportwagens und der einer Limousine geben.

Deskriptor	Fahrzeug	Varianz	KS	F-Wert	t-Wert
gut-schlecht	Sport	0,97	0,00193	1,06	0,78
gut-schlecht	Limousine	1,03	0,00217		
minderwertig-hochwertig	Sport	1,06	0,00298	1,01	0,80
minderwertig-hochwertig	Limousine	1,05	0,00273		
schwach-kraftvoll	Sport	1,03	0,00203	1,01	0,66
schwach-kraftvoll	Limousine	1,02	0,00198		
hell-dunkel	Sport	0,94	0,00122	1,03	0,79
hell-dunkel	Limousine	0,97	0,00201		
ploppig-nicht ploppig	Sport	1,07	0,00381	1,02	0,93
ploppig-nicht ploppig	Limousine	1,05	0,00264		
nachschwingend-nicht nachschwingend	Sport	1,01	0,00194	1,03	0,86
nachschwingend-nicht nachschwingend	Limousine	0,98	0,00117		
hart-weich	Sport	1,04	0,00233	1,00	0,64
hart-weich	Limousine	1,04	0,00237		
laut-leise	Sport	0,95	0,00146	1,02	0,77
laut-leise	Limousine	0,97	0,00189		
klickend-nicht klickend	Sport	1,05	0,00273	1,02	0,85
klickend-nicht klickend	Limousine	1,07	0,00298		

Tabelle 3.23: Varianz, KS und F-Werte für die Deskriptoren von Sportwagen und Limousine beim Öffnungsgeräusch; alle Varianzen sehr gering; keine Verletztung der Kriterien auf Normalverteilung und der Gleichheit der Varianzen; alle verglichenen Mittelwerte zwischen Sportwagen und Limousine nicht signifikant unterschiedlich

Unter Betrachtung der Tabelle 3.23 kann man feststellen, dass die Varianzen der Merkmalspaare sehr gering sind. Außerdem bestätigt der KS-Test, dass für alle Bewertungen der Merkmalspaare eine Normalverteilung vorliegt. Auch der F-Test bestätigt, dass diese für die Anwendung des t-Tests geeignet sind. Die t-Werte sind jedoch alle geringer als der kritische Wert von $|t| = 2,24$, was darauf hindeutet, dass es keine signifikanten Unterschiede zwischen den Bewertungen der Antonympaarung eines Sportwagens und der einer Luxuslimousine gibt.

3.4.5.2 Ergebnis für das Schließgeräusch

Testverfahren	Schwellwert	Nullhypothese H_0	Gültigkeit der H_0
KS auf Normalität (zweiseitig)	$KS_{0,05} = 0,004933$	H_0: Normalverteilung	H_0 ablehnen wenn $KS > KS_{0,05}$
F-Test (zweiseitig)	$F_{\frac{0,05}{2}} = 1,0821$	H_0: $\sigma_1^2 = \sigma_2^2$	H_0 ablehnen wenn $F > F_{\frac{0,05}{2}}$
t-Test (zweiseitig) Öffnen/Schließen	$t_{\frac{0,05}{2}} = 2,2419$	H_0: $\mu_1 = \mu_2$	H_0 ablehnen wenn $\lvert t\rvert > t_{\frac{0,05}{2}}$

Tabelle 3.24: Kriterien zur Prüfung der Normalverteilung, der Gleichheit der Varianzen und Mittelwerte für die Adjektivpaare des Schließgeräusches zur Unterscheidung zwischen Sportwagen und Limousine

Aufgrund der gleichen Anzahl von Probanden und Geräuschen stimmen auch die Prüfkriterien aus Tabelle 3.24 der Hörversuche der Schließgeräusche mit denen der Öffnungsgeräusche überein.

Deskriptor	Fahrzeug	Varianz	KS	F-Wert	t-Wert
gut-schlecht	Sport	0,95	0,00147	1,03	0,79
gut-schlecht	Limousine	0,98	0,00120		
minderwertig-hochwertig	Sport	1,03	0,00211	0,99	0,60
minderwertig-hochwertig	Limousine	1,02	0,00187		
schwach-kraftvoll	Sport	0,97	0,00173	1,05	0,85
schwach-kraftvoll	Limousine	1,02	0,00208		
hell-dunkel	Sport	0,92	0,00103	1,02	0,79
hell-dunkel	Limousine	0,94	0,00126		
ploppig-nicht ploppig	Sport	2,57	**0,03625**	**1,17**	-
ploppig-nicht ploppig	Limousine	2,18	**0,02463**		
nachschwingend-nicht nachschwingend	Sport	1,02	0,00234	1,04	0,95
nachschwingend-nicht nachschwingend	Limousine	1,07	0,00301		
hart-weich	Sport	0,95	0,00156	1,03	0,80
hart-weich	Limousine	0,98	0,00175		
laut-leise	Sport	0,92	0,00113	1,01	0,64
laut-leise	Limousine	0,93	1,01087		
klickend-nicht klickend	Sport	1,04	0,00227	1,03	0,78
klickend-nicht klickend	Limousine	1,01	0,00204		

Tabelle 3.25: Varianz, KS und F-Werte für die Deskriptoren von Sportwagen und Limousine beim Schließgeräusch; Varianz von *ploppig-nicht ploppig* überdurchschnittlich hoch; verletzt der Kriterien auf Normalverteilung und der Gleichheit der Varianzen; dadurch kein t-Test durchführbar, die restlichen verglichenen Mittelwerte zwischen Sportwagen und Limousine nicht signifikant unterschiedlich

Im Gegensatz zum Öffnungsgeräusch zeigt das Antonympaar *ploppig-nicht ploppig* eine sehr hohe Varianz. Ebenso liegt keine Normalverteilung vor. Auch der F-Test bestätigt mit $F = 1,17$, dass sich die Varianzen der Bewertungen des Items *ploppig-nicht ploppig* des Sportwagens von der einer Limousine unterscheiden. Somit darf der t-Test nicht angewendet werden. Aufgrund seiner vergleichsweise hohen Varianz wird dieses Antonympaar von der weiteren Betrachtung ausgeschlossen.

Die restlichen Items zeigen jedoch eine gute Eignung für die Anwendung des t-Tests. Die niedrigen Varianzen, der unkritische KS-Wert und die Varianzengleichheit bestätigen dies. Der t-Test zeigt bei keinem Antonympaar einen signifikanten Unterschied zwischen der Ausprägung eines Sportwagens und der einer Luxuslimousine. Die Probanden unterscheiden

den Klangcharakter des Schließgeräusches anhand der Hörbeispiele also nicht.

3.4.6 Ergebnisdiskussion

Beide Hörversuche, der zum Öffnungs- als auch der zum Schließgeräusch, zeigen eine sehr gute Urteilsqualität. Die anhand der Umfragen zum optimalen Türgeräusch vermutete Differenzierung nach Fahrzeugtyp konnten sie jedoch nicht bestätigen. Offenbar differenzieren die Probanden ihre Bewertung der Items am realen Geräuschbeispiel nicht nach Sportwagen oder Limousine. Eine mögliche Ursache dafür könnte das Versuchsszenario darstellen. Im Gegensatz zur realen Bedienersituation hatten die Probanden nicht die Gelegenheit den Griff eines Fahrzeugs anzufassen und dieses zu öffnen oder zu schließen, da dieses haptische Empfinden den auditiven Eindruck möglicherweise verfälscht hätte. Es ist vorstellbar, dass in dieser abstrahierten Versuchsumgebung keine Differenzierung nach Fahrzeugtyp möglich ist, da der Bezug zu diesem verloren gegangen ist. Die Projektion der Fahrzeuge ist dabei vielleicht nicht ausreichend. Die andere Erklärung ist, dass es keine Unterscheidung gibt. Die formale, fiktive Vorstellung eines Geräusches in den Umfragen per e-Mail ist möglicherweise zu abstrakt. Ohne die Darbietung eines Türöffnungs- oder -Schließgeräusches assoziieren die befragten Personen vielleicht andere ihnen bekannte Geräusche, wie z.B. das Motorengeräusch eines Sportwagens mit den Adjektivpaarungen auf dem Fragebogen. Somit entsteht ein signifikanter Unterschied, der nicht auf das Türgeräusch anwendbar ist.

Im Anschluss an die Hörversuche durchgeführte Befragungen der Probanden belegen diese These. So gaben sie an, anhand der Geräuschbeispiele nicht zwischen dem Klang der Tür eines Sportwagens und der einer Limousine unterscheiden zu können. Vielmehr sollte die Geräuschqualität für beide Fahrzeuge aufgrund ihres hohen Preises optimal sein.

Da die Probanden real im Hörversuch dargebotene Öffnungs- und Schließgeräusche nicht nach Fahrzeugtyp differenzieren, basieren die in dieser Arbeit getroffenen Definitionen zum optimalen Türgeräusch und die Betrachtungen zur Nachbildung der auditorischen Wahrnehmung auf dem einen in den Hörversuchen als optimal bewerteten Türgeräusch. Es wird im Folgenden nicht zwischen verschiedenen Fahrzeugtypen unterschieden.

Für das Schließgeräusch entfällt der *Ploppfaktor*. Das ist möglicherweise in der Reduktion auf ein Adjektivpaar begründet. Durch die ausschließliche Beschreibung des Faktors mit einem einzigen Begriffspaar kann die Bedeutung des Faktors nur von einer Seite beleuchtet werden. Unter Umständen geht der durch *topfig-nicht topfig* beschriebene Charakter verloren, was zum Entfall des kompletten Faktors führt. Dem entgegen steht die Tatsache, dass das Schließgeräusch auch im nicht reduzierten Merkmalssatz keinen *Ploppfaktor* beinhaltet.

3.5 Untersuchungen zum Pegeleinfluss

In fast allen Untersuchungen zur Geräuschbewertung spielt die Lautheit in Form einer eigenen Wahrnehmungsdimension eine tragende Rolle. So z.B. in den Untersuchungen von Hashimoto [95] und Kuwano, Namba und Fastl [121, 68, 122]. In der Fahrzeugentwicklung ist es oftmals von Interesse, wie sich die Lautstärke und der damit messbare physikalische Pegel auf das Güteurteil auswirkt. Ist lauter gleich schlechter oder leiser gleich besser?

Aus der vorangegangenen Dimensionsanalyse kann man bereits erkennen, dass der Zusammenhang zwischen Lautheit und dem Qualitätsurteil *gut-schlecht* nicht trivial ist und nur nichtlinear sein kann, da der Faktor *Güte* und die *Lautheit* als zwei unterschiedliche, voneinander unabhängige Faktoren existieren. Daher stellt sich die Frage, wie der tatsächliche Zusammenhang zwischen der physikalisch messbaren Lautstärke und dem Qualitätsempfindung ist. Als Maß für die Lautstärke wird hier der A-bewertete Schalldruckpegel herangezogen. Zum einen ist dieser in der Fahrzeugakustik weit verbreitet. Zum anderen lassen sich Geräusche sehr leicht im Pegel modifizieren. Eine gezielte Variation der psychoakustischen Lautheit hingegen ist bei komplexen Geräuschen weitaus aufwendiger und weit weniger genau.

3.5.1 Angewandte Methodik

Für diese Betrachtung werden zunächst die Hörversuche der Dimensionsanalyse herangezogen. Darin ist jeweils ein als sehr gut und ein als sehr schlecht beurteiltes Öffnungs- und Schließgeräusch enthalten, die in 2dB-Schritten zwischen $L = 42dB(A)$ und $L = 76dB(A)$ (energetisches Mittel über 2s, Zeitbewertung fast) im A-bewerteten Pegel variiert wurden. Die Aufbereitung und Darbietung erfolgte dabei wie in Kapitel 3.2 beschrieben.

In einer zusätzlichen Reihe von Hörversuchen mussten die Probanden für diese Geräusche ausschließlich ihren Lautheitseindruck auf einer vordefinierten siebenstufigen Kategorienskala abgeben, die in Auszügen in Tabelle 3.26 zu sehen ist.

	viel zu laut	zu laut	etwas zu laut	genau richtig	etwas zu leise	zu leise	viel zu leise
Track 1							
Track 2							

Tabelle 3.26: Skalenbeschriftung der Hörversuche zum Pegel

Mit dieser Skala ist es möglich, den Bezug zwischen der empfundenen Lautheit zu einer qualitativen Wertung herzustellen. Die Probanden beurteilen damit ein Geräusch nicht mehr nur als laut oder leise sondern geben gleichzeitig eine Bewertung ab, ob es ihnen zu laut oder zu leise ist. Im Idealfall beschreiben sie ein Geräusch als genau richtig.

3.5.2 Stimuli

Die Auswahl eines sehr guten und eines sehr schlechten Öffnungs- und Schließgeräusches auf Basis der Probandenurteile aus der Dimensionsanalyse ist notwendig, um den Klangcharakter auszuschließen. Es soll herausgefunden werden, ob das Lautheitsempfinden von diesem abhängt oder ob es ein allgemeines, geräuschübergreifendes Urteil gibt.

Die Aufbereitung erfolgte dabei wie in Kapitel 3.2 beschrieben.

Aus der Pegelvariation in 2dB-Schritten und der Pegelspannbreite von $L = 42dB(A)$ und $L = 76dB(A)$ ergeben sich jeweils 18 im Pegel veränderte Geräusche für das Öffnen und das Schließen, so dass insgesamt 18 gute und 18 schlechte Öffnungs- und 18 gute und 18 schlechte Schließgeräusche dargeboten werden. Wie Tabelle 6.1 im Anhang zu entnehmen ist, umfassen die Versuche, mit Wiederholungen 80 Geräuschbeispiele.

3.5.3 Probanden

An den Versuchen zum Lautheitseinfluss nahmen die 38 Probanden aus Kapitel 3.2 teil (Tabelle 3.2 informiert dort auch über die Zusammensetzung der Gruppe). Bei diesen war durch die Screenings bereits sichergestellt, dass sie keine Gehörschäden haben. Ebenso gaben sie in den vorangegangenen Hörtests reliable Urteile ab.

3.5.4 Versuchsdurchführung

Auch die Versuchsdurchführung ist analog zur Dimensionsanalyse. Aus bereits diskutierten Gründen diente die Laborumgebung wieder als Versuchsstätte. Bevor die Probanden ihre Bewertung abgeben sollten, führte der Versuchsleiter sie auch hier wieder in Form einer schriftlich fixierten Instruktion in das Bewertungsszenario ein. Gleichzeitig konnten die Probanden diese Instruktion noch einmal auf ihrem Bewertungsbogen nachlesen.[1]

Die Anwahl der über alle Probanden und Hörversuche zufällig verteilten und anonymisierten Geräusche erfolgte wieder individuell über ein Touch-Screen.

[1] Der Fragebogen und die Instruktionsnotizen des Versuchsleiters sind im Anhang auf den Seiten 219 und 214 beigefügt.

Im Anschluss an die Instruktion hatten die Probanden die Aufgabe, sich alle Beispiele in einer Orientierungsphase anzuhören, um einen Überblick über das Lautheitsspektrum zu gewinnen.

An jedem der zwei nach Öffnen und Schließen getrennten Hörversuche nahmen sechs Probanden teil. Sie bewerteten vierzig verschiedene Geräusche, was eine Zeit von ca. zwanzig Minuten in Anspruch nahm. Zusätzlich zu den im Pegel variierten Beispielen gab es in jedem Durchgang vier unterschiedliche, anonymisierte Wiederholungen, anhand derer die Reliabilität der Ergebnisse überprüft werden konnte.

3.5.5 Ergebnisse

Der t-Test zeigt auch bei den Hörversuchen zum Pegeleinfluss keine signifikanten Unterschiede in den Beurteilungen der wiederholt dargebotenen Geräusche. Darüber hinaus haben alle Probanden den Fragebogen vollständig, formell richtig und lesbar ausgefüllt. Somit gehen die nachfolgenden Betrachtungen davon aus, dass die Probanden reliabel geurteilt haben.

Bereits aus den vorangegangenen Hörversuchen zur Dimensionsanalyse kann man die Beziehung zwischen Schalldruckpegel und dem hedonischen Qualitätsurteil *schlecht-gut* herstellen. Bei Betrachtung des als sehr gut bewerteten Geräusches stellt sich heraus, dass mit einem Signifikanzniveau von $\alpha = 5\%$ ein signifikanter Unterschied zwischen dem Öffnungs- und Schließgeräusch besteht. Allerdings sind die Differenzen zwischen Männern und Frauen für $\alpha = 5\%$ nicht signifikant. Die Standardabweichung für das Öffnungsgeräusch liegt bei $\sigma = 0,86$ und für das Schließgeräusch bei $\sigma = 0,91$. Eine Standardabweichung von $\sigma = 1$ entspricht dabei einer Urteilsunsicherheit von einer Skalenstufe. Das in Hörversuchen als sehr schlecht bewertete Öffnungs- und Schließgeräusch wird nicht in Bezug zur Pegelvariation gesetzt, da die pegelabhängige Spreizung auf der Güteskala keine Aussage über eine Abhängigkeit zum Schalldruckpegel zulässt. Die Bewertungen waren in jeglicher Pegelausprägung sowohl für das Öffnen als auch für das Schließen bei *sehr schlecht* eingeordnet.

Grafik 3.11 gibt einen Überblick über den Zusammenhang zwischen dem A-bewerteten Schalldruckpegel und dem Gütekriterium *gut-schlecht* für das im Pegel modifizierte und ursprünglich mit *sehr gut* bewertete Öffnungs- und Schließgeräusch.

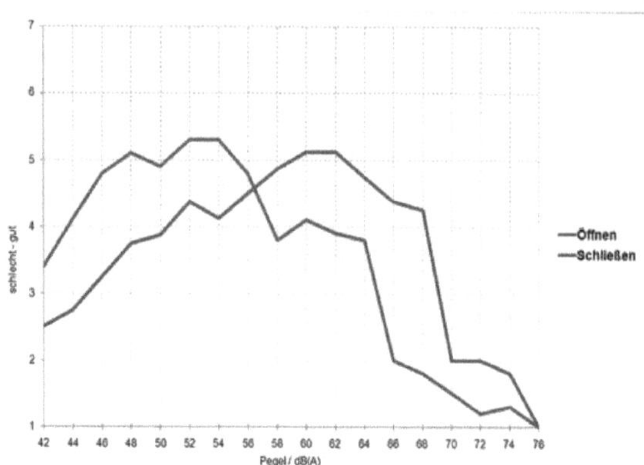

Abbildung 3.11: Einfluss des Pegels in dB(A) auf das mittlere Güteurteil aus den Hörversuchen zur Dimensionsanalyse; optimaler Schalldruckpegel vom Schließen höher als vom Öffnen

Aufgetragen ist jeweils der Mittelwert über alle Bewertungen. Dabei ist der Verlauf des Öffnungsgeräusches dem des Schließgeräusches sehr ähnlich. Die Kurve des Schließens hat sich lediglich in X-Richtung zu höheren Pegeln verschoben. Wie bereits angenommen ist der Zusammenhang zwischen Schalldruckpegel und dem Qualitätsurteil nicht linear. Vielmehr zeigt sich, dass es sowohl beim Öffnen als auch beim Schließen ein Optimum bei der Ausprägung fünf gibt. Nimmt man als Schwellwert einen Skalenwert von *schlecht-gut* von $4,5$, ergibt sich ein Öffnungsgeräusch mit einem A-bewerteten Schalldruckpegel zwischen $L = 45dB(A)$ und $L = 56dB(A)$ und ein Schließgeräusch von $L = 56dB(A)$ und $L = 65dB(A)$ als optimal. Bei niedrigeren und höheren Pegeln fällt die Qualität des Geräusches ab. Insbesondere bei Schalldruckpegeln über $L = 66dB(A)$ beim Öffnen und über $L = 70dB(A)$ beim Schließen ist die Akzeptanz als sehr schlecht einzustufen. Gleichzeitig sinkt die Akzeptanz auch bei niedrigeren Werten als $L = 45dB(A)$ bzw. $L = 56dB(A)$.

Die Versuche, die hier explizit zum Lautheitsempfinden auf der Skala *viel zu laut* bis *viel zu leise* durchgeführt wurden, linearisieren diese Abhängigkeit. Auch hier ist es möglich, eine Beziehung zwischen gezielt variiertem Schalldruckpegel und der Qualitätswahrnehmung herzustellen. Gleichzeitig bekommt man heraus, in welche Richtung die Lautheitsempfindung in Abhängigkeit vom A-bewertetem Schalldruckpegel tendiert.

Die Gütekriterien zur Reliabilität zum Vergleich der guten und schlechten Öffnungs- und Schließgeräusche sind in Tabelle 3.27 aufgeführt. Dargestellt sind unter der Bezeichnung „gut-schlecht" jeweils die Werte, die zur Prüfung der Unterschiede zwischen dem guten und dem schlechten Öffnungs- und Schließgeräusch bestehen. Mit „Öffnen/Schließen" sind hingegen die Werte für alle Öffnungs- und Schließgeräusche unabhängig vom Klangcharakter betitelt. Der KS-Test auf Normalverteilung prüft dabei wieder die Normalverteilung und der F-Test die Gleichheit der Varianzen als Voraussetzung zur Anwendung des t-Tests.

statistischer Test, angewendet auf	Schwellwert	Nullhypothese H_0	Gültigkeit der H_0
KS auf Normalität (zweiseitig) gut-schlecht	$KS_{0,05} = 0,328$	H_0: Normalverteilung	H_0 ablehnen wenn $KS > KS_{0,05}$
KS auf Normalität (zweiseitig) Öffnen/Schließen	$KS_{0,05} = 0,227$	H_0: Normalverteilung	H_0 ablehnen wenn $KS > KS_{0,05}$
F-Test (zweiseitig) gut-schlecht	$F_{\frac{0,05}{2}} = 2,4681$	H_0: $\sigma_1^2 = \sigma_2^2$	H_0 ablehnen wenn $F > F_{\frac{0,05}{2}}$
F-Test (zweiseitig) Öffnen/Schließen	$F_{\frac{0,05}{2}} = 1,8384$	H_0: $\sigma_1^2 = \sigma_2^2$	H_0 ablehnen wenn $F > F_{\frac{0,05}{2}}$
t-Test (zweiseitig) gut-schlecht	$t_{\frac{0,05}{2}} = 2,0322$	H_0: $\mu_1 = \mu_2$	H_0 ablehnen wenn $F > F_{\frac{0,05}{2}}$
t-Test (zweiseitig) Öffnen/Schließen	$t_{\frac{0,05}{2}} = 1,9944$	H_0: $\mu_1 = \mu_2$	H_0 ablehnen wenn $\|t\| > t_{\frac{0,05}{2}}$

Tabelle 3.27: Kriterien zur Prüfung der Normalverteilung, der Gleichheit der Varianzen und Mittelwerte für die Versuche zur Untersuchung der Lautheit

Unter Betrachtung von Tabelle 3.28 fällt auf, dass alle Daten durch Annahme der Nullhypothese gemäß Tabelle 3.27 für den t-Test geeignet sind und dass es keinen signifikanten Unterschied zwischen einem guten und einem schlechten Öffnungsgeräusch gibt. Die Empfindung der Lautheit auf der Skala in Abbildung 3.26 ist somit unabhängig vom Geräuschcharakter. Ebenso sind die Varianzen sehr gering, so dass von einer guten Eignung der Urteile für die nachfolgenden Betrachtungen ausgegangen werden kann.

	Varianz	KS	F-Wert	t-Wert
Öffnen gut	$\sigma^2 = 0,86$	0,054	1,011	0,35
Öffnen schlecht	$\sigma^2 = 0,88$	0,077		
Schließen gut	$\sigma^2 = 0,83$	0,143	1,012	-1,39
Schließen schlecht	$\sigma^2 = 0,81$	0,970		

Tabelle 3.28: Varianz, KS, F- und t-Werte für die Beurteilung der empfundenen Lautheit getrennt nach guten und schlechten Öffnen und Schließen; Varianzen alle sehr gering; keine Verletzung der Kriterien auf Normalverteilung und der Gleichheit der Varianzen; keine Mittelwertunterschiede in der Lautheitsempfindung zwischen guten und schlechten Geräuschen

Aufgrund dessen, dass es keinen Einfluss in der Lautheitsempfindung durch den Geräuschcharakter gibt, betrachtet Tabelle 3.29 den Zusammenhang zwischen dem Öffnungs- und Schließgeräusch. Auch hier belegen die KS-Werte sowie die F-Werte, dass die Daten für die Anwendung des t-Tests geeignet sind.

	Varianz	KS	F-Wert	t-Wert
Öffnen	$\sigma^2 = 0,87$	0,053	1,029	**5,87**
Schließen	$\sigma^2 = 0,82$	0,167	1,030	

Tabelle 3.29: Varianz, KS, F- und t-Werte für die Beurteilung der empfundenen Lautheit von Öffnungs- und Schließgeräuschen ohne Trennung nach gut und schlecht; Varianzen sehr gering; keine Verletzung der Kriterien auf Normalverteilung und der Gleichheit der Varianzen; Lautheitsempfindung für Öffnen und Schließen unterschiedlich

Der t-Test zeigt, dass die Nullhypothese abgelehnt werden muss. Somit besteht zwischen der Lautheitsempfindung des Öffnungs- und Schließgeräusches ein signifikanter Unterschied.

Abbildung 3.12 zeigt den Zusammenhang zwischen der Lautheitsempfindung des Öffnungs- und des Schließgeräusches.

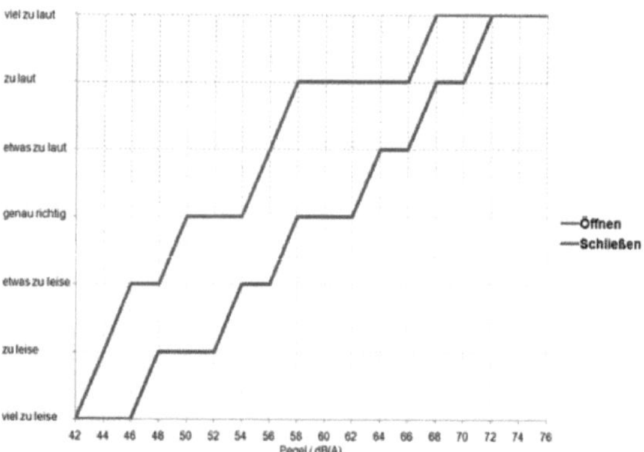

Abbildung 3.12: Einfluss des Pegels in dB(A) auf die mittlere Lautheitsempfindung aus den Hörversuchen zur Lautheit; Empfindung der Lautheit (*genau richtig*) beim Öffnungsgeräusch bereits bei niedrigerem Schalldruckpegel

Auch wenn der Verlauf ähnlich erscheint, ist daraus zu entnehmen, dass die Lautheitskurve für das Schließen zu der des Öffnens verschoben ist. Die Probanden empfinden Schließgeräusche im Vergleich zu Öffnungsgeräuschen erst bei höheren Schalldruckpegeln als *genau richtig*. Die dazu gehörigen Pegelwerte liegen zwischen $L = 50dB(A)$ und

$L = 54dB(A)$ beim Öffnen und $L = 58dB(A)$ und $L = 62dB(A)$ beim Schließen. Bezieht man jetzt die Standardabweichung von einer Skalenstufe und damit die Empfindung *etwas zu laut* und *etwas zu leise* mit in die Betrachtung ein, so erweitert sich dieser Bereich auf $L = 46dB(A)$ bis $L = 56dB(A)$ beim Öffnen und $L = 54dB(A)$ bis $L = 66dB(A)$ beim Schließen. Somit gelten Öffnungsgeräusche unterhalb von $L = 46dB(A)$ und Schließgeräusche unterhalb von $L = 54dB(A)$ als *zu leise* bzw. *viel zu leise*. Im Gegensatz dazu sind Öffnen mit Schalldruckpegeln über $L = 58dB(A)$ und Schließen über $L = 66dB(A)$ *zu laut* oder *viel zu laut*.

3.5.6 Ergebnisdiskussion

Die niedrigen Varianzen der abgegebenen Bewertungen deuten auf eine sehr gute Eignung der abgegebenen Bewertungen zur Lautheit hin. Offenbar fällt es den Probanden leicht, den Lautheitseindruck eines Türgeräusches zu formulieren. In dieser Untersuchung variieren die Urteile nur um ca. einen Skalenwert.

Die Signifikanztests mit Hilfe des t-Tests zeigen, dass es keinen Unterschied in der Lautheitsempfindung eines guten und eines schlechten Türgeräusches gibt. Das ist insofern erklärbar, als dass die Lautheit und die Güte in den vorangegangenen Versuchen zur Dimensionsanalyse zwei unterschiedliche Wahrnehmungsdimensionen darstellen. Somit sollte kein linearer Zusammenhang zwischen *gut-schlecht* und *laut-leise* existieren. Die Probanden empfinden ein schlechtes Geräusch mit gleichem A-bewertetem Schalldruckpegel genau so laut oder leise, wie ein in seiner Güte als sehr gut bewertetes.

Anders sieht der Zusammenhang zwischen einem Öffnen und einem Schließen aus. Hier gibt es einen signifikanten Unterschied in der Lautheitswahrnehmung. Die Öffnungsgeräusche werden von den Probanden bereits bei sehr viel niedrigeren Schalldruckpegeln als *zu laut* eingestuft wohingegen die Schließgeräusche bis zu höheren Pegeln als *zu leise* gelten. Der mittlere Bereich von *etwas zu leise* bis *etwas zu laut* ist beim Schließen in Richtung eines höheren Schalldruckes verschoben. Eine Ursache könnte der sozio-akustische Aspekt der Probanden sein [15]. Sie haben beim Öffnen und Schließen einer Fahrzeugtür eine gewisse Erwartungshaltung. So gehen sie davon aus, dass die Tür nach dem Schließvorgang auch wirklich sicher und fest verschlossen ist. Das dabei entstehende Schließgeräusch gibt ihnen dabei eine akustische Rückmeldung, ob das auch tatsächlich der Fall ist. Möglicherweise erhalten die Probanden dieses Signal nicht, wenn das Geräusch zu leise ist. Ein anderer Aspekt ist ebenfalls in der Erwartungshaltung zu finden. Die Geräuschcharakter eines Öffnens und Schließens unterscheiden sich wesentlich. So ist der Mensch in der Lage, anhand des Klangbildes aber auch anhand der Lautheit des Türgeräusches zu entscheiden, ob es sich um ein Öffnungs- oder Schließgeräusch handelt. In der Analyse der

Schalldruckpegel der hier untersuchten Fahrzeuge kann man feststellen, dass Öffnungsgeräusche prinzipiell leiser sind als Schließgeräusche. Daraufhin wurde auch die normierte Lautstärke von $L = 55dB(A)$ für das Öffnungs- und $L = 60dB(A)$ für das Schließgeräusch festgelegt. Die Probanden haben aus ihren Erfahrungen einer PKW-Tür möglicher Weise auch die Erwartungshaltung, dass ein Öffnungsgeräusch immer leiser ist als ein Schließgeräusch, so dass ihre Bewertungen unterbewusst auch in den Hörversuchen zur Lautheitswahrnehmung darauf abzielten.

Die Kurve der Qualitätsempfindung verläuft nichtlinear, sondern in Form einer Parabel in Abhängigkeit vom Schalldruck. Der A-bewertete Schalldruck ist ein weit verbreitetes Maß für die Lautstärkewahrnehmung, die in der vorangegangenen Dimensionsanalyse eine eigene Wahrnehmungsdimension darstellt. Demzufolge muss der Kurvenverlauf nichtlinear sein, da die Faktorenanalyse die voneinander linear unabhängigen Faktoren *Güte* und *Lautheit* extrahierte.

Beim Vergleich der Hörversuche zur Dimensionsanalyse und der zur Lautheitsempfindung kann man große Gemeinsamkeiten feststellen. Der Schalldruckpegel zeigt gegenüber der *Güte* einen parabelförmigen Verlauf. Somit gibt es ein Optimum. Betrachtet man jetzt die dazugehörigen A-bewerteten Schalldruckpegel, so liegen diese im Bereich *etwas zu leise* bis *etwas zu laut* aus den Hörversuchen zur Lautheitsempfindung. Somit bestätigt die Dimensionsanalsyse die vorgegebene Skalierungsabstufung der Lautheit. Ebenso erkennt man aus beiden Diagrammen, dass es zu leise und zu laute Geräusche gibt und dass diese offenbar eine Abwertung der Geräuschgüte zur Folge haben, welche wiederum mit der Erwartungshaltung zu erklären ist. So geben zu geringe Pegel zu wenig Rückmeldung [35] und zu laute resultieren in einer unangenehmen bzw. ungewohnten Empfindung.

Andere Untersuchungen zur Wahrnehmung von Türgeräuschen extrahierten den Faktor Lautheit (in Verbindung mit „Härte") oftmals als eigene Dimension unabhängig vom Faktor *Güte*, so z.B. Kuwano, Namba und Fastl [121, 68, 122]. Dementsprechend unkorreliert müssen auch die Zusammenhänge des Schalldruckpegels als Maß für die Lautheitsempfindung und der *Güte* (*Akzeptanz* oder *pleasentness*) sein. Allerdings gibt es bislang keine Veröffentlichungen, die diese Beziehung zum Inhalt hatten. Somit kann an dieser Stelle auch kein Vergleich zu bereits etablierten Untersuchungen vorgenommen werden.

Zusammenfassend ist festzustellen, dass die fünf bzw. sechs Dimensionen mit bereits etablierten Ergebnissen aus Untersuchungen zur Wahrnehmung von Türgeräuschen vergleichbar sind. Ebenso gibt es zumindest mit diesem Versuchsaufbau keine Unterscheidung des Kontextes nach Limousine und Sportwagen. Die Beurteilungen liefern somit Informationen zur Wahrnehmung des Geräuschcharakters und der Geräuschgüte einzelner Geräusche aber auch des *target sounds*. Damit bilden sie die Grundlage für die im Anschluss folgende Modellierung.

4 Modellierung der Wahrnehmungsdimensionen des Türgeräusches

Kapitel 3 erschloss die Wahrnehmungsdimensionen, in denen die Probanden Türgeräusche analysierten mit Hilfe von Hörversuchen. Viele wissenschaftliche Abhandlungen stellen sich an dieser Stelle die Frage, wie das subjektive Empfinden durch einfach messbare und somit wiederholbare Analysealgorithmen nachgebildet werden kann [27].

Wichtige Grundlagen zum psychoakustischen Aspekt legen dabei die Forschungen z.B. von Zwicker und Fastl [218], Terhardt [187] und Moore [136, 137]. Aufbauend auf den von ihnen entwickelten psychoakustischen Bewertungsverfahren z.B. zur Klangfarbe, Tonhaltigkeit, Lautheit oder zur Schärfe gelingt es oftmals sehr gut, die Empfindung von quasistationären Geräuschen nachzubilden [69]. Da die meisten dieser, für alle Geräuschtypen gültigen, Verfahren jedoch auf Erkenntnissen basieren, die mit Hilfe von synthetischen Stimuli unter laborähnlichen Bedingungen gewonnen wurden, ist das für reale Schalle jedoch nicht immer von Erfolg gekrönt. Insbesondere auf transiente, nicht synthetische Signale sind diese Algorithmen nicht so ohne weiteres anwendbar und es müssen oftmals eigene, geräuschspezifische Auswertungen gefunden werden, die sowohl psychoakustische als auch andere numerische Verfahren miteinander kombinieren [97]. So analysieren z.B. Bodden und Heinrichs [97, 29, 28] Dieselnageln mit Hilfe einer modifizierten STFT.

Auch für Türgeräusche ist eine von einzelnen subjektiven Urteilen losgelöste Bewertung wünschenswert. Die sechs ermittelten Wahrnehmungsdimensionen bilden dabei die Grundlage für eine Objektivierung des akustischen Sinneseindrucks in Matlab, auf die in den nachfolgenden Abschnitten näher eingegangen werden soll.

Die aus den Hörversuchen ermittelten Faktoren kann man gemäß Syed [185] in zwei Gruppen einteilen. Die erste beschreibt den Geräuschcharakter, also tatsächliche evtl. messbare Eigenschaften. Dazu gehören *Tonhöhe*, *Ploppfaktor* (beim Öffnen), *Ausschwingen*, *Lautheit* und *Klickfaktor*. Sie bestehen aus den akustischen Objekten der auditorischen Szenenanalyse. Anhand der jeweils relevanten auditorischen *events* ist es möglich, die damit assoziierten und umfassenden Wahrnehmungsdimensionen im Zeit-Frequenz-Bereich zu analysieren und nachzubilden. Der andere Teil beschreibt die emotionale Wirkung auf den Probanden. Diese im Faktor *Güte* vertretene Gruppe ist das Gesamturteil und ergibt sich aus einer Kombination der restlichen Faktoren, also aus den tatsächlich messbaren Geräuschanteilen [1]. Abbildung 4.1 stellt diese Beziehung schematisch dar. Dass die Ausprägungen der einzelnen Faktoren nichtlinear mit der *Güte* zusammenhängen müssen, belegt die Vorgehensweise der Faktorenanalyse. Sie ermittelt anhand linearer Korrelationsbeziehungen einzelne untereinander linear unabhängige Faktoren. Also kann der Zusammenhang zur *Güte* nur nichtlinear sein und hängt nicht von der linearen Ausprägung eines einzelnen Faktors ab. Er ist vielmehr eine Kombination aller Wahrnehmungsdimensionen.

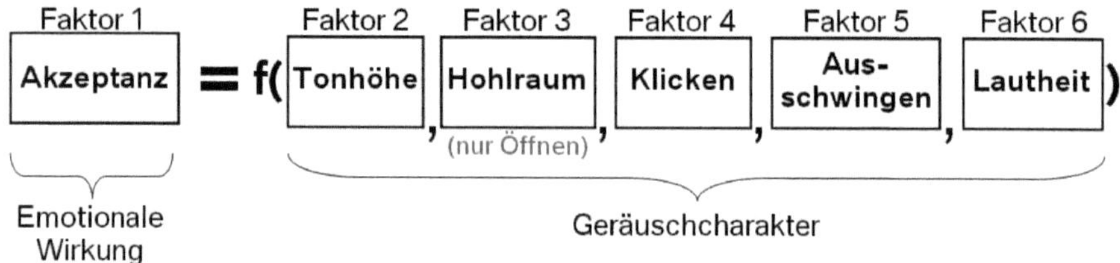

Abbildung 4.1: Schematische Veranschaulichung der Zusammenhänge unter den Faktoren

Darauf aufbauend lässt sich, wie in Abbildung 4.2 dargestellt, ein erster grober Entwurf für einen Rechenalgorithmus realisieren, der diese Wahrnehmungsdimensionen nachbildet. Der Block *Ploppfaktor* ist dabei nur beim Öffnen von Bedeutung.

[1] Abgesehen von anderen kognitiven Einflussfaktoren, die in den Laborversuchen aber weitgehend konstant gehalten wurden.

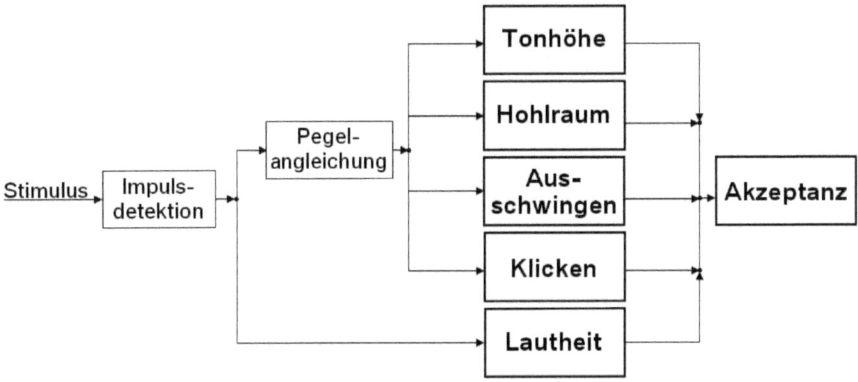

Abbildung 4.2: Blockstruktur der Nachbildung der Wahrnehmungsdimensionen durch den zu erstellenden Algorithmus

Der Druck-Zeit-Verlauf des aufgezeichneten Türgeräusches passiert als erstes einen Block, der das eigentliche Türgeräusch erkennt. Dies ist notwendig, da alle nachfolgenden Teilschritte nur auf das Geräusch an sich angewendet werden sollen und nicht auf den Rest mit undefiniertem Inhalt.

Die Faktorenanalyse ermittelte die empfundene Lautheit als eine unabhängige Dimension. D.h., alle anderen charakterbeschreibenden Faktoren sind von der Lautstärke unabhängig und werden deshalb auf einen einheitlichen Pegel nach Gleichung 2.15 normiert, was auch die analytische Auswertung der anderen Teilschritte erleichtert. Das Signal durchläuft anschießend die Nachbildungen der charakterbeschreibenden Wahrnehmungsdimensionen, bevor der Gütefaktor alle Teilergebnisse zusammenfasst.

Für den geschulten Geräuschentwickler ist es unter Betrachtung des Druck-Zeit-Verlaufes und der Zeit-Frequenz-Darstellung auf Basis der CQT relativ leicht, den Anfang und das Ende des Türgeräuschimpulses zu bestimmen. Deshalb nimmt auch die automatisierte Auswertung den Zeit-Frequenz-Verlauf zu Hilfe. Das Blockdiagramm zum Programmablauf zeigt Grafik 4.3.

Der erste Block dient der Pegelnormierung. Dies erleichtert die Festlegung von Schwellwerten für die Impulsdetektion.

Ausgehend von einem so im Pegel angeglichenen Schalldruck, filtert das Programm einen sehr markanten und bei allen Türgeräuschen in etwa gleicher Intensität vorhandenen Frequenzbereich heraus. Um den Amplitudengang nicht durch nichtlineare, dem Filter entstammende, Verzerrungen zu verändern, ist es theoretisch notwendig, einen FIR-Filter mit linearer Phase zu verwenden, der allerdings eine zu lange Einschwingzeit benötigt. Mit Hilfe der

Vorwärts- und der umgekehrten Rückwärtsfilterung gemäß [154, 88] ist es aber auch mit einem IIR-Filter möglich, ein Signal ohne die typische nichtlineare Phasenfunktion zu filtern. Der Vorteil gegenüber einem FIR-Filter, der erheblich mehr Filterkoeffizienten benötigt, liegt in der wesentlich schnelleren Einschwingzeit. Die Bandbreite beträgt dabei $B = 200Hz$ bei einer Mittenfrequenz von $f_m = 1500Hz$.

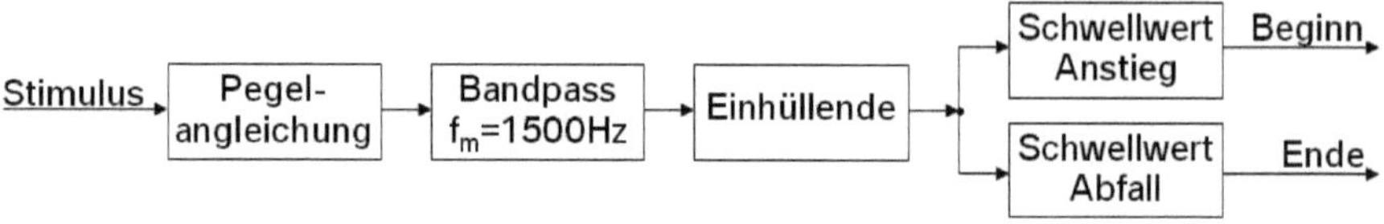

Abbildung 4.3: Blockschaltbild des Algorithmus zur Detektion des Türgeräusches

Das Zeitsignal der bandpassgefilterten Kurve ist danach von vielen kleineren Luftdruckschwankungen überlagert. Für die Detektion der abfallenden Flanke ist das allerdings sehr zum Nachteil, da so Schwellwerte bereits durch kurzzeitige Einbrüche unterschritten werden können. Unter Betrachtung der Maxima und Minima kann man mit Hilfe der Matlab-Funktion *envelope* von Wang [200] eine geglättete Einhüllende bilden, die alle wesentlichen Impulse beinhaltet. Abbildung 4.4 zeigt dabei die generelle Vorgehensweise.

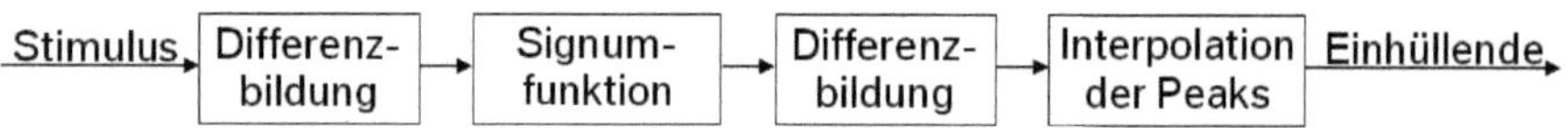

Abbildung 4.4: Blockschaltbild des Algorithmus zur Bildung der Einhüllenden des Zeitsignales

Durch Differenzbildung der jeweils benachbarten Werte erhält man den Anstieg der Zeitfunktion, welche die Signumfunktion im nachfolgenden Schritt auf drei Werte reduziert: $steigend = 1$, $gleichbleibend = 0$ und $abfallend = -1$. Durch nochmalige Differenzbildung der erhaltenen Werte lassen sich Wendepunkte erkennen, da sich eine stetige Steigung zu null subtrahiert. Die so erhaltenen Wendepunkte kann man jetzt mit Hilfe einer linearen Interpolation zu einer geglätteten Zeitfunktion formen. Bild 4.5 vergleicht die Originalkurve (grau) mit der zugehörigen Einhüllenden (schwarz).

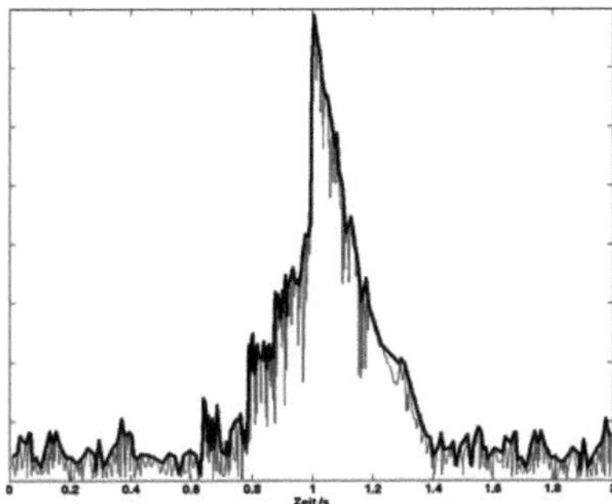

Abbildung 4.5: Darstellung der ermittelten Einhüllenden über dem ursprünglichen Zeitsignal; x-Achse ist Zeitachse, y-Achse entspricht dem Schalldruckpegel

Ein Schwellwert von $Sw1 = 0,2Pa$ markiert den Beginn des Türgeräusches auf der Einhüllenden, welches bis zu einem weiteren Schwellwert von $Sw2 = 0,001Pa$ andauert.

Nachdem das Türgeräusch im soundfile eingegrenzt ist, erfolgt die Bewertung der einzelnen Faktoren gemäß Grafik 4.2, die die auf Abschnitt 4.2 folgenden Abschnitte ausführlich beschreiben.

4.1 Anwendbarkeit der Zeit-Frequenz-Transformationen

Zur Nachbildung der Merkmalsextraktion der Auditorischen Szenen Analyse für die einzelnen Wahrnehmungsdimensionen benötigt man sehr zeit- und frequenzgenaue Zeit-Frequenz-Transformationen. Die in den Grundlagen im Abschnitt 2.2.1.3 vorgestellten Transformationsverfahren werden deshalb im folgenden Abschnitt auf ihre Anwendbarkeit für die Türgeräuschbewertung hin untersucht. Dabei sollen die Umwandlungsartefakte zunächst an einem synthetischen Sinussweep mit logarithmischen Hochlauf und anschließend an einem realen, speziell ausgesuchten Türgeräusch erläutert werden.

Die Betrachtung des synthetischen Signals erfolgt insbesondere zur Visualisierung der verfahrensspezifischen Eigenheiten. So kann man die spektrale Verbreiterung und die zeitliche Verschmierung sehr genau beurteilen. Unabhängig davon dient ein reelles Türgeräusch dazu, die Auflösung der Algorithmen auf einen impulsartigen Signalverlauf hin zu untersuchen. Zeitauflösung ist dabei genau so wichtig, wie das selektive Herausarbeiten von schmalbandigen, länger andauernden Schwingungen.

4.1.1 Verfahrensvergleich anhand eines Sinussweeps

Bei dem hier verwendeten Sinus-Sweep handelt es sich um den logarithmischen Hochlauf einer Sinusschwingung, deren Frequenz zunächst für $t = 0,05s$ von $f = 5Hz$ bis auf $f = 24kHz$ ansteigt, um nach Erreichen der $f = 24kHz$ bis zum Zeitpunkt $t = 0,1s$ wieder auf $f = 5Hz$ abzufallen. Die Abtastfrequenz liegt bei $f_s = 48kHz$. Im Idealfall, d.h. bei einem Verfahren, das sowohl eine perfekte Zeit- als auch eine extrem hohe Frequenzauflösung liefert (was entsprechend der Heisenbergschen Unschärferelation nicht möglich ist), müsste sich also in logarithmischer Frequenzskalierung eine linear steigende oder abfallende Gerade mit sehr geringer konstanter Breite ergeben, was jedoch bei keinem der hier angewandten Algorithmen der Fall ist. Bei den Verfahren mit konstanter Sampleanzahl (STFT, Wigner-Ville) zeichnet sich eine, sich zu oberen Frequenzen hin verjüngende Linie ab, während die Verfahren mit variabler Sampleanzahl (Wavelet, Matching Pursuit) graphisch über die Frequenz mit relativ konstanter Breite verlaufen.

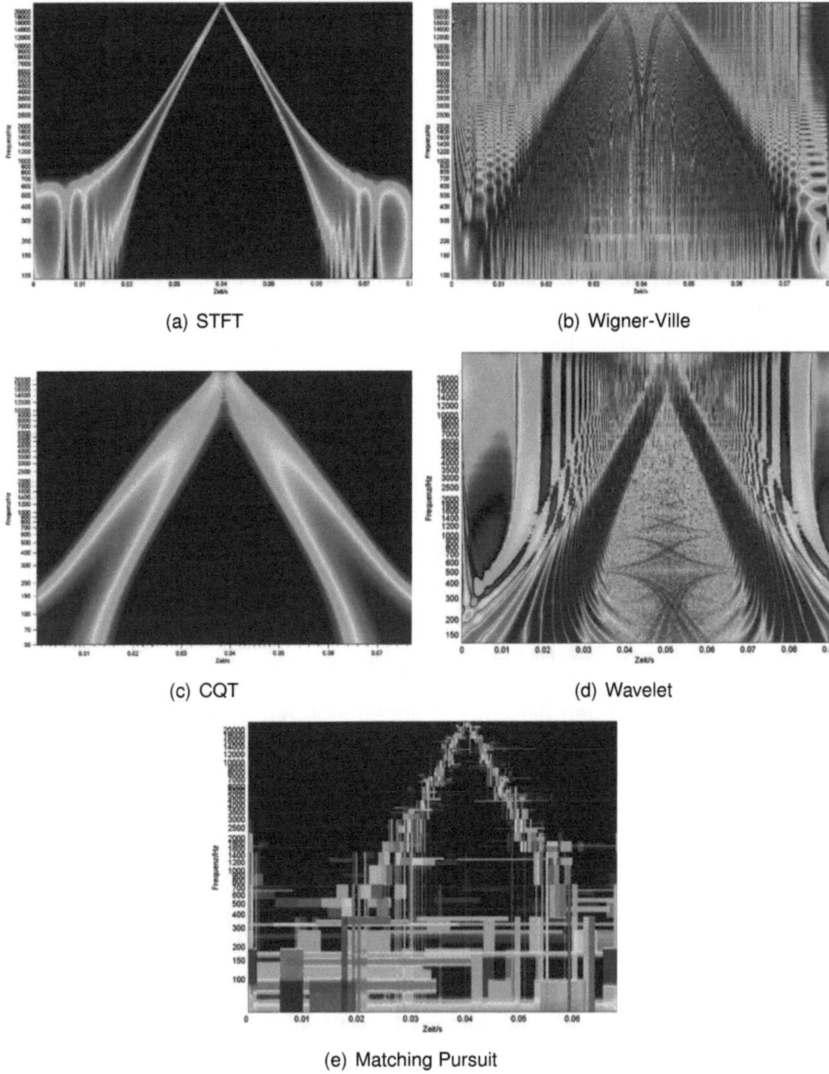

(a) STFT

(b) Wigner-Ville

(c) CQT

(d) Wavelet

(e) Matching Pursuit

Abbildung 4.6: Vergleich der Zeit-Frequenz-Transformationen anhand eines Sinus-Sweeps, x-Achse ist Zeitachse, y-Achse entspricht Frequenz, Farbskala ist Maß für den Energiegehalt

Wie man Abbildung 4.6(a) entnehmen kann, kommen die Vorteile der STFT (mit einer

Samplelänge von 512 Samples) bei diesem harmonischen Signal voll zum Tragen. Die kreuztermfreie und sehr scharfe Abbildung in den höheren Frequenzen hat allerdings eine sehr hohe Frequenzungenauigkeit in den niederen Frequenzen unterhalb $f < 1kHz$ zur Folge. Abhilfe würde eine Erhöhung des betrachteten Zeitraumes der Fensterfunktion schaffen, was jedoch mit einem zeitlichen Auflösungsverlust einhergeht. Diese Verschmierung ist bei der Wigner-Ville-Verteilung in Grafik 4.6(b) nicht zu erkennen. Der synthetische Sweep wird ausgesprochen schmalbandig auch bis in tiefere Frequenzen analysiert. Das Problem hierbei sind allerdings die entstehenden Kreuzterme, welche eine genaue Auswertung der Funktion sehr erschweren. Außerdem kommt es in hohen Frequenzen zu einer starken Spiegelung. Der Umkehrpunkt des Sweeps ist falsch dargestellt. Eine sichere Aussage über den Zeit-Frequenz-Inhalt ist deshalb bei der WVD nur in Grenzen bis maximal zu einem Viertel der Abtastfrequenz möglich, also hier bis $f = 12kHz$.

Abbildung 4.6(c) verdeutlicht die Auswirkungen der variablen Bandbreite der Constant-Q-Transform. Hier bleibt die Breite des Sweeps in logarithmischer Darstellung immer gleich. Bei Frequenzen oberhalb $f > 5kHz$ bietet die STFT deshalb eine deutlich bessere Frequenzauflösung, wohingegen die CQT in tiefen Frequenzen eine genauere Frequenztrennung ermöglicht. Ein weiterer, eher klassischer Vertreter des konstanten Q ist das Wavelet. Auch hier kann man eine über alle Frequenzen konstante Breite erkennen. Abbildung 4.6(d) verdeutlicht jedoch, dass es sich bei der zu vergleichenden Funktion nicht um eine harmonische, wie bei der STFT, sondern um das Meyer-Wavelet handelt, wodurch Kreuzterme entstehen. In Grafik 4.6(e) ist der Matching-Pursuit-Algorithmus mit Zeit-Frequenz-Funktions-Wörterbuch auf den Sinussweep angewandt. Auch er ermöglicht eine ziemlich präzise Umwandlung in den Zeit-Frequenz-Bereich. Allerdings basiert dessen Vorgehensweise auf der Extraktion einzelner Teilstücke, die nach der Zeit-Frequenz-Transformation aufsummiert werden. Wie man der Abbildung entnehmen kann, sind diese so gefundenen Atome einzeln zu erkennen. Es ergibt sich deshalb kein geschlossenes Bild, wie bei den anderen Transformationsalgorithmen, sondern eine Art „Puzzle“, welches eine analytische Auswertung verkompliziert. Dies wird insbesondere durch die hier aus Gründen der Datenmenge und Rechenzeit auf $I = 1000$ begrenzte Anzahl der Iterationen noch verstärkt.

4.1.2 Verfahrensvergleich an einem realen Türgeräusch

Im vorherigen Kapitel wurden verschiedene Zeit-Frequenz-Algorithmen mit ihren spezifischen Charakteristika formal vorgestellt und anhand eines synthetischen Signals miteinander verglichen. Entscheidend ist allerdings, wie sich die Vor- und Nachteile der jeweiligen Verfahren am realen Türgeräusch auswirken. Um das herauszufinden, wurde ein spezielles Schließgeräusch herausgesucht. Es enthält zwei starke, zeitlich voneinander trennbare

Klicks bei ca. $f = 11kHz$. Der Algorithmus sollte in der Lage sein, dieses Geräusch in zwei einzelne zeitliche Ereignisse zu zerlegen und dennoch im Frequenzbereich zu lokalisieren. Damit einher geht die Forderung, die einzelnen Impulse des Schließvorganges deutlich voneinander zu separieren, damit es so möglich wird, deren Anzahl und zeitliche Lokalisierung zu bestimmen. Bei ca. $f = 250Hz$ und $f = 650Hz$ ist nach dem eigentlichen Hauptschlag ein Nachschwingen vorhanden. Hier besteht die Aufgabe darin, eine möglichst gute Frequenzlokalisation dieser abklingenden, sehr schmalbandigen Schwingungen zu gewährleisten.

Jedes Türgeräusch hat tonale Schwerpunkte. Diese sollten durch den Algorithmus innerhalb des Hauptereignisses deutlich herausgearbeitet werden. Die Schwierigkeit, diese Forderungen zu erfüllen, besteht im Wesentlichen darin, dass bei einer Samplingfrequenz von $f_s = 48kHz$ das Hauptereignis des Türgeräusches bereits nach ca. $t = 100ms$ abgeklungen ist. Das zeitliche Separieren der einzelnen Klicks liegt sogar im zeitlichen Abstand von ca. $t = 15ms$, was bei einer Abtastfrequenz von $f = 48kHz$ lediglich 720 Samples entspricht. Hier gilt es, eine gute Zeit- und dennoch eine akzeptable Frequenzgenauigkeit zu erreichen. Zur überschlagsmäßigen Anpassung des Frequenzinhaltes des Schließgeräusches an die Hörwahrnehmung erfolgte die Gewichtung aller Algorithmen durch die A-Bewertung.

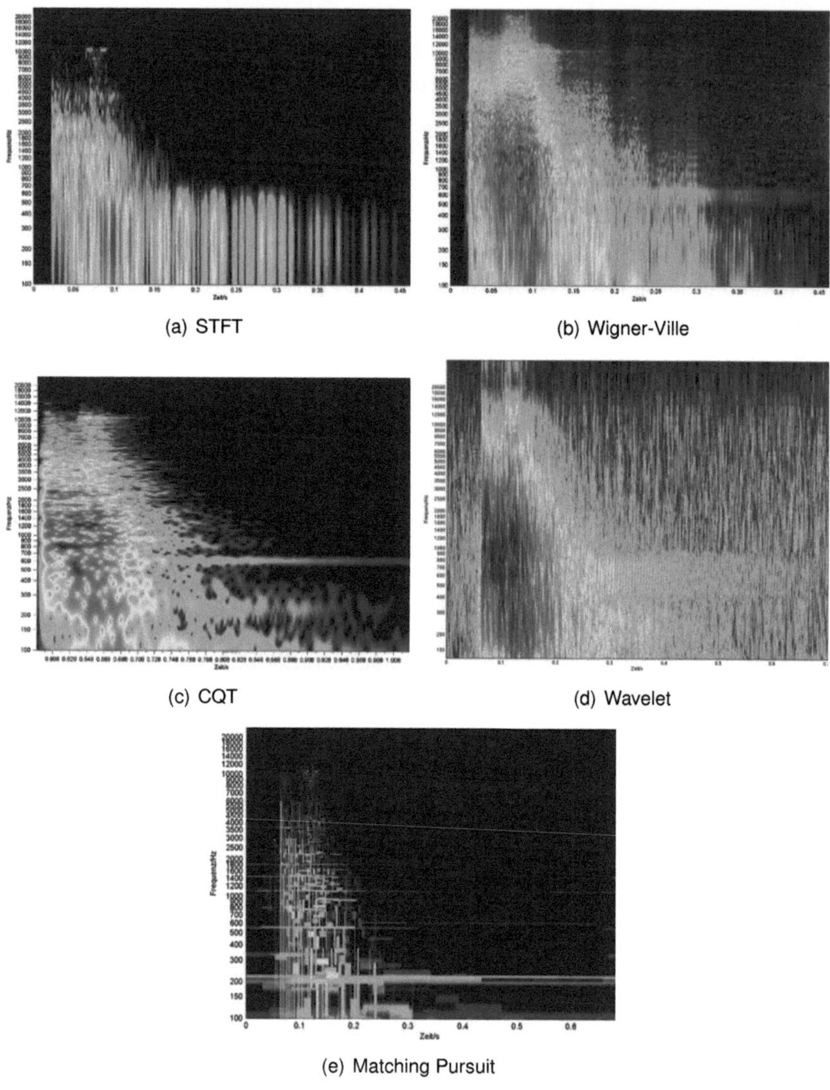

(a) STFT

(b) Wigner-Ville

(c) CQT

(d) Wavelet

(e) Matching Pursuit

Abbildung 4.7: Vergleich der Zeit-Frequenz-Transformationen anhand eines realen Türgeräusches

Die Transformation in den Zeit-Frequenz-Bereich durch die STFT ist hier in Bild 4.7(a) dargestellt. Diesem Algorithmus gelingt es mit seiner konstanten, sehr kurzen Fensterlänge von 256 Samples sehr gut, die einzelnen Klicks zeitlich zu separieren. Allerdings resultiert diese kurze Fensterlänge in einer sehr geringen Frequenzgenauigkeit. Mit der STFT in dieser Konfiguration ist es nahezu unmöglich, einen Frequenzschwerpunkt im Hauptgeräusch herauszufinden. Auch das Nachschwingen bei $f = 650Hz$ ist durch die Frequenzungenauigkeit nicht separierbar. Mit einer entsprechenden Verlängerung der Fensterbreite auf 512 Samples ist es zumindest möglich, das $f = 650Hz$ Nachschwingen zu erkennen. Allerdings sind die einzelnen $f = 11kHz$ Klicks danach nicht mehr voneinander trennbar.

Etwas anders sieht es bei der Wigner-Ville-Verteilung in Bild 4.7(b) aus. Diese ermöglicht mit einer Zeitauflösung von 128 Samples und einer Frequenzauflösung von 512 Samples durchaus eine genauere Frequenzlokalisation der $f = 650Hz$ Schwingung. Auch die beiden hochfrequenten Klicken bei $f = 11kHz$ sind zeitlich gerade noch trennbar. Aufgrund der Kreuzterme ist diese Analyse jedoch relativ verrauscht, was eine Auswertung verkompliziert. Ebenso ist es nur schwierig möglich, tonale Schwerpunkte im Hauptgeräusch zu erkennen und somit den Klangcharakter vollständig zu beschreiben.

Eine sehr gute Darstellung liefert die CQT in Abbildung 4.7(c). Durch die variable und somit im mittleren und tiefen Frequenzbereich relativ lange Fensterbreite kann man im Frequenzbereich unterhalb $f < 2kHz$ relativ genaue Aussagen über den Frequenzinhalt und in oberen Frequenzen über die zeitliche Lokalisierung treffen. Somit sind alle wesentlichen Komponenten des Türgeräusches hinreichend genau separierbar. Das Klicken ist sowohl zeitlich, als auch im Frequenzbereich lokalisiert und auch die Anzahl der einzelnen Impulse kann man in den oberen Frequenzen herauslesen. Zusätzlich treten die beiden Nachschwingen bei $f = 250Hz$ und $f = 650Hz$ sehr deutlich hervor, was auf das in diesem Frequenzbereich relativ lange Fenster und die Faltung mit einer harmonischen Schwingung zurückzuführen ist. Außerdem sind dadurch tonale Schwerpunkte zwischen $500Hz < f < 600Hz$, $800Hz < f < 900Hz$ sowie bei $f = 1200Hz$ herausgearbeitet.

Auch die Parameter des Meyer-Wavelets in Bild 4.7(d) wurden für einen guten Kompromiss aus Frequenz- und Zeitauflösung gewählt. So sind beide Nachschwingen erkennbar, jedoch im Frequenzbereich nicht so deutlich auszumachen. Auch das Klicken ist so nicht sichtbar. Lediglich die Anzahl der Impulse kann man relativ gut ermitteln. Wie bei der WVD ist auch dieses Bild stark verrauscht, was die Analyse zusätzlich erschwert.

Wenn man den Frequenzgehalt eines Türgeräusches bereits kennt, ist es durchaus möglich, das Matching Pursuit Verfahren auch mit einer realisierbaren Anzahl von Iterationen zu verwenden. Das Klicken z.B. ist im Zeit- und im Frequenzbereich so gut lokalisiert wie bei keinem anderen Algorithmus. Gleiches gilt für die Schwingung bei ca. $f = 250Hz$. Lediglich tonale Auffälligkeiten im Hauptschlag und das Nachschwingen bei $f = 650Hz$ sind, bedingt durch die artefaktische Struktur, erst bei sehr genauem Hinsehen zu erkennen.

Zusammenfassend kann man also feststellen, dass es kein optimales Verfahren zur Analyse von Türgeräuschen gibt. Vielmehr hat jeder Algorithmus seine Vor- und Nachteile. So erhält man mit der STFT in Abhängigkeit von der gewählten, festen Fensterlänge entweder eine hervorragende Auflösung im Zeit- oder im Frequenzbereich, jedoch niemals beides zusammen. Die Wigner-Ville-Verteilung ist wie auch die Wavelet-Transformation sehr wohl dazu geeignet, alle Komponenten eines Türgeräusches zu extrahieren. Allerdings wird dies durch die starken Artefakte erschwert. Sind die Komponenten eines Öffnungs- und Schließgeräusches im Zeit- und Frequenzbereich bereits annähernd bekannt, so lassen sich mit dem Matching-Pursuit-Algorithmus sehr genaue Frequenz- und Zeitangaben erhalten. Zur Erstanalyse ist dieses Verfahren aufgrund der stark artefaktischen Struktur zumindest mit vertretbarem rechnerischen Aufwand jedoch ungeeignet. Die Constant-Q-Transform, als einzige Transformation, die hohe Frequenzauflösung in Bereichen unter $f < 2kHz$ zur Detektion von tonalen Pegelüberhöhungen und eine ausreichend genaue Zeitauflösung zur Ermittlung der Anzahl der Impulse in den hohen Frequenzbereichen bietet, stellt von den hier untersuchten Verfahren das Optimum für die Türgeräuschanalyse dar. Sie kann also zur Untersuchungen von Türgeräuschen mit unbekanntem Zeit-Frequenz-Inhalt angewendet werden und bildet deshalb die Basis für die im Rahmen dieser Arbeit vorgenommenen Betrachtungen.

4.2 Faktor Lautheit

Die Wahrnehmungsdimension *Lautheit* bezeichnet die durch die Probanden empfundene Lautstärke. Mehrere im Geräuschcharakter unterschiedliche und von den Probanden als sehr gut und auch als sehr schlecht bewertete Geräusche wurden in den Hörversuchen im Pegel variiert. Mit Hilfe der vergleichenden Darstellung zum Faktor *Güte* war es jetzt möglich, eine Beziehung zur Dimension *Lautheit* und zur damit nichtlinear verbundenen Gesamtbewertung herzustellen.

4.2.1 Faktor Lautheit des Öffnungsgeräusches

Da man die psychoakustische Lautheit nach Zwicker oder Moore für statische Geräusche entwickelt hat [218], ist die Betrachtung von Lautheitsänderungen im Türgeräusch nicht möglich. Stattdessen gilt dieses als quasi-stationär. Das Ergebnis ist die gemittelte spezifische- und die Gesamtlautheit über den gesamten Öffnungs- und Schließimpuls. Die hier verwendete Implementierung dieses Algorithmus geht auf Timoney [189] zurück und erfolgte mit Hilfe der HUTear-Toolbox V2 [105] in Matlab.

Der Korrelationskoeffizient nach Bravis-Pearson prognostiziert bei allen hier untersuchten Verfahren einen linearen Zusammenhang zwischen berechneten Lautheiten, Schärfen[1] , Pegeln und der Ausprägung von *laut-leise* aus den Hörversuchen. Daraufhin verknüpft man mit der linearen Regression die Messwerte und Bewertungen durch die Probanden. Daraus ergeben sich die Nachbildungen der subjektiven Urteile der Testpersonen mit Hilfe der objektiven Messwerte. Die untersuchten Verfahren sind der Pegel L in dBSPL und dB(A) und die bereits vorgestellten Algorithmen zur Lautheit von Zwicker und Moore sowie die Schärfe nach Zwicker und Aures. Tabelle 4.1 vergleicht die aus der linearen Regression resultierenden Werte mit den ursprünglich durch die Probanden abgegebenen Bewertungen zum Antonympaar *laut-leise*. Dabei kann man feststellen, dass alle Zusammenhänge signifikant sind und positiv korrelieren. Bis auf den unbewerteten Schalldruckpegel in dBSPL haben auch alle eine sehr hohe Korrelation von $r > 0,8$. Die höchste Korrelation besitzt mit $r = 0,927$ die Lautheit N nach Moore, dicht gefolgt von der Lautheit N nach Zwicker[1] mit $r = 0,903$, welche jedoch nur einen Wertebereich von *viel zu laut* $= 1$ bis *zu leise* $= 6$ abdeckt. Aber auch die Schärfe S nach Aures und Zwicker ist aufgrund ihrer hohen Korrelation zur Beschreibung des Faktors *Lautheit* geeignet, weist jedoch eine deutlich höhere Varianz auf, als die Lautheit nach Moore. Allerdings sind alle Zusammenhänge bei einer Urteilsunsicherheit von $\alpha = 0,5$ signifikant.

Verfahren	Korrelation r nach Pearson	Standardabweichung s	Spannweite
N nach Moore	0,927	0,2	1-7
N nach Zwicker	0,903	0,26	1-6
S nach Aures	0,863	0,32	1-7
S nach Zwicker	0,858	0,3	1-7
L / dB(A)	0,844	0,33	1-7
L / dBSPL	0,797	0,42	1-6

Tabelle 4.1: Vergleich verschiedener Verfahren zur Nachbildung der Lautheitsempfindung des Öffnungsgeräusches; Korreliert werden die lineare Regression der Mittelwerte aus der subjektiven Beurteilung des Attributes *laut-leise* mit den Berechnungen der Empfindungsgrößen(Spannweite bezeichnet hier die Ausnutzung der Skala. d.h. bei einer Spannweite von 1-7 wird die komplette Skala ausgenutzt. Bei 1-6 wird die Ausprägung *sehr leise* von der Empfindungsgröße nicht nachgebildet.)

Aus diesen Werten lässt sich also schließen, dass das Verfahren zur Berechnung der Lautheit N nach Moore in Verbindung mit linearer Regression die Ergebnisse der Hörversuche

[1]Die Anwendung der Schärfe resultiert aus dem Adjektivpaar *hart-weich*, welches auf den Faktor Lautheit läd

[1]Die Änderung A1 von DIN 45631 wurde erst nach Abschluss der Untersuchungen dieser Arbeit beschlossen. Aus diesem Grund findet die Lautheit für zeitvariante Geräusche hier keine nähere Betrachtung.

am besten widerspiegelt. Es besitzt den höchsten Korrelationskoeffizienten r, deckt die gesamte Bandbreite der Skala ab und hat die geringste Standardabweichung s. Aus diesem Grund wird es repräsentativ für die empfundene Lautheit auf den Faktor *Lautheit* angewendet.

4.2.2 Faktor Lautheit des Schließgeräusches

Verfahren	Korrelation r nach Pearson	Standardabweichung s	Spannweite
S nach Aures	0,880	0,97	1-7
S nach Zwicker	0,878	0,97	2-7
N nach Moore	0,871	1,22	1-7
N nach Zwicker	0,858	0,9	2-7
L / dB(A)	0,829	1,08	1-7
L / dBSPL	0,731	0,82	2-7

Tabelle 4.2: Vergleich verschiedener Verfahren zur Nachbildung der Lautheitsempfindung des Schließgeräusches; Korreliert werden die lineare Regression der Mittelwerte aus der subjektiven Beurteilung des Attributes *laut-leise* mit den Berechnungen der Empfindungsgrößen

Wie beim Öffnen, weist der unbewertete Pegel L in dBSL beim Schließen nach Tabelle 4.2 die geringste Korrelation zur empfundenen Lautheit auf. Ebenso spiegelt er nach der linearer Regressionsrechnung mit *zu laut* $= 2$ bis *viel zu leise* $= 1$ nicht den gesamten Wertebereich wider. Einen signifikanten Korrelationskoeffizienten von $r = 0,829$ zeigt der A-bewertete Schalldruckpegel, welcher auch die komplette Skala ausnutzt. Die Lautheit nach Zwicker besitzt mit $s = 0,9$ die zweit niedrigste Streuung, deckt aber im Gegensatz zur Lautheit nach Moore nicht das komplette Bewertungsspektrum ab. Bleibt noch die Schärfe nach Zwicker, die, wie die Schärfe nach Moore, mit $s = 0,97$ eine niedrige Streuung besitzt, jedoch nicht die komplette Skala ausnutzt. Den mit $r = 0,88$ höchsten Korrelationskoeffizienten und die Ausnutzung des kompletten Bewertungsspektrums weist die Schärfe nach Aures auf, die deshalb für den Faktor *Lautheit* beim Schließen als objektive Messgröße herangezogen wird. Auch hier gilt bei einem Signifikanzniveau von $\alpha = 0,5$ ein signifikanter Zusammenhang zwischen linearer Regression der Einzahlwerte zu den mittleren subjektiven Beurteilungen der Empfindung *laut-leise*.

4.3 Faktor Tonhöhe

Der Faktor *Tonhöhe* wird im Wesentlichen durch die Antonympaare *hell-dunkel*, *hochfrequent-tieffrequent*, *schrill-nicht schrill* und *schwach-kraftvoll* bestimmt. Das führt in Anlehnung an die Untersuchungen von Bregman [36] zu der Annahme, dass es sich hierbei um die Ausgeprägtheit sehr hoher und sehr tiefer Frequenzen handelt. Betrachtet man als *sehr hell* und *sehr dunkel* beurteilte Geräusche daraufhin mit einer Zeit-Frequenz-Darstellung wie der CQT, kann man feststellen, dass sehr stark ausgeprägte Höhen und wenige Tiefen den Eindruck der Helligkeit und eine starke Betonung des Bassbereiches unter $f < 100Hz$ mit gleichzeitiger Reduzierung der Lautheit bei hohen Frequenzen den dunklen Charakter prägen.

4.3.1 Faktor Tonhöhe des Öffnungsgeräusches

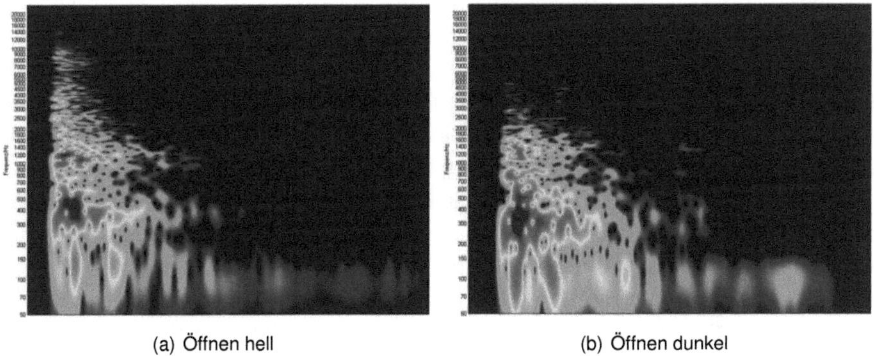

(a) Öffnen hell (b) Öffnen dunkel

Abbildung 4.8: Gegenüberstellung der Zeit-Frequenz-Struktur eines als besonders hell und eines als besonders dunkel bewerteten Öffnungsgeräusches; die Zeitachse ist aus methodischen Gründen aufgrund der ungleichen absoluten Zeit ausgeblendet, die dargestellte Zeitspanne stimmt jedoch bei beiden Diagrammen überein

Abbildung 4.8 stellt exemplarisch ein als *sehr hell* und ein als *sehr dunkel* bewertetes Öffnungsgeräusch nebeneinander. Dabei handelt es sich um eine Zeit-Frequenz-Betrachtung auf Basis der Constant-Q-Transformation. Die Y-Achse beschreibt die Frequenzen von $50Hz < f < 20kHz$. Rote Farben repräsentieren einen sehr hohen Pegel, wohingegen blaue und grüne für niedrige Pegel in diesem Frequenzbereich stehen. Die X-Achse als Zeitbasis ist jeweils auf die gleiche Zeitspanne angeglichen, wird jedoch aus methodischen Gründen ausgeblendet, da die Absolutwerte aufgrund unterschiedlicher Schnittmarken nicht übereinstimmen und somit bedeutungslos sind. Wie man deutlich erkennen kann, weist das helle Geräusch in Grafik 4.8(a) im Vergleich deutlich höhere Pegel in hohen Frequenzen ab $f > 3kHz$ auf. Dem gegenüber steht das dunkle Öffnen mit einem wesentlich dominanteren, tieffrequenten Anteil bis ca. $f < 150Hz$ in Abbildung 4.8(b).

Aus dieser zunächst rein visuellen Veranschaulichung lässt sich die Grundstruktur eines Algorithmus in Bild 4.9 aufzeigen, der die *hell-dunkel* Empfindung anhand dieser Merkmale nachbildet.

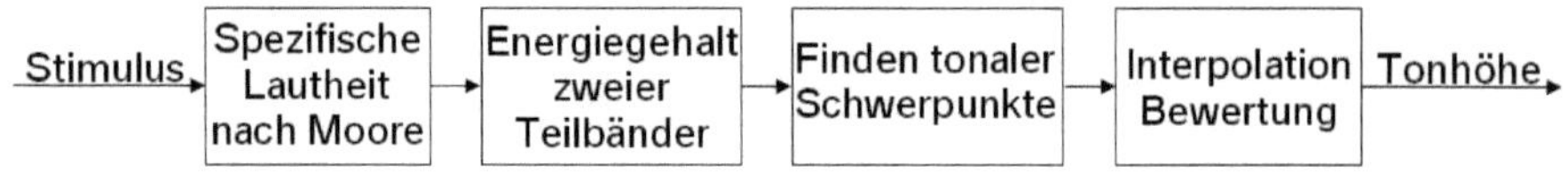

Abbildung 4.9: Blockschaltbild des Algorithmus zur Nachbildung der empfundenen Tonhöhe des Öffnungsgeräusches

Die Bewertung der *Tonhöhe* gemäß Grafik 4.9 ordnet sich nach der Pegelangleichung und der Impulsdetektion in die Ermittlung der Faktorausprägung ein. Somit ist ein im Pegel normierter Schallpegel-Zeit-Verlauf Ausgangspunkt für die Bestimmung der psychoakustischen, nach Frequenzbereichen gegliederten, spezifischen Lautheit nach Moore. Da der Höreindruck der Lautheit der hier durchgeführten Hörversuche sehr gut mit der Gesamtlautheit nach Moore nachempfunden wurde, stellt sie auch für den Faktor *Tonhöhe* die Grundlage für die Gegenüberstellung der Ausprägung von hohen und tiefen Frequenzbereichen dar. Aus den einzelnen ERB der spezifischen Lautheit bildet der nächste Block zwei Teilbänder. Das untere Band umfasst dabei einen Frequenzbereich von $50 < f < 250Hz$ und das obere $5800 < f < 13500Hz$. Die Bandgrenzen ermittelte ein iteratives Verfahren, was aus einer linearen Regression ermittelte Schwellwerte mit der maximalen Übereinstimmung der für unterschiedliche Grenzfrequenzen erhaltenen Verhältnisse hoher zu tiefer Frequenzen mit den Bewertungen der Probanden verglich. Diese Schwellwerte entstammen ergeben sich prozentual aus dem Quotienten der mittleren Lautheit des oberen zum unteren Band und sind in Tabelle 4.3 veranschaulicht. Ausprägung Eins steht dabei für *sehr hell* und Sieben für *sehr dunkel*.

Ausprägung	1	2	3	4	5	6	7
prozentualer Anteil	>60	60	54	49	42	37	21

Tabelle 4.3: Schwellwerte zur Nachbildung der Tonhöhenempfindung des Öffnungsgeräusches

Auch tonale Pegelspitzen tragen zur subjektiven *hell-dunkel* Empfindung bei, werden aber nicht durch die gebildeten Bänder mit in die Bewertung einbezogen. Aus diesem Grund detektiert der nächste Block genau solche starken Überhöhungen im Frequenzbereich von $f = 500Hz$ bis $f = 3300Hz$. Als Kriterium gilt dabei ein starker Anstieg von $A = 200\%$ ausgehend von den benachbarten ERB jeweils zu höheren und tieferen Frequenzen. Der darauf folgende Block „Bewertung" gliedert sich in zwei Teile, wovon der erste das Verhältnis der Lautheit von hohen zu tiefen Frequenzen mit Hilfe von linearer Regression ins Verhältnis zu den subjektiven Bewertungen zu *hell-dunkel* setzt und der zweite anhand der Ausgeprägtheit tonaler Überhöhungen die bereits bestehende Ausprägung korrigiert. Diese Anpassung erfolgt als Funktion der Frequenz. Je ausgeprägter die tonale Pegelspitze und je niedriger die bereits ermittelte Bewertung für hell, desto stärker ist die Änderung hin zu hell. Das Struktogramm in Abbildung 4.10 verdeutlicht dabei die Vorgehensweise.

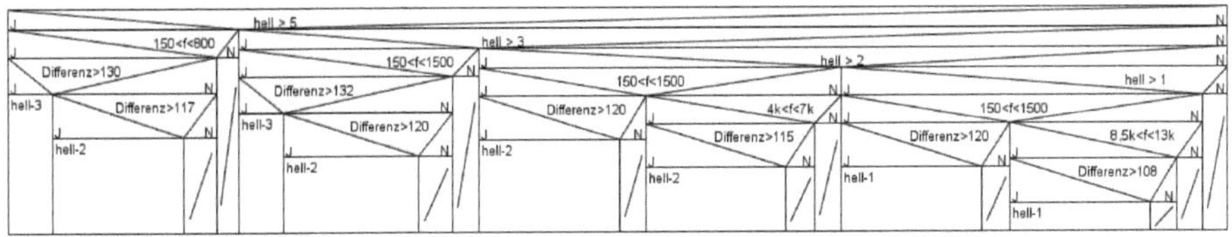

Abbildung 4.10: Struktogramm zur Korrektur der Ausgeprägtheit der Tonhöhe für tonale Pegelspitzen

Darin repräsentiert eine Zahl die Ausprägung der *Tonhöhe*, Eins steht für *sehr hell* und Sieben für *sehr dunkel*. Die Differenz bezeichnet den Anstieg zu den benachbarten ERB.

Alternativ zur Verhältnisbildung der Bänder wäre auch die Schärfe als Indikator für die Wirkung hoher Frequenzen möglich. Deshalb wurde die Schärfe nach Aures und Zwicker mit einer linearen Regression an die Empfindung der Tonhöhe angepasst. Vergleichend mit den Ergebnissen des vorher vorgestellten Verfahrens zeigt Tabelle 4.4 den Korrelationskoeffizienten nach Bravis-Pearson, die Standardabweichung und die Spannweite als Indikatoren für den Grad des Zusammenhanges.

[1]Das Struktogramm wird auch Nassi-Schneiderman-Diagramm genannt, ist in DIN 66261 [145] genormt und entstammt dem strukturierten Entwurf von komplexen Lösungsansätzen in der Informatik. Darin unterteilt man eine Problemstellung in einzelne nacheinander abzuarbeitende Blöcke und veranschaulicht die Auswirkungen verschiedener Fallunterscheidungen mit Hilfe von einfachen Verzweigungen.

Verfahren	Korrelation r nach Pearson	Standardabweichung s	Spannweite
Bandbreitenverhältnis	0,875	0,37	1-7
S nach Aures	0,731	0,98	1-6
S nach Zwicker	0,713	1,17	1-7

Tabelle 4.4: Vergleich verschiedener Verfahren zur Nachbildung der Tonhöhenempfindung des Öffnungsgeräusches

Daraus kann man entnehmen, dass die Schärfe mit einem Korrelationskoeffizienten von $r < 0,8$ nicht so hoch korreliert, wie das Verfahren zum Verhältnis der Bandbreiten und der Korrektur der Notenwerte anhand tonaler Spitzen im Hauptgeräusch. Mit einer geringen Standardabweichung von $s = 0,37$ deckt dieser Algorithmus außerdem den gesamten Wertebereich von *sehr hell* bis *sehr dunkel* ab und wird hier deshalb als repräsentatives Verfahren für die Nachbildung des Faktors *Tonhöhe* ausgewählt.

4.3.2 Faktor Tonhöhe des Schließgeräusches

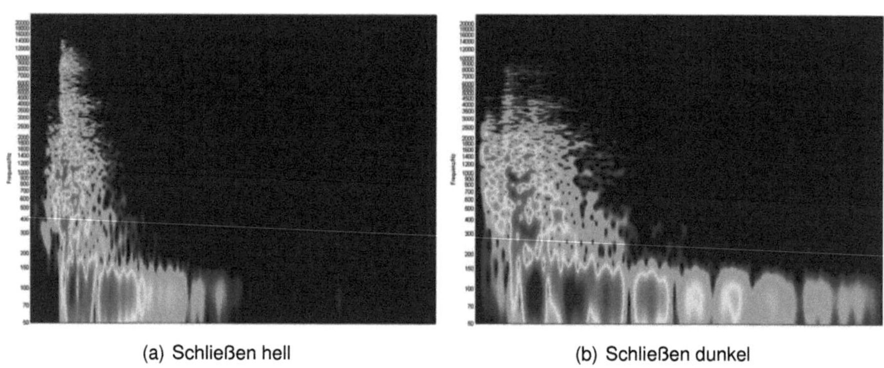

(a) Schließen hell (b) Schließen dunkel

Abbildung 4.11: Gegenüberstellung der Zeit-Frequenz-Struktur eines als besonders hell und eines als besonders dunkel bewerteten Schließgeräusches

Die Bewertung für die Ausprägung der *Tonhöhe* beim Schließen entspricht im Wesentlichen der des Öffnens. Allerdings haben tonale Pegelspitzen im Hauptgeräusch keinen Einfluss auf die Beurteilung dieses Faktors, so dass dieser Block entfällt und sich die in Abbildung 4.12 dargestellte Struktur ergibt.

Abbildung 4.12: Blockschaltbild des Algorithmus zur Nachbildung der empfundenen Tonhöhe des Schließgeräusches

Nachdem das Signal im Pegel angeglichen, der Impuls zeitlich detektiert und die spezifische Lautheit nach Moore berechnet wurde, erfolgt die Einteilung in ein hochfrequentes und ein tieffrequentes Band. Im Unterschied zum Öffnen ermittelte der iterative Algorithmus, der auch die Bandgrenzen des Öffnens festlegte, für die *Tonhöhe* des Schließens andere Grenzfrequenzen. Der untere Teil addiert die spezifischen Lautheiten von $f = 50Hz$ bis $f = 840Hz$, und der obere summiert zwischen $f = 7000Hz$ und $f = 15300Hz$. Die Ausprägung des Faktors *Tonhöhe* ergibt sich mit Hilfe der in Tabelle 4.5 dargestellten und iterativ ermittelten Schwellwerte. Diese markieren den Quotienten aus hoher und tiefer spezifischer Lautheit und sind an die Bewertung der Ausprägung des Adjektivpaares *hell-dunkel* angelehnt.

Ausprägung	1	2	3	4	5	6	7
prozentualer Anteil	>39	39	36	34	30	27	24

Tabelle 4.5: Schwellwerte zur Nachbildung der Tonhöhenempfindung des Schließgeräusches

Verfahren	Korrelation r nach Pearson	Standardabweichung s	Spannweite
Bandbreitenverhältnis	0,845	0,41	1-7
S nach Aures	0,721	1,38	1-7
S nach Zwicker	0,708	1,52	1-7

Tabelle 4.6: Vergleich verschiedener Verfahren zur Nachbildung der Tonhöhenempfindung des Schließgeräusches

Als Gradmesser für die Güte des Modells zur Nachbildung der *Tonhöhe* ist in Tabelle 4.6 wieder der Korrelationskoeffizient r und die Standardabweichung s aufgeführt. Auch die Ausprägungen der *Tonhöhe* auf Basis der Schärfe nach Zwicker und Aures werden nach einer linearen Regression mit verglichen. Auch hier liefert das Verfahren des Tonhöhenquotienten die höchste Übereinstimmung mit den Hörversuchen. Ein hoch korrelierender Korrelationskoeffizient von $r = 0,845$ und eine geringe Standardabweichung mit $s = 0,41$ sind Indikatoren dafür. Außerdem wird, wie auch in den Hörversuchen, der gesamte Wertebereich von *viel zu hell* bis *viel zu dunkel* abgedeckt. Die Schärfe nach Aures und Zwicker bilden den Faktor mit ihren geringeren Korrelationskoeffizienten und den höheren Standardabweichungen nicht so gut nach. Aus diesem Grund ist das Bandbreitenverhältnis der spezifischen Lautheit das Verfahren, welches den Faktor *Tonhöhe* in den nachfolgenden Untersuchungen bildet.

4.4 Faktor Ausschwingen

Die Faktorenanalyse extrahierte einen Faktor, welcher durch die Antonympaare *nachschwingend-nicht nachschwingend*, *hallig-nicht hallig* und beim Schließen zusätzlich durch *tonal-nicht tonal* bestimmt ist. Daraus lässt sich schließen, dass dies eine Wahrnehmung ist, die sich auf die Zeitdauer des Türgeräusches stützt. Das Paar *tonal-nicht tonal* gibt zudem Auskunft über die Bandbreite des zeitlichen Verlaufes. Im Folgenden werden die Ursachen der Bewertungen näher erforscht und eine algorithmische Näherung aufgezeigt.

4.4.1 Faktor Ausschwingen des Öffnungsgeräusches

Vergleicht man die als *sehr stark nachschwingend* mit den als *überhaupt nicht nachschwingend* beurteilten Öffnungsgeräuschen, kann man im Wesentlichen zwei Eigenschaften für das Nachschwingen ermitteln. Zum einen gibt es sehr schmalbandige, nach dem Hauptgeräusch folgende, langsam abklingende Anteile. Grafik 4.13(a) zeigt eine solche nahezu tonale Schwingung bei einer Frequenz von ca. $f = 650Hz$.

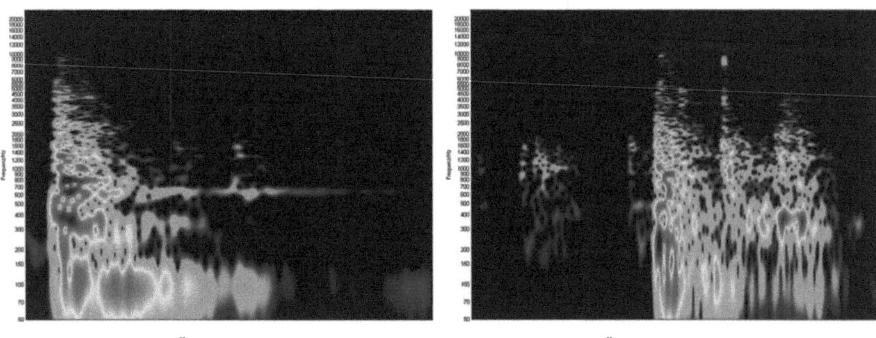

(a) Öffnen tonal (b) Öffnen klappernd

Abbildung 4.13: Veranschaulichung der Charakteristika des Faktors Ausschwingen beim Öffnungsgeräusch mit Hilfe der Zeit-Frequenz-Darstellung; die Zeitachse ist aus methodischen Gründen aufgrund der ungleichen absoluten Zeit ausgeblendet, die dargestellte Zeitspanne stimmt jedoch bei beiden Diagrammen überein

Zum anderen bewerteten die Testpersonen auch solche Geräusche als *nachschwingend*, deren Zeitstruktur sehr zerklüftet und lang gezogen ist, wie etwa das Beispiel 4.13(b). Diese auf den eigentlich dominierenden Knall folgenden Impulse liegen dabei außerhalb der zeitlichen Maskierung des Hörsinns und sind getrennt wahrnehmbar. Auch die Anwesenheit von breitbandigen Ereignissen vor dem Hauptgeräusch zählt da mit hinein - allerdings nur, wenn der zeitliche Abstand nicht zu groß ist und sich ein Übergang, eine Sequenz, von Hörereignissen ergibt, so dass der Hauptschlag als solcher durch Hören nicht mehr separat sondern nur noch als Gemisch zuzuordnen ist. Natürlich gibt es auch Geräusche, die weder tonale noch impulshafte Anteile aufweisen, so dass deren Gesamtdauer, also die Zeit vom Beginn des Impulses bis zum Abklingen unter einen Schwellwert, als Maß für das *Ausschwingen* gilt.

Möchte man jetzt eine quantitative Aussage zu diesen drei unterschiedlichen *Ausschwingen* erhalten, muss man diese gezielt beeinflussen und durch die Probanden in den Hörversuchen bewerten lassen. Dazu wurde bei bereits vorhandenem tonalen Nachschwingen die Intensität der tonalen Komponente verstärkt und abgeschwächt. Um herauszufinden, wie sich die Anzahl der Impulse auswirkt, wählte man ein Öffnen mit einer sehr zerklüfteten Struktur und schnitt in Schritten nacheinander einzelne Teile heraus. Außerdem wurden zu zuvor als *überhaupt nicht nachschwingend* bewerteten Geräuschen tonale und impulshaltige Komponenten hinzugefügt.

Die Nachbildung durch ein algorithmisches Verfahren muss also alle drei Anteile umfassen und ist in Blockschaltbild 4.14 dargestellt.

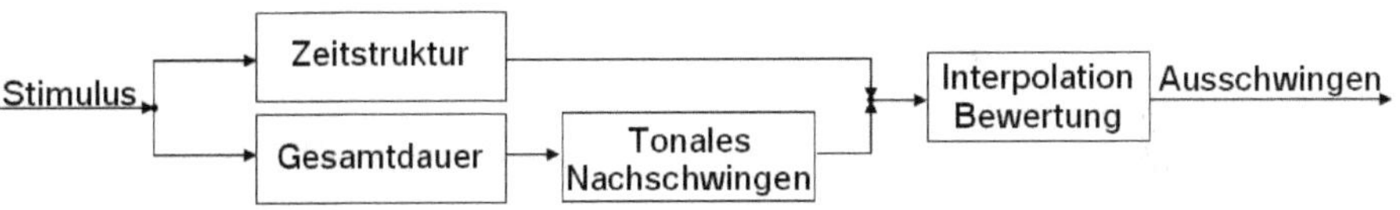

Abbildung 4.14: Blockschaltbild des Algorithmus für die Nachbildung des Faktors Ausschwingen beim Öffnungsgeräusch

Als Eingangssignal dient wiederum das im Pegel angeglichene Türgeräusch. Außerdem verwendet der Block *Ausschwingen* aus Abbildung 4.1 die Information zur zeitlichen Lage des Hauptimpulses, um in dessen Anschluss nach der Gesamtzeitdauer zu suchen, wie in Grafik 4.15 abgebildet. Dazu filtert das Verfahren mit Hilfe von rekursiven IIR Bandpässen mit Chebycheffcharakteristik, $D = 60dB$ Sperrdämpfung und einer Welligkeit im Durchlassbereich von $W = 5dB$ einzelne Frequenzbänder von $350 < f < 5000Hz$ mit $f_b = 50Hz$ Bandbreite und somit die maßgeblichen Geräuschanteile heraus.

Abbildung 4.15: Blockschaltbild des Algorithmus für die Nachbildung der empfundenen Zeitdauer des Ausschwingens beim Öffnungsgeräusch

In den einzelnen Bändern wird anschließend der Schalldruck gebildet und auf den Maximalwert normiert. Dies ist notwendig, um unterschiedliche Anregungen der Teilbänder zwischen den einzelnen Geräuschen nicht mit zu bewerten. Das Band gilt als abgeklungen, wenn 29% des maximal darin enthaltenen Schalldruckes dauerhaft unterschritten werden.

Der nächste Block sucht sich aus allen Frequenzbereichen die daraus resultierende Zeitdauer und verwendet den Maximalwert als Zeitdauer des Geräusches. Grenzt sich ein Wert von seinen umliegenden stark ab (d.h., dass er deutlich länger ist) und überschreitet den Schwellwert für ein normal andauerndes Türgeräusch $t = 210ms$, dann gilt dies als ein Indiz dafür, dass ein tonales Nachschwingen enthalten ist, welches der nächste Block aufspürt.

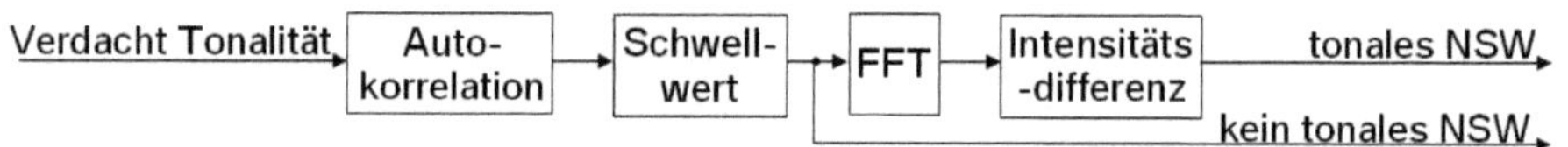

Abbildung 4.16: Blockschaltbild des Algorithmus zur Detektion des tonalen Anteils im Faktor Ausschwingen des Offnungsgeräusches

So müssen tonale Anteile in der Autokorrelationsfunktion r_{xx} über den betrachteten Zeitrahmen von $t = 150ms$ einen Korrelationskoeffizienten von mindestens $r_{xx} = 0,25$ aufweisen ($r_{xx} = 1$ entspricht einer Korrelation eines Signals mit sich selbst ohne Zeitverschiebung, also einer Ähnlichkeit von 100%). Dabei betrachtet der Algorithmus die Spitzenwerte der Einhüllenden der Autokorrelationsfunktion eines jeden Bandes. Um eine mögliche Fehlklassifizierung, hervorgerufen durch dauerhafte tonale Hintergrundgeräusche, wie z.B. einem Lüfterpfeifen des Messsystems, zu vermeiden, prüft das Verfahren bei der vermuteten Frequenz auch Zeitbereiche vor und weit nach dem Türgeräuschimpuls, um dort eine ähnliche Korrelation auszuschließen. Anhand dieses Kriteriums entscheidet es dann endgültig, ob es sich um eine tonale Schwingung nach dem Hauptgeräusch handelt oder nicht. Die Intensität ermittelt es mit der diskreten Fourier-Transformation DFT, die in Gleichung 2.16 näher erläutert ist [132].

Parallel zur Gesamtdauer und der Suche nach tonalem Nachschwingen detektiert ein Block die Anzahl der wahrnehmbaren und somit relevanten Impulse vor und nach dem Hauptschlag gemäß Grafik 4.17.

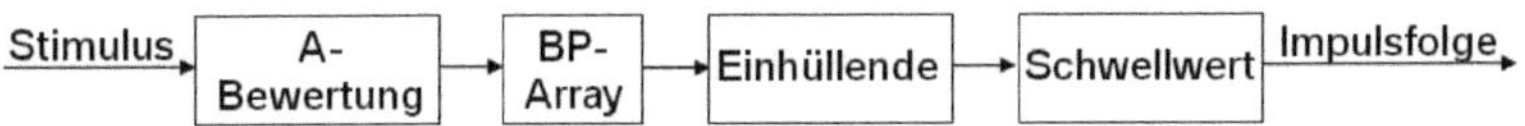

Abbildung 4.17: Blockschaltbild des Algorithmus zur Nachbildung des impulshaften Anteils des Faktors Ausschwingen im Öffnungsgeräusch

Auch hier erfolgt nach der A-Bewertung, die den Frequenzverlauf an die Wahrnehmung des menschlichen Hörsinns annähert, wieder eine Filterung mit einem Array von rekursiven IIR Bandpässen. Impulse umfassen allerdings einen großen Frequenzbereich, so dass es zu deren stabileren Detektion sinnvoll ist, den gesamten wahrnehmbaren Bereich von $f = 20Hz$ bis $f = 20kHz$ zu untersuchen. Jeder Zeitverlauf eines Teilbereiches wird durch einen je $t = 0,2ms$ andauernden gleitenden Mittelwert geglättet und anschließend mit der Einhüllenden umgeben und auf deren Maximalwert normiert. Ein prozentualer Pegelschwellwert von $SW = 78\%$ markiert anschließend den Anfang und das Ende von mit Sicherheit wahrnehmbaren Impulsen. D.h., dass Impulse, damit sie in die weitere Betrachtung mit einbezogen werden, mindestens 78% des Pegelanteils des Hauptschlags haben müssen. Außerdem muss es sich um deutlich voneinander trennbare Impulse handeln, die zur Bewertung *nachschwingend* führen, so dass nach der Detektion mindestens $t = 65ms$ vergehen, bis der nächste mit einbezogen wird, es sei denn, sie haben einen höheren Energiegehalt von mindestens 85%. Dann beträgt die Nachverdeckung nur $t = 35ms$.

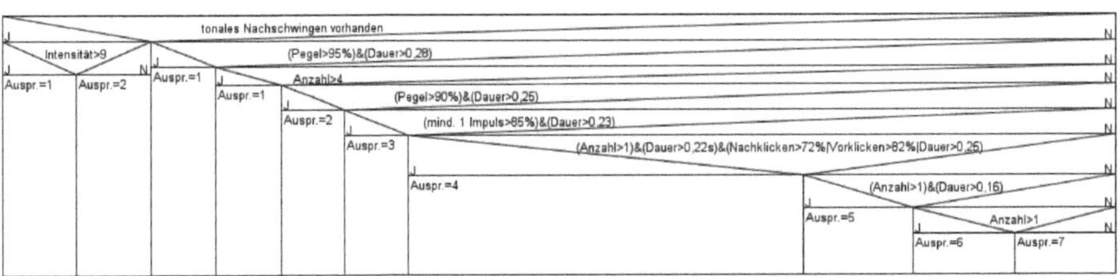

Abbildung 4.18: Struktogramm des Bewertungsverfahrens zur Nachbildung der subjektiven Empfindung der Dimension Ausschwingen beim Öffnungsgeräusch

Aus den Daten des tonalen und des impulshaften Nachschwingens wird im letzten Block die Bewertung in Anlehnung an die Beurteilung des Adjektivpaares *nachschwingend-nicht nachschwingend* modelliert. Wie man dem Struktogramm aus Abbildung 4.18 entnehmen kann, sind dabei alle drei Teilparameter in der Lage, das Geräusch als *sehr stark nachschwingend* (hier mit Ausprägung = 1 bezeichnet) einzuordnen. So ergibt das Vorhandensein eines tonalen Nachschwingens bereits eine Ausprägung = 2 und kann mit einer entsprechend hohen Intensität als *sehr stark nachschwingend* (Ausprägung = 1) gelten, ebenso, wie ein zeitlich versetzter Impuls mit einem Pegel von mindestens 98% des Hauptimpulses und einer Gesamtdauer von $t = 280ms$ und eine Impulsfolge, die aus mindestens vier zeitlich versetzten Schlägen besteht. Mindestens ein zusätzlicher Impuls, dessen Pegel 90% von dem des Hauptschlages beträgt und der eine Gesamtzeitdauer von mindestens $t = 250ms$ hat, gilt als (Ausprägung = 2) *stark nachschwingend.* Ist dieser Pegel mit immerhin noch 90% der Amplitude des Hauptschlages kleiner und umfasst mindestens einen Zeitbereich von $t = 230ms$, entspricht das Ausprägung Drei. Stufe Vier, welche bei den meisten Öffnungsgeräuschen von Serienfahrzeugen vorkommt, kann sich aus mehreren Anteilen ergeben. Sie sollte zwei deutlich voneinander trennbare Impulse haben, mindestens $t = 220ms$ lang sein und entweder einen Schlag vor dem Hauptimpuls mit einem Pegel von mindestens 82% oder einen mit 73%, welcher nach dem Hauptereignis folgt, beinhalten, oder die Gesamtdauer sollte mehr als $t = 250ms$ betragen. Besitzt das Geräusch mindestens zwei Impulse und ist mehr als $t = 160ms$ lang, erhält es Note 5, so dass letztendlich die Frage, ob es mehr als einen Impuls enthält, zwischen *überhaupt nicht nachschwingend*(Ausprägung = 7) und *ein klein wenig nachschwingend* (Ausprägung = 6) entscheidet. Somit sind Geräusche, die überhaupt nicht nachschwingen sehr kurze ($t < 160ms$) mit nur einem wahrnehmbaren Impuls.

Der Korrelationskoeffizient zwischen den Bewertungen des Faktors *Ausschwingen* in den Hörversuchen und diesem Verfahren liegt bei einer geringen Standardabweichung von $s = 0,21$ mit $r = 0,901$ sehr hoch.

4.4.2 Faktor Ausschwingen des Schließgeräusches

Auch bei Schließgeräuschen gibt es den Faktor *Ausschwingen.* Wiederum kann man in einer groben Betrachtung der in den Hörversuchen ermittelten Extrembewertungen Merkmale für die Ausprägung *sehr stark nachschwingend* erkennen, wie Grafik 4.19 zeigt.

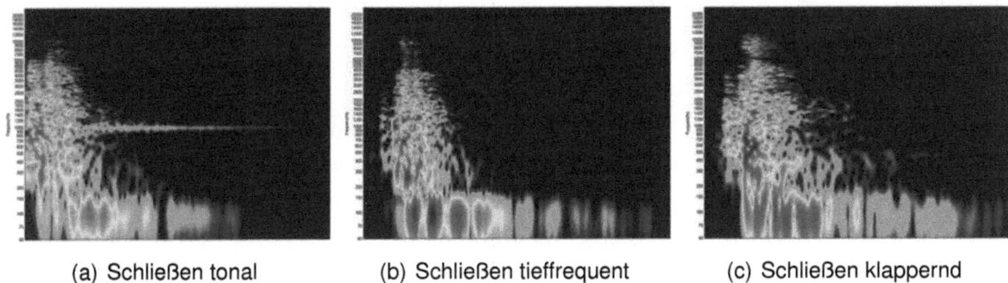

(a) Schließen tonal (b) Schließen tieffrequent (c) Schließen klappernd

Abbildung 4.19: Gegenüberstellung der Charakteristika im Zeit-Frequenz-Bereich des Faktors Ausschwingen beim Schließgeräusch; die Zeitachse ist aus methodischen Gründen aufgrund der ungleichen absoluten Zeit ausgeblendet, die dargestellte Zeitspanne stimmt jedoch bei beiden Diagrammen überein

So sieht man in der ersten Darstellung 4.19(a), genau wie beim Öffnen, einen tonalen Anteil, der auf das eigentliche Hauptgeräusch folgt. Was beim Schließen allerdings fast nicht auftritt, ist eine sehr stark ausgeprägte Zeitstruktur der Impulse. Diese liegen viel dichter zusammen, da sie dem Anregungsmechanismus Schloss entstammen. Beim Öffnen hingegen, verursacht das Schloss als solches nur ein bis zwei Impulse. Der Rest entstammt der zeitlich versetzten Türbremse, dem Kurzhub oder z.B. dem Türgriff. Allerdings tritt beim Schließen ein anderer Anreger in Kraft, der eine zeitliche Verlängerung des Geräusches verursacht, das so genannte Scheibenklappern, welches aus dem Energieeintrag in die Tür durch den Zuschlag und dem damit verbundenen Ausschwingen der heruntergelassenen und ungenügend bedämpften Scheibe resultiert. Dieses äußert sich meist nicht in klaren Impulsen, sondern vielmehr in einer breitbandigen, zeitlichen Verbreiterung und ist in 4.19(b) aufgezeigt. Ebenfalls durch den großen Energieeintrag bedingt, ist ein niederfrequentes Ausschwingen von Karosserieteilen, wie es z.B. in Grafik 4.19(c) zu sehen ist. Die grobe Gliederung der rechnergestützten Auswertung, zeigt Bild 4.20.

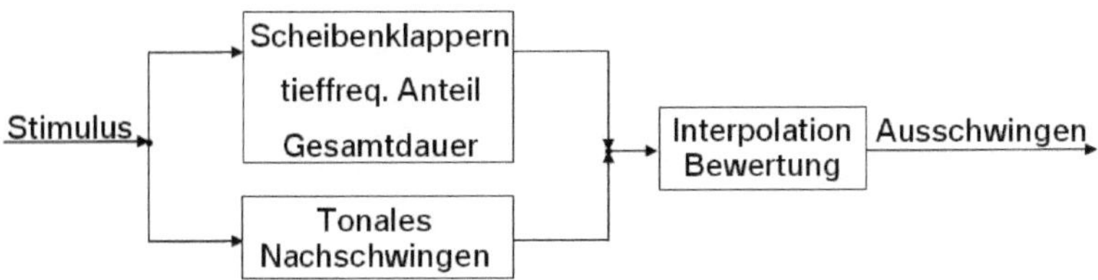

Abbildung 4.20: Blockschaltbild des Algorithmus zur Nachbildung des Faktors Ausschwingen beim Schließgeräusch

Der erste Block ermittelt aus dem im Pegel angeglichenen Druck-Zeit-Verlauf sowohl das Scheibenklappern, als auch den tieffrequenten Anteil und die Gesamtdauer des Geräusches. Dieses Zusammenlegen bietet sich an, da Filter, die im tieffrequenten Bereich nach einem Teil des Scheibenklapperns suchen, ebenso für die Detektion des tieffrequenten Nachschwingens Verwendung finden, wenn kein breitbandiges Ereignis vorliegt. Da der komplette Frequenzbereich untersucht wird, ist auch die Gesamtdauer des Geräusches ermittelbar. Im Wesentlichen orientiert sich dieser Block an dem der Impulsdetektion des Öffnens gemäß des Blockschaltbildes in Bild 4.17. Allerdings finden andere Filtergrenzfrequenzen und -bandbreiten Anwendung. Diese betreffen die Bereiche: $30Hz < f < 200Hz$, $200Hz < f < 750Hz$, $750Hz < f < 2kHz$ sowie $2kHz < f < 8kHz$ und ergeben sich aus der typischen Anregung durch das Schließen der Tür. Somit ist es möglich, das breitbandige Nachklappern mit dem nachfolgenden Verfahren sicher zu erkennen. Die dominierenden Strukturen eines jeden Bandes erhält man wieder mit der Einhüllenden, auf der dann allerdings mit anderen bandspezifischen Schwellwerten nach dem Ende des Türgeräusches und somit auch gleichzeitig anhand der Zeitdauer nach einem Scheibenklappern gesucht wird.

Der Block, der tonales Ausschwingen erkennt, ist mit dem des Öffnens aus Abbildung 4.13(a) nahezu identisch. Der einzige Unterschied besteht darin, dass er alle Bänder von $350Hz < f < 1500Hz$ nach einer tonalen Auffälligkeit absucht. Als Schwellwert gilt eine Pegeldifferenz des Maximums zum umgebenden Mittel (Bandbreite ist $f_b = f_m \cdot 0,2$) von $\Delta L = 15dB$.

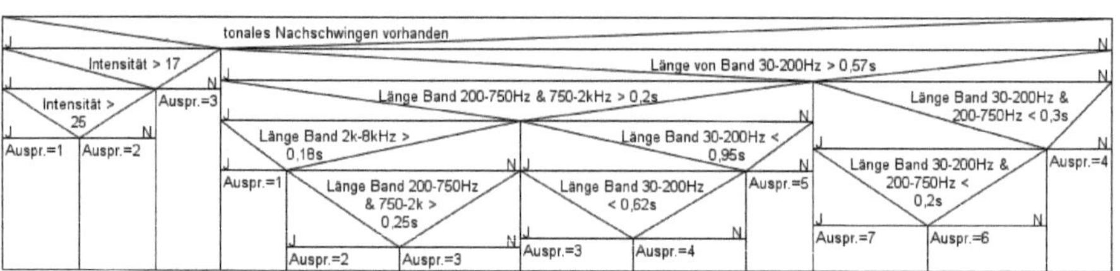

Abbildung 4.21: Struktogramm des Bewertungsalgorithmus des Faktors Ausschwingen beim Schließgeräusch

Aus den ermittelten Werten zur Impulsdauer und zum tonalen Ausschwingen bildet der letzte Block in Anlehnung an die Hörversuche einen Einzahlwert. Das Struktogramm in Abbildung 4.21 verdeutlicht dabei den Entscheidungsweg. Wie bereits beim Öffnen ist das tonale Nachschwingen von hoher Bedeutung für die Beurteilung des *Ausschwingens*. Überschreitet es ein Pegeldelta zu seiner Umgebung von $\Delta L = 17dB$, gilt es bereits als stark, mit $\Delta L = 25dB$ gar als *sehr stark nachschwingend*. In jedem Fall führt die Anwesenheit bereits zu einer Ausprägung des *Ausschwingens* von drei. Aber auch ein starkes Nachklappern, wie es beim Scheibenklappern der Fall ist, erhält die Ausprägung Eins. Dies lässt sich sehr gut daran erkennen, dass jedes einzelne Frequenzband sehr lang andauert.

Je nach Bandbreite, Intensität und damit verbundener zeitlicher Dauer des Nachschwingens, stuft das Programm die Ausprägung für *Ausschwingen* herab. Als *überhaupt nicht nachschwingend* gilt dabei ein Geräusch, was kein tonales und kein klappriges Nachschwingen aufweist, und somit im Band zwischen $30Hz < f < 200Hz$ eine sehr kurze zeitliche Dauer von $t < 0,2s$ besitzt. Liegt diese bei $t < 0,3s$ gilt Ausprägung Zwei und für eine Zeitdauer von $t < 0,57s$ Ausprägung Vier.

Vergleicht man die mit Hilfe des Algorithmus gewonnen Ausprägungen mit den Hörversuchen anhand des Korrelationskoeffizienten nach Pearson, so ergibt sich eine sehr hohe Übereinstimmung von $r = 0,888$ bei einer Standardabweichung von $s = 0,49$. Das Verfahren bildet also die subjektive Bewertung der Probanden sehr gut nach und stellt somit die rechnerische Basis für den Faktor *Ausschwingen* dar.

4.5 Klickfaktor

Die Faktorenanalyse extrahierte den *Klickfaktor* sowohl beim Öffnen als auch beim Schließen als eigene Wahrnehmungsdimension. Dabei beschreibt das Adjektiv *klickend* ein Ereignis, welches hauptsächlich im oberen Frequenzbereich angesiedelt ist.

4.5.1 Klickfaktor des Öffnungsgeräusches

Beim Öffnen lassen sich zwei Hauptkriterien finden, welche die Probanden als *sehr stark klickend* bewerten. Zum einen ist das ein hochfrequentes, sehr schmalbandiges und zeitlich nur kurz andauerndes Geräuschereignis, welches Bild 4.22(a) an einem Beispiel bei etwa $f = 9,5kHz$ aufzeigt. Es zeichnet sich im Wesentlichen dadurch aus, dass es bei allen Beispielen im Hauptgeräusch vorkommt, zeitlich nicht den ganzen Hauptschlag umfasst und im Frequenzbereich oberhalb von $f > 7kHz$ angesiedelt ist. Neben der Ausprägung hoher Frequenzen im Hauptschlag gehen auch Anzahl und die Pegel von Nebenimpulsen mit hochfrequentem Anteil, die während, vor oder nach dem Hauptereignis angesiedelt sind, mit in die Bewertung der Testpersonen ein. Exemplarisch verdeutlicht das Grafik 4.22(b). Hier gibt es einen auf den Hauptschlag sehr kurz folgenden Impuls, der für sich getrennt wahrnehmbar ist und sehr hohe Pegel für $f > 3kHz$ beinhaltet.

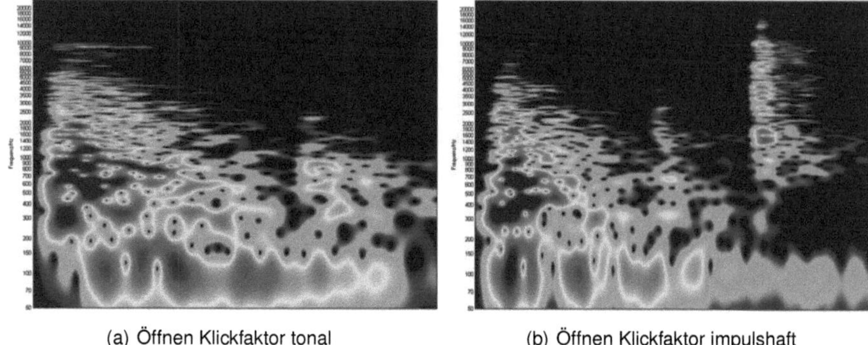

(a) Öffnen Klickfaktor tonal

(b) Öffnen Klickfaktor impulshaft

Abbildung 4.22: Veranschaulichung der Charakteristika des Klickfaktors beim Öffnungsgeräusch; die Zeitachse ist aus methodischen Gründen aufgrund der ungleichen absoluten Zeit ausgeblendet, die dargestellte Zeitspanne stimmt jedoch bei beiden Diagrammen überein

Neben schmalbandigen Klicken zählen also auch breitbandige Impulse mit großen Pegeln in hohen Frequenzen zu diesem Faktor, was eine getrennte Analyse in dem zu erstellenden Bewertungsalgorithmus nahe legt und zu dem in Abbildung 4.23 schematisierten Programmablauf führt.

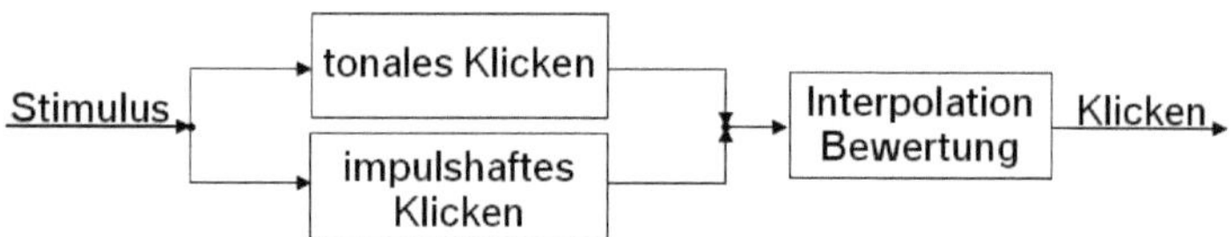

Abbildung 4.23: Blockschaltbild des Algorithmus zum Klickfaktor beim Öffnungsgeräusch

Zunächst liegt es natürlich wieder nahe, für die Detektion und die Bestimmung der Intensität des schmalbandigen, hochfrequenten Anteils, Verfahren wie die spezifische Lautheit oder eine Autokorrelation anzuwenden. Allerdings liefert die spezifische Lautheit sowohl nach der Vorgehensweise von Zwicker, als auch nach der von Moore nicht die benötigte Frequenzauflösung, um diesen extrem schmalbandigen Anteil herauszufiltern und von der Umgebung sicher hervorzuheben. Auch eine mit verschiedenen Bandpässen separierte Autokorrelation über den Hauptimpuls liefert nicht die erhoffte Trenngenauigkeit, um eine sichere Aussage über die Anwesenheit des Klickens zu treffen. Dazu ist das Ereignis zu kurz und damit verbunden die Selbstähnlichkeit der anderen Bänder zu hoch. Während die Zeit-Frequenz-Transformation, die CQT, eine enorme Datenmatrix und daraus resultierend eine sehr lange Rechenzeit benötigt, zeigt die reine Betrachtung einer DFT aber bereits, dass die Analyse des über das Öffnungsgeräusch gemittelten Spektrums durchaus Erfolg versprechend ist.

In diesem Spektrum sucht das Programm anschließend Maxima im Frequenzbereich oberhalb von $f > 7kHz$. Als Kriterium dafür, dass es sich tatsächlich um eine tonale Pegelspitze handelt, dient ein Schwellwert. D.h., dass die um das Maximum gruppierten Bänder zu höheren und niederen Frequenzen mindestens $\Delta L = 5dB$ unter dem erkannten peak liegen müssen.

Etwas aufwändiger gestaltet sich die Detektion des impulshaften Klickens, in dem Impulse mit einem hohen Energiegehalt in hohen Frequenzen erkannt werden müssen. Die Vorgehensweise erläutert Abbildung 4.24.

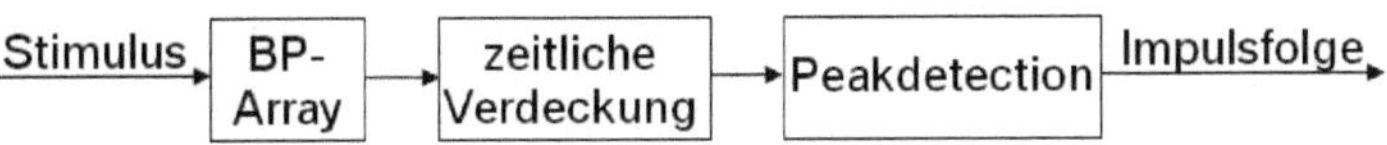

Abbildung 4.24: Blockschaltbild des Detektionsverfahrens des impulshaften Anteils des Klickfaktors beim Öffnungsgeräusch

Betrachtet man ein Öffnungsgeräusch mit Hilfe einer Zeit-Frequenz-Darstellung, so kann man feststellen, dass es nicht immer möglich ist, die einzelnen Impulse in allen Frequenzbereichen voneinander zu trennen. Vielmehr „verschmieren" die einzelnen Komponenten im manchen Frequenzen. Ebenso dehnen sich nicht alle über das gesamte Spektrum aus, sondern sind in hohen oder mittleren Frequenzbereichen konzentriert. Demzufolge hat der erste Block die Aufgabe, einzelne Frequenzbereiche mit Hilfe eines rekursiven IIR-Bandpassfilters zu trennen. Die Bänder ergeben sich aus der Pegelverteilung der Anregung der Öffnungsgeräusche und betragen: $B1 : 200Hz < f < 750Hz$, $B2 : 750Hz < f < 1,2kHz$, $B3 : 1,2kHz < f < 2kHz$, $B4 : 2kHz < f < 5kHz$ und $B5 : 5kHz < f < 10kHz$. Somit ist es möglich, Regionen von annäherungsweise gleichem Pegel voneinander zu trennen, ohne dass ein Frequenzbereich einen anderen bei der Betrachtung des Schalldruck-Zeit-Verlaufes überlagert. Das wäre z.B. der Fall, wenn man kein Filter verwendet. Dann würde der sehr stark ausgeprägte tieffrequente Anteil die hohen Frequenzen mit geringer Energie im Zeitbereich überdecken.

Um festzustellen, welche Impulse für den *Klickfaktor* relevant sind, ist es zunächst notwendig, das zeitliche Auflösungsvermögen des menschlichen Ohres zu betrachten, da z.B. kurz nach dem Hauptschlag folgende Geräuschanteile nicht zur Hörempfindung beitragen, wenn sie unter der Mithörschwelle liegen. Diese ist eine Funktion des Energiegehaltes eines Impulses, d.h., dass sie von dessen zeitlicher Dauer und seinem Pegel abhängig ist.

Im Gegensatz zur Labormessung mit einer fest definierten Länge des maskierenden Schalls kann bei dem hier analysierten komplexen Öffnungsgeräusch die zeitliche Dauer nicht genau definiert werden. Ebenso ist der Pegel aufgrund der mehrfachen unterschiedlichen Impulse nicht genau festzustellen. Außerdem handelt es sich beim Öffnungsgeräusch und seinen Bestandteilen nicht um die im Labor angewendete Signalform des rechteckigen Impulses, so dass auch aus diesem Grund eine reale zeitliche Maskierung differieren kann. Deshalb verzichtet man hier auf die genaue Modellierung der zeitlichen Verdeckung und verwendet stattdessen im Block „zeitliche Verdeckung“ ein stark abstrahiertes Modell.

Zunächst ermittelt das Verfahren für jedes Frequenzband den positiven Schalldruck, den es in jeweils $t = 2ms$ langen Blöcken zusammenfasst. Dieser dient als Ausgangspunkt, um die Vorverdeckung in Form einer Geraden zu approximieren, deren Anstieg sich daraus errechnet, dass sie bei $t = 20ms$ vor dem Ereignis die Ruhehörschwelle schneidet. Im weiteren zeitlichen Verlauf folgt die Simultanverdeckung, die über dem betrachteten Block liegt. Die Nachverdeckung ergibt sich dann als Gerade mit der Steigung, die sich aus dem Schnittpunkt der Simultanverdeckung mit einer Dauer von $t = 2ms$ und dem Schnittpunkt der Ruhehörschwelle bei $t = 200ms$ nach dem Block ergibt. Daraus erhält man jetzt eine Reihe sich überlappender Verdeckungsmuster, über deren Einhüllende das Programm jetzt die gesamte zeitliche Maskierung errechnet.

Der nächste Block sucht darin die Maxima und damit verbundene Plateaublöcke, die einen Impuls markieren. Das Ergebnis ist in Grafik 4.25 schematisch veranschaulicht. Im Anschluss vergleicht das Verfahren alle Frequenzbänder und detektiert einen hörbaren Impuls dann, wenn dieser in mindestens zwei Bändern gleichzeitig mit einer Toleranz von $t = 4ms$ auftritt.

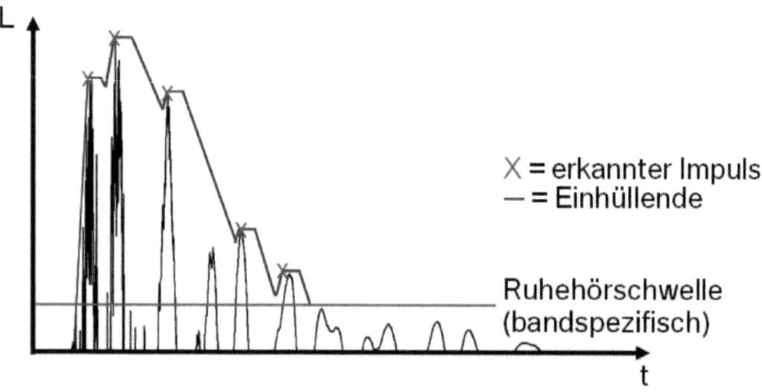

Abbildung 4.25: Schematische Darstellung der zeitlichen Impulsmaskierung eines Bandes

Auf Basis der beiden Algorithmen zum tonalen und impulshaften Anteil folgt die Bewertung, welche sich an der Ausprägung des Adjektivpaares *klickend-nicht klickend* für die in den

Hörversuchen dargebotenen Geräusche orientiert. Die wesentlichen Parameter sind dabei die Bandbreite und die Intensität des tonalen Anteils und die Anzahl, die zeitliche Lage sowie die A-bewerteten Pegel der wahrnehmbaren Impulse in den Frequenzbändern Drei bis Fünf. Gemäß den Struktogrammen in den Grafiken 4.26 und 4.27 ordnet der Algorithmus die Ausprägungen zu.

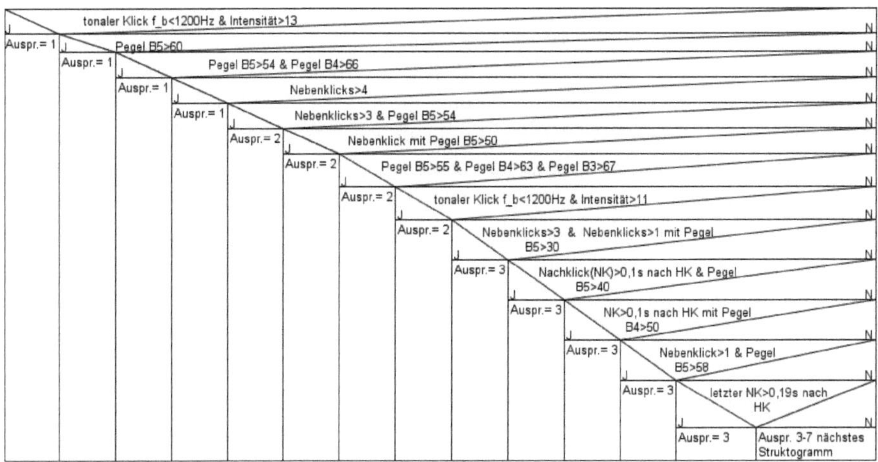

Abbildung 4.26: Blockschaltbild des Bewertungsverfahrens der Wahrnehmungsdimension Klickfaktor beim Öffnungsgeräusch Teil 1

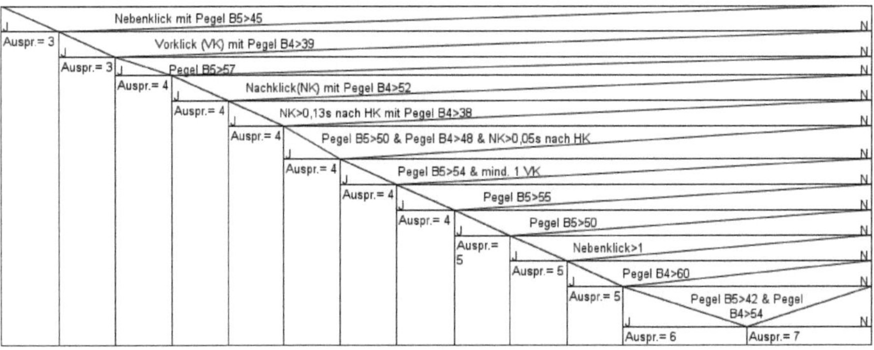

Abbildung 4.27: Blockschaltbild des Bewertungsverfahrens der Wahrnehmungsdimension Klickfaktor beim Öffnungsgeräusch Teil 2

Als *sehr stark klickend* (Ausprägung = 1) werden demzufolge Geräusche eingestuft, die einen tonalen Klick mit einer Bandbreite von $f_b < 1200Hz$ und eine Pegeldifferenz (Intensität) von $\Delta L = 13dB$ über dem Umgebungspegel aufweisen. Ebenso gelten Öffnen als *sehr stark klickend*, wenn sie einen sehr ausgeprägten hochfrequenten Anteil haben, der im Band Fünf einen Pegel von $L_5 > 60dB(A)$ oder aber im Band Vier $L_4 > 66dB(A)$ in Verbindung mit Band Fünf $L_5 > 54dB(A)$ überschreitet. Kurzzeitige tonale Anteile nach dem Hauptgeräusch führen stets zu einer hohen Ausprägung dieses Faktors. Deshalb ordnet der Algorithmus das tonale Klicken mit einer Pegeldifferenz von $\Delta L > 11dB$ der Ausprägung Zwei zu. Zusätzlich erhalten auch sehr stark hochfrequente Nebenklicks mit mehr als $L_5 > 50dB(A)$ im höchsten Frequenzband und Impulse mit generell hohem Frequenzanteil diese Bewertung. Am anderen Ende der Skala stehen Geräusche, die neben dem Hauptschlag maximal einen Impuls beinhalten. Dieser darf genau wie der Hauptschlag keine großen Pegel in hohen Frequenzen enthalten. So gilt als Entscheidungskriterium zwischen Ausprägung Sechs und Sieben ein $L_5 > 42dB(A)$ und ein $L_4 > 54dB(A)$, den ein Öffnungsgeräusch nicht überschreiten darf, um die minimale Bewertung für den *Klickfaktor* zu erhalten. Alle weiteren Ausprägungen sind hier aufgrund des Entscheidungsumfanges nicht näher erläutert, können aber den beiden Struktogrammen 4.26 und 4.27 entnommen werden.

Über die Qualität der Zuordnungen des Verfahrens erhält man eine Aussage, wenn man dessen Einordnung anhand des pearsonschen Korrelationskoeffizienten mit den Bewertungen der Hörversuche vergleicht. So ergibt sich ein sehr hohes $r = 0,921$ in Verbindung mit einer Standardabweichung von $s = 0,15$, was die Zuverlässigkeit auf Basis der Lernstichprobe aufzeigt.

4.5.2 Klickfaktor des Schließgeräusches

Auch beim Schließen gelten schmalbandige Pegelspitzen in Frequenzbereichen oberhalb von $f > 8kHz$ als *klickend*, genauso wie ein sehr starker hochfrequenter Anteil im Hauptgeräusch. Ebenso zählt die Zeitstruktur des Schließens mit zu diesem Faktor. Diese ist im Gegensatz zum Öffnen aber über die Zeit nicht so stark ausgedehnt, da die einzelnen peaks dem Einfallen des Schlosses und damit dem Aufeinanderschlagen der Sperrteile entstammen. So besteht der Hauptklick beim Schließen nicht nur aus einem einzigen Schlag mit dem Hauptteil an Energie sondern aus einer Reihe von aufeinander folgenden Impulsen. Diese sind aufgrund der zeitlichen Maskierung des Hörsinns meist nicht getrennt hörbar, tragen allerdings bei starker hochfrequenter Ausprägung zum *Klickfaktor* bei. Aus den Geräuschbeispielen ist bei Impulsen mit starkem hochfrequenten Anteil ein Zusammenhang mit deren zeitlichen Abstand erkennbar. Während sie bei einer sehr geringen Distanz noch vollständig miteinander verschmelzen, bewerten die Probanden einen größeren Abstand als *klickender*, obwohl sie die zeitliche Struktur noch nicht vollständig erfassen können. So zeigt Abbildung 4.28(a) ein Beispiel, bei dem ein kurzzeitiger tonaler Anteil bei ca. $f = 11kHz$ zu erkennen ist, während Grafik 4.28(b) ein Geräusch mit drei kurz aufeinander folgenden, breitbandigen Impulsen abbildet, von denen die ersten zwei auch stark hochfrequente Komponenten besitzen.

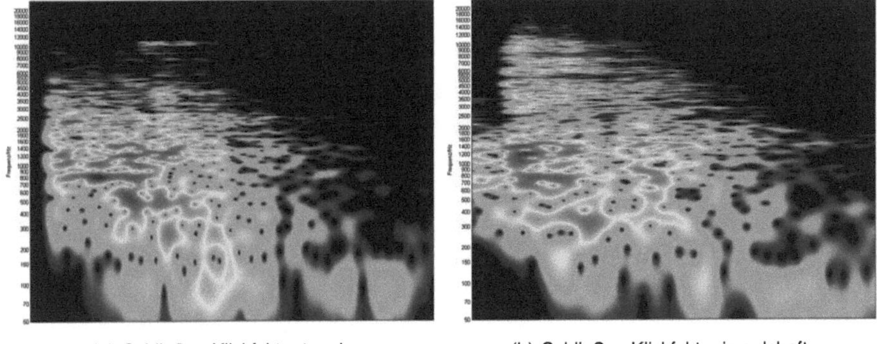

(a) Schließen Klickfaktor tonal

(b) Schließen Klickfaktor impulshaft

Abbildung 4.28: Veranschaulichung der Charakteristika im Zeit-Frequenz-Bereich des Klickfaktors beim Schließgeräusch; die Zeitachse ist aus methodischen Gründen aufgrund der ungleichen absoluten Zeit ausgeblendet, die dargestellte Zeitspanne stimmt jedoch bei beiden Diagrammen überein

Da die wesentlichen Merkmale sich wie beim Öffnen in einen tonalen und einen impulshaften Anteil aufgliedern, ergibt sich auch das gleiche Blockschaltbild gemäß Grafik 4.23 für die Nachbildung der Ausprägung *klickend-nicht klickend*.

Zunächst wäre zu vermuten, dass man die gleichen Algorithmen wie beim Öffnen auch auf die Ausprägung des *Klickfaktors* beim Schließen anwenden kann. Allerdings erkennt die Nachbildung der Zeitverdeckung dort nur Impulse, die vom Menschen tatsächlich separat hörbar sind. Im Gegensatz dazu bilden beim Schließen perzeptiv nicht voneinander trennbare Klicks einen Teil des *Klickfaktors*. Somit ist ein neuer Ansatz notwendig. Der tonale Anteil im hochfrequenten Bereich ist beim Schließen breitbandiger als beim Öffnen und mit dem damit verbundenen kontinuierlicheren Anstieg der Spektrallinien im $1/12$-Oktavspektrum nicht so ohne weiteres vom restlichen Spektralverlauf zu trennen. Allerdings ermöglicht diese breite Verteilung die Anwendung der Lautheit, die gleichzeitig zur Bestimmung der Ausgeprägtheit des hochfrequenten Geräuschanteils genutzt werden kann.

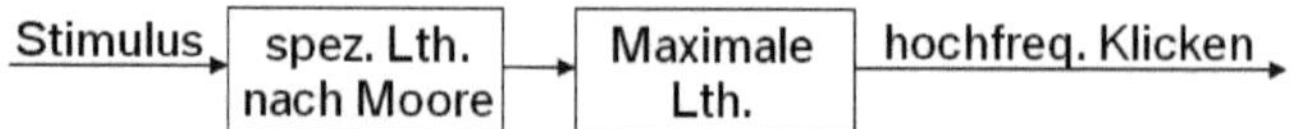

Abbildung 4.29: Blockschaltbild des Detektionsalgorithmus des tonalen Anteils des Klickfaktors im Schließgeräusch

Der erste Block, die Detektion des tonalen Klickens, unterteilt sich in die in Grafik 4.29 veranschaulichten Teilschritte. Auch hier wurde wieder die spezifische Lautheit nach Moore verwendet, da sie in den vorangegangenen Untersuchungen die höchste Korrelation mit der Lautheitsempfindung der Probanden aufweist. Da die Geräuschbeispiele aber wiederum nur mit Hilfe der A-Bewertung auf eine ähnliche Lautstärke angeglichen wurden und somit keine einheitliche Skalierung für die danach ermittelte spezifische Lautheit vorliegt, normiert das Verfahren alle spezifischen Teillautheiten auf das Mittel des gesamten Frequenzbereiches. Mit Hilfe der maximalen spezifischen Lautheit zwischen $8kHz < f < 15kHz$ ist es nun möglich, die Lautheit des Klickens zu bestimmen. So detektiert das Programm auch schmalbandige Überhöhungen und mittelt diese nicht über das gesamte Band aus.

Die Erkennung der im Schließgeräusch vorkommenden Impulse mit hochfrequentem Anteil basiert auf der Betrachtung des bandpassgefilterten Zeitsignals und ist in Grafik 4.30 veranschaulicht.

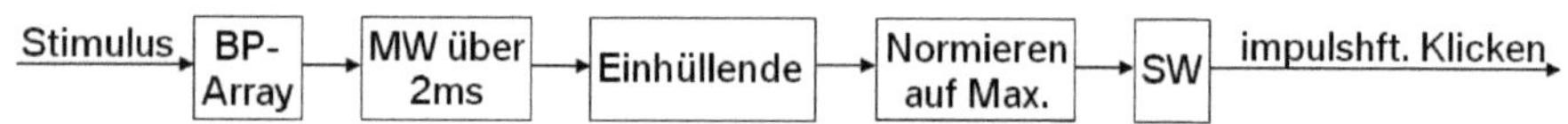

Abbildung 4.30: Blockschaltbild des Detektionsverfahrens des impulshaften Anteils des Klickfaktors beim Schließgeräusch

Ausgangspunkt ist dabei wieder das im Pegel angeglichene A-bewertete Zeitsignal, aus dem ein Band von $8kHz < f < 15kHz$ herausgefiltert wird. Da man sich hier nur für die in diesem Kurvenverlauf liegenden Impulse interessiert, glättet ein gleitender Mittelwert mit einer Blocklänge von $t = 2ms$ das Signal und befreit es so von kurzzeitigen und in diesem Fall nicht relevanten peaks. Darüber legt das Programm die Hüllkurve, so dass nur positive grobe Strukturen übrig bleiben. Dabei handelt es sich um die gesuchten Impulse, deren Pegel auf den Maximalwert des höchsten normiert wird. Mit Hilfe eines Schwellwertes von $SW = 40\%$ ermittelt der Algorithmus energetisch relevante Impulse und bestimmt deren Anzahl sowie vor allem deren zeitlichen Abstand zueinander.

Aus diesen Daten kann der Block „Interpolation Bewertung" aus Grafik 4.23 die Ausprägungen des *Klickfaktors* zuordnen. Als Basis dienten dazu wiederum die siebenstufigen Beurteilungen der Probanden zu den Adjektivpaaren *klickend-nicht klickend* aus den Hörversuchen. Zunächst betrachtet das Verfahren die Ausgeprägung des oberen Frequenzbereiches und ordnet die Geräusche gemäß ihres hochfrequenten Anteils der maximalen normierten spezifischen Lautheit anhand von Schwellwerten ein. Dabei gelten solche Schließgeräusche als *sehr stark klickend*, die einen normierten Maximalwert von mindestens $N'_{max} > 40\%$ in den oberen Frequenzbereichen aufweisen. Im Gegensatz dazu bedeutet ein Wert von $N'_{max} < 23\%$, dass dieses Geräuschbeispiel überhaupt nicht zum Klicken neigt. Dazwischen ordnen sich die Ausprägungen Zwei bis Sechs ein.

Bei weniger stark ausgeprägtem, tonalen Klicken gewinnt die Zeitstruktur zunehmend an Bedeutung. Während sie bei sehr starkem tonalen Klicken mit der Ausprägung Eins bis Drei keine Rolle spielt, bewerten die Probanden auch Geräusche mit schwach ausgeprägten Höhen aufgrund ihrer Zeitstruktur als *klickend*. Dementsprechend korrigiert der nächste Schritt die Ausprägung anhand des zeitlichen Versatzes der Impulse mit einem hochfrequenten Anteil von mindestens $N'_{max} > 40\%$ im Vergleich zum Hauptimpuls. Beträgt dieser $t > 0,021s$, muss die Ausprägung um drei, bei $t > 0,019s$ um zwei und bei $t > 0,018s$ um einen Schritt zu *klickend* hin korrigiert werden.

Wiederum ergibt sich mit $r = 0,903$ und $s = 0,13$ eine hohe Übereinstimmung zu den Bewertungen der Hörversuche, die die Anwendung des Modells rechtfertigt.

4.6 Ploppfaktor

Die Wahrnehmungsdimension *Ploppfaktor* geht auf die für das Öffnen spezifischen Begriffe *ploppig-nicht ploppig* und *topfig-nicht topfig* zurück. Somit wurde dieser Faktor auch nur für das Öffnen extrahiert. Er beschreibt ein Geräuschphänomen, das man am ehesten mit dem Klang eines hohlen Ölfasses vergleichen könnte. Beim Vergleich von Geräuschen, die als *sehr stark ploppig* mit solchen, die als *überhaupt nicht ploppig* beurteilt werden, fällt auf, dass es sich hauptsächlich um eine tonale Überhöhung im Hauptgeräusch zwischen $f = 150Hz$ und $f = 500Hz$ handelt. Zur Überprüfung dieser These, wählte man ein in den Hörversuchen zur Faktorenanalyse als *sehr stark ploppig* bewertetes Öffnungsgeräusch, senkte den besagten Frequenzbereich in $3dB$-Stufen mit Hilfe einer rekursiven IIR-Bandsperre ab und vermischte es anschließend mit anderen Tracks in erneuten Hörversuchen. Tatsächlich ergaben sich schrittweise für höhere Dämpfungen geringere Werte für die empfundene Ploppigkeit.

Aufgrund der guten Übereinstimmung der Lautheit nach Moore mit dem Faktor *Lautheit* aus den Hörversuchen wird auch hier die spezifische Lautheit als Grundlage zur Beurteilung der empfundenen Stärke des relevanten Frequenzbereiches herangezogen. Da sie auf der reellen Lautheitsempfindung aus einer Reihe von Hörversuchen basiert, verspricht sie eine bessere Annäherung an die Wahrnehmung als z.B. ein Terz- oder $1/12$-Oktavpegel. Darauf aufbauend ergibt sich das in Bild 4.31 dargestellte Blockschaltbild für den Programmablauf.

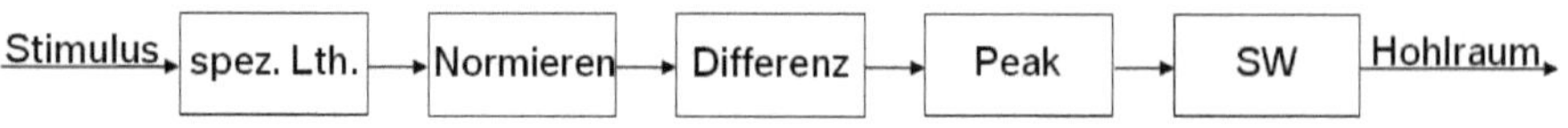

Abbildung 4.31: Blockschaltbild des Algorithmus zur Nachbildung des Ploppfaktors beim Öffnungsgeräusch

Eingangssignal ist wiederum das im Pegel angeglichene Öffnungsgeräusch. Außerdem ist bereits die Zeitinformation über Anfang und Ende bekannt, die der erste Teilschritt verwendet, um dazwischen die spezifische Lautheit nach Moore zu berechnen.

Im darauf folgenden Block ist eine Normierung auf die mittlere, spezifische Lautheit im Frequenzbereich von $f = 100Hz$ bis $f = 4kHz$ notwendig, da die A-Bewertung als Basis für die Pegelangleichung nicht genau der empfundenen Lautheit entspricht und somit auch der Kurvenverlauf der spezifischen Lautheit für jedes Geräusch differiert. So sind die Kurven teilweise über den gesamten Frequenzbereich verschoben. Deshalb ist es mit Hilfe der Normierung notwendig, eine mittlere Annäherung und damit verbunden, eine Überlappung zu erzielen. Diese Vorgehensweise ist dadurch zulässig, dass man nur eine Geräuschkategorie, nämlich Türgeräusche, betrachtet, deren gemittelte spezifische Lautheit in diesem mittleren Frequenzbereich sehr wenig variiert, so dass lokale Einbrüche oder Betonungen nicht den gesamten Verlauf verschieben. Durch Differenzbildung eines Geräusches mit der Referenzkurve sind sehr genaue Abstufungen über die Verhältnislautheit verschiedener Geräusche und Frequenzbereiche möglich. Abbildung 4.32(a) zeigt den Verlauf der normierten Lautheit von im *Ploppfaktor* verschieden bewerteten Beispielen.

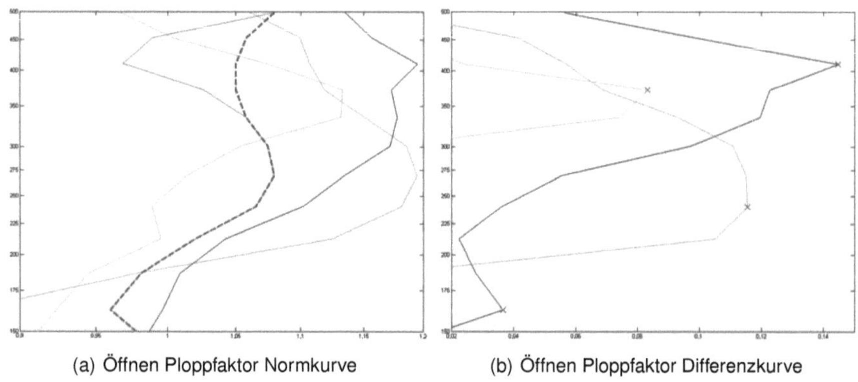

(a) Öffnen Ploppfaktor Normkurve

(b) Öffnen Ploppfaktor Differenzkurve

Abbildung 4.32: Veranschaulichung der Charakteristika des Ploppfaktors beim Öffnungsgeräusch

Durch die Variation der Pegelausprägung dieses Frequenzbereiches verwenden die Probanden das komplette Spektrum von *sehr stark ploppig* bis *überhaupt nicht ploppig*. Daraus und aus dem Vergleich anderer Geräuschbeispiele folgend, wurde eine Referenzkurve festgelegt, welche die minimale Ausprägung, also *überhaupt nicht ploppig*, repräsentiert. Im Bild ist diese gestrichelt dargestellt. Alle anderen Bewertungen basieren jetzt auf einem Vergleich zu dieser Referenzlautheit. Daraus ergeben sich Differenzkurven für die Beispiele aus Grafik 4.32(a), die in Abbildung 4.32(b) zu sehen sind. Die Werte bei $x = 0$ entsprechen dabei der Gleichheit oder einer geringeren Lautheit zu der vorher gestrichelt dargestellten Linie. Der nächste Block sucht in den darin enthaltenen Maxima die lokalen Wendepunkte, um so ein Maß für den Grad der Abweichung zu ermitteln, der dann mit Hilfe des Schwellwert-Arrays aus Tabelle 4.7 der Ausprägung aus den Hörversuchen zugeordnet wird. Eins entspricht dabei *sehr stark ploppig* und sieben *überhaupt nicht ploppig*.

Ausprägung	1	2	3	4	5	6	7
prozentualer Anteil	<0,15	0,15	0,12	0,09	0,08	0,06	0,04

Tabelle 4.7: Schwellwerte zur Nachbildung der Empfindung des Ploppfaktors beim Öffnungsgeräusch

Das Ergebnis liefert mit $r = 0,84$ und $s = 0,35$ eine sehr hohe Übereinstimmung zu den Bewertungen der Probanden. Somit kann dieses Verfahren als für diesen Faktor repräsentativ verwendet werden.

4.7 Faktor Güte

Die Faktorenanalyse extrahierte einen Faktor, der sowohl beim Öffnen als auch beim Schließen den höchsten Varianzanteil besitzt. In ihm sind Adjektive wie schlecht-gut, minderwertig-hochwertig, ausgereift-unausgereift und ausgewogen-unausgewogen zusammengefasst. Diese beschreiben den Gesamteindruck des Geräusches, also dessen emotionale Wirkung. An einem realen Fahrzeug und damit in der tatsächlichen Bedienersituation, in der eine Person ein Türgeräusch wahrnimmt, bestimmen dieses Urteil neben dem akustischen Eindruck meist noch andere Faktoren, wie z.B. Voreinstellung zum Produkt, Optik und Haptik. Diese sind schlecht zu erfassen und noch schwieriger voneinander zu trennen. Da es in dieser Arbeit jedoch darum ging, das Geräusch an sich zu bewerten, wurden die Hörversuche alle unter Laborbedingungen durchgeführt, die diese anderen Sinneseindrücke ausschließen. Somit setzt sich das Gesamturteil nur aus den Geräuschkomponenten an sich zusammen.

Mit Hilfe der Faktorenanalyse war es möglich, die Perzeptionsdimensionen, in denen die Probanden urteilen, zu bestimmen. Darin bilden die Faktoren zum Charakter die im Geräusch enthaltenen Komponenten ab, welche in den vergangenen Kapiteln bereits zugeordnet werden konnten. Die *Güte* beschreibt hingegen die ganzheitliche Wirkung auf die Testpersonen und es ist anzunehmen, dass sich diese Wahrnehmungsdimension dadurch, dass in den Hörversuchen keine anderen Eindrücke in die Bewertung einflossen, aus den übrigen Faktoren, also nur aus dem Geräuschcharakter, zusammensetzt. Dass diese Eigenschaften jedoch nicht linear mit der *Güte* verknüpft sein können, zeigt die Faktorenanalyse. Sie extrahiert die Wahrnehmungsdimensionen in der Form, dass voneinander linear unabhängige Faktoren entstehen, welche somit nicht mit Hilfe einer multiplen linearen Regression zusammenfassbar sind. Vielmehr muss es eine andere Verbindung geben, die mit Hilfe der Conjoint Analyse nach Tukey und Luce [193] ergründet werden kann.

Wendet man dieses Verfahren jetzt auf das Türgeräusch an, so entsprechen die Wahrnehmungsdimensionen aus der Faktorenanalyse wie *Tonhöhe*, *Ploppfaktor* (nur beim Öffnen vorhanden), *Ausschwingen*, *Klickfaktor* und die *Lautheit* den einzelnen Eigenschaften. Die Ausprägungen ergeben sich aus den jeweils sieben Stufen der Bewertungsskala dieser Faktoren, wohingegen die *Güte* den Gesamtnutzen widerspiegelt.

Die Voraussetzungen für die Anwendung der Conjoint Analyse, wie z.B. Relevanz und Unabhängigkeit der Eigenschaften, ergeben sich hier aus der Tatsache, dass als Datenbasis eine Faktorenanalyse zugrunde liegt, die nur relevante und voneinander unabhängige Dimensionen ermittelt und daraus, dass es sich um real existierende Geräusche handelt. Dazu zählen zum Beispiel auch die Forderungen, dass die Eigenschaften realisierbar und beeinflussbar sein sollen.

Die Bewertung der Stimuli erfolgte anhand des semantischen Differentials, so dass die Probanden die Ausprägungen der Eigenschaften auf einer siebenstufigen, Likert ähnlichen Skala beurteilten. Geht man jetzt davon aus, dass die Abstände der sieben Skalenstufen als gleich groß angesehen werden, ergibt sich eine Intervallskalierung und ein metrisches Skalenniveau [179]. Daher ist es möglich, die Teilnutzen mit auf metrischen Daten basierenden Verfahren, wie z.B. der metrischen Varianzanalyse, zu bestimmen [114].

4.7.1 Faktor Güte des Öffnungsgeräusches

Zur Ermittlung der Teilnutzen verwendet man hier das diskrete Modell sowie das Ideal- und das Antiidealpunktmodell. Dabei ist es möglich, jede Eigenschaft mit einem separaten Modell abzubilden. Die Auswahl des Verfahrens erfolgt grob durch die Visualisierung der Ausprägungen der jeweiligen Eigenschaften aus den Hörversuchen im Verhältnis zur Ausprägung des Faktors *Güte*. Aus diesen Grafiken kann man erkennen, dass die Kurvenverläufe aller Wahrnehmungsdimensionen mit Ausnahme der *Lautheit* und der *Tonhöhe* einem Anti-Idealpunktmodell am nächsten liegen. Lediglich beim Faktor *Lautheit* und *Tonhöhe* gibt es ein Ideal. Allerdings ist diese Ermittlung nur ein Anhaltspunkt, da man den Verlauf jeweils über alle anderen Eigenschaften mit betrachtet. Dies ist notwendig, da nicht für jeden Faktor jede Kombination mit den anderen vorliegt. Dementsprechend breit gefächert ist somit auch die Streuung. Als Grundlage für das Modell dienen die Bewertungen zu den Faktoren aus den Hörversuchen. Mit einem Korrelationskoeffizienten von $r = 0,817$ über alle $n = 100$ bewerteten Geräusche, spiegelt diese Conjoint Analyse mit dem Anti-Idealpunktmodell und dem Idealpunktmodell für *Tonhöhe* und *Lautheit* die Bewertungen aus den Hörversuchen sehr gut wider. Auch die Standardabweichung liegt mit $s = 0,764$ auf sehr niedrigem Niveau. Die maximale Abweichung eines errechneten Wertes von einem im Hörversuch bewerteten Geräusch, beträgt drei Ausprägungsstufen. Darüber gibt Tabelle 4.8 einen Überblick.

Abweichung in Schritten	0	1	2	3
Anteil	39%	43%	16%	2%

Tabelle 4.8: Abweichungen der Ausprägungen des Faktors Güte des Öffnungsgeräusches mit dem Anti-Idealmodell

Aus ihr ist zu entnehmen, dass der Hauptteil der Werte, nämlich 43%, eine Ausprägung neben der der Hörversuche liegt. Mit 39% stimmt aber dennoch eine große Anzahl genau überein. Lediglich 2%, das entspricht zwei von einhundert Werten, haben eine größere Abweichung von drei Stufen. Tabelle 4.9 stellt die Teilnutzwerte β jeder Eigenschaft und jeder Ausprägung sowie die Konstante μ dar.

Faktor	Ausprägung	β	Faktor	Ausprägung	β	Faktor	Ausprägung	β
Tonhöhe	1	0,38	Ploppfaktor	1	-0,74	Klickfaktor	1	-0,63
	2	0,74		2	-1,30		2	-1,02
	3	1,08		3	-1,68		3	-1,16
	4	1,40		4	-1,87		4	-1,07
	5	1,70		5	-1,89		5	-0,73
	6	1,98		6	-1,72		6	-0,15
	7	2,25		7	-1,36		7	0,68
Faktor	**Ausprägung**	β	**Faktor**	**Ausprägung**	β			
Ausschwingen	1	0,17	Lautheit	1	2,30	Konstante		-1,64
	2	0,34		2	3,99			
	3	0,53		3	5,08			
	4	0,73		4	5,59			
	5	0,94		5	5,49			
	6	1,17		6	4,80			
	7	1,41		7	3,51			

Tabelle 4.9: Teilnutzwerte der Güte des Öffnungsgeräusches mit dem Anti-Idealmodell

Dabei verlaufen die Faktoren *Tonhöhe* und *Lautheit* nach einem Idealpunktmodell und die Faktoren *Ploppfaktor*, *Klickfaktor*, *Ausschwingen* nach einem Anti-Idealpunktmodell, wobei die Ausprägungen Eins bis Sieben den in Tabelle 4.10 aufgeführten Bezeichner zugeordnet sind.

Ausprägung	Tonhöhe	Ploppfaktor	Klickfaktor	Ausschwingen	Lautheit
1	hell	ploppig	klickend	nachschwingend	laut
7	dunkel	nicht ploppig	nicht klickend	nicht nachschwingend	leise

Tabelle 4.10: Gegenüberstellung der numerischen Ausprägungswerte und der verbalen Bezeichner der Ausprägungen der Faktoren des Öffnungsgeräusches

Eine weitere Möglichkeit zur Bestimmung der Teilnutzwerte ist das diskrete Modell. Darin erhalten alle Teilnutzwerte und deren Ausprägungen einen individuellen, voneinander unabhängigen Nutzen. Damit gelingt es, jeden Kurvenverlauf zu approximieren und so größtmögliche Anpassung an die zu Grunde liegenden Bewertungen zu erhalten. Tabelle 4.11 stellt diese für jede Ausprägung ermittelten diskreten Teilnutzwerte dar.

Faktor	Ausprägung	β	Faktor	Ausprägung	β	Faktor	Ausprägung	β
Tonhöhe	1	-1,44	Ploppfaktor	1	-1,13	Klickfaktor	1	-0,80
	2	-0,70		2	-0,95		2	-0,57
	3	-0,01		3	-1,20		3	-0,67
	4	0,09		4	-1,32		4	-0,29
	5	0,06		5	0,22		5	0,11
	6	0,27		6	1,03		6	0,75
	7	1,34		7	-0,01		7	0,94
Faktor	**Ausprägung**	β	**Faktor**	**Ausprägung**	β			
Ausschwingen	1	-0,54	Lautheit	1	-1,91	Konstante		2,63
	2	-0,61		2	-0,82			
	3	-0,28		3	0,50			
	4	-0,48		4	1,65			
	5	0,05		5	0,79			
	6	0,01		6	0,81			
	7	0,60		7	-1,02			

Tabelle 4.11: Gegenüberstellung der Teilnutzwerte der Güte des Öffnungsgeräusches mit dem diskreten Modell

Im Gegensatz zur Berechnung des Gesamtnutzens mit den Anti- und Idealpunktmodellen liegt die maximale Abweichung, wie Tabelle 4.12 zeigt, nur bei zwei Stufen. Vergleicht man außerdem die prozentualen Abweichungen, so kann man feststellen, dass 60% der durch den Gesamtnutzen ermittelten Rankings genau mit den Beurteilungen der Probanden übereinstimmen. Lediglich ein Geräusch weist eine Abweichung von zwei Ausprägungen auf.

Abweichung in Schritten	0	1	2
Anteil	60%	39%	1%

Tabelle 4.12: Abweichungen der Ausprägung der Güte des Öffnungsgeräusches mit dem diskreten Modell

Die Standardabweichung ist mit $s = 0,515$ deutlich geringer als die der anderen Herangehensweise und auch der Korrelationskoeffizient nach Pearson mit $r = 0,942$ bescheinigt eine noch bessere Annäherung durch dieses Modell. Auch der Boxplot in Abbildung 4.33 zeigt, dass die Mediane denen der Hörversuche entsprechen. Einzige Ausnahme ist dabei die Ausprägung Sieben, bei der das $P = 50\%$ Perzentil ca. eine halbe Stufe unterhalb der realen Bewertung liegt. Außerdem schwanken die $P = 25\%$ und $P = 75\%$ Perzentile um nicht mehr als eine Ausprägung. Stufe Eins entspricht dabei gut, wohingegen Sieben das Adjektiv schlecht beschreibt.

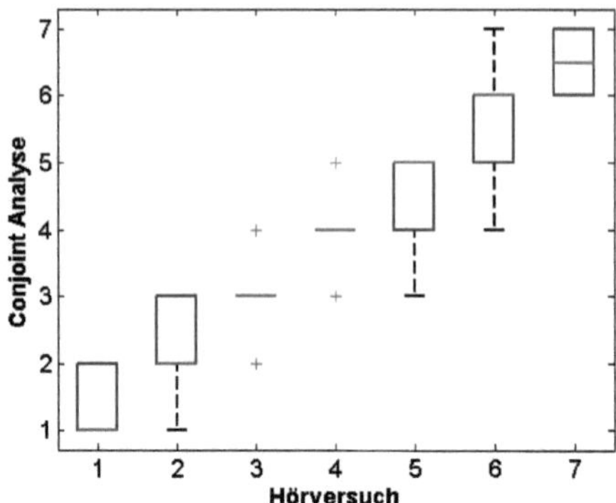

Abbildung 4.33: Vergleich des durch die Conjoint Analyse ermittelten Gesamtnutzens mit der Güte aus den Hörversuchen beim Öffnungsgeräusch

Da die diskrete Bestimmung der Teilnutzwerte die Ergebnisse der Hörversuche deutlich besser nachbildet als die Annäherung mit dem Anti- und dem Idealpunktmodell, wird es für die Berechnung des Faktors *Güte* aus den algorithmisch ermittelten Wahrnehmungsdimensionen verwendet.

Faktor	Tonhöhe	Ploppfaktor	Klickfaktor	Ausschwingen	Lautheit
Relevanz in %	24	20	15	10	31

Tabelle 4.13: Aus der Conjoint Analyse ermittelte prozentuale Anteile der Teilnutzen am Gesamtnutzen beim Öffnungsgeräusch

Mit Hilfe der Conjoint Analyse ist gemäß Gleichung 2.12 auch eine Aussage über die Bedeutung der Faktoren möglich, die in Tabelle 4.13 dargestellt sind. Man kann daraus erkennen, dass der Faktor *Tonhöhe* mit einem Anteil von $w = 24\%$ und insbesondere die *Lautheit* mit $w = 31\%$ entscheidend zum Gesamtnutzen und damit zur *Güte* beitragen. Ferner gehen aber auch die anderen Wahrnehmungsdimensionen mit mindestens $w = 10\%$ in den Gesamtnutzen ein.

4.7.2 Faktor Güte des Schließgeräusches

Auch für die 105 Schließgeräusche wird hier die Conjoint Analyse angewendet. Genau wie beim Öffnen kann man beim Betrachten der Bewertungen der Hörversuche für die einzelnen Faktoren wieder grob den Zusammenhang zur *Güte* ermitteln. Dieser ist aufgrund der Faktorenanalyse nichtlinear und man kann wie beim Öffnen hinter der *Tonhöhe* und der *Lautheit* das Idealpunkt- und hinter den Faktoren *Ausschwingen* und *Klickfaktor* das Anti-Idealpunktmodell vermuten. Dementsprechend ergeben sich die in Tabelle 4.14 aufgezeigten Teilnutzwerte für das Schließen. Darin entsprechen die jeweiligen Bezeichnungen für die Ausprägungen Eins bis Sieben denen, die Tabelle 4.10 für das Öffnen aufführt.

Faktor	Ausprägung	β	Faktor	Ausprägung	β	Faktor	Ausprägung	β	Faktor	Ausprägung	β
Tonhöhe	1	-0,53	Klickfaktor	1	0,21	Ausschwingen	1	0,15	Lautheit	1	1,77
	2	-0,65		2	0,36		2	0,30		2	3,09
	3	-0,37		3	0,46		3	0,44		3	3,95
	4	0,32		4	0,51		4	0,57		4	4,35
	5	1,41		5	0,50		5	0,70		5	4,29
	6	2,90		6	0,44		6	0,81		6	3,78
	7	4,80		7	0,33		7	0,93		7	2,81
Konstante	-2,88										

Tabelle 4.14: Teilnutzwerte der Güte des Schließgeräusches mit dem Anti-Idealmodell

Auch dieses Modell stimmt relativ gut mit der subjektiven Bewertung der $n = 105$ für die Conjoint Analyse verwendeten Stimuli überein. So zeigt der Korrelationskoeffizient nach Pearson mit $r = 0,771$ genau so wie die Standardabweichung mit $s = 0,77$ einen hohen Zusammenhang an.

Abweichung in Schritten	0	1	2	3
Anteil	42%	47%	17%	2%

Tabelle 4.15: Abweichungen der Ausprägungen des Faktors Güte des Schließgeräusches mit dem Anti-Idealmodell

Allerdings gibt es auch hier zwei Geräusche, deren Objektivbewertung von der Subjektivbewertung um mehr als drei Stufen abweicht, wobei sich die Mehrheit mit 47% um eine Stufe unterscheidet. Bei immerhin 42% prognostiziert das Verfahren dieselben Güteausprägungen wie die Hörversuche. Eine genaue Übersicht gibt Tabelle 4.15.

Wie beim Öffnen verwendet man auch beim Schließen für alle Eigenschaften das diskrete Modell. Daraus ergibt sich die in Tabelle 4.16 dargestellte Konstante und die Teilnutzwerte.

Faktor	Ausprägung	β	Faktor	Ausprägung	β	Faktor	Ausprägung	β	Faktor	Ausprägung	β
Tonhöhe	1	-2,07	Klickfaktor	1	-0,40	Ausschwingen	1	-0,98	Lautheit	1	-0,78
	2	-1,23		2	-0,52		2	-0,06		2	-1,02
	3	-0,74		3	-0,19		3	0,15		3	0,60
	4	-0,69		4	0,01		4	0,01		4	1,20
	5	-0,39		5	-0,07		5	-0,15		5	1,02
	6	2,20		6	0,16		6	-0,07		6	0,65
	7	2,94		7	0,64		7	0,56		7	-0,29
Konstante	2,22										

Tabelle 4.16: Gegenüberstellung der Teilnutzwerte der Güte des Schließgeräusches mit dem diskreten Modell

Auch hier ist der Zusammenhang deutlich größer als mit dem Ideal- und dem Anti-Idealpunktmodell. Der höhere Korrelationskoeffizient nach Pearson belegt dies mit $r = 0,922$ genau so, wie die deutlich geringere Standardabweichung von $s = 0,502$. Ebenso liegen die Gesamtbeurteilungen der Hörversuche und der Conjoint Analyse wesentlich näher beieinander, wie man Tabelle 4.17 entnehmen kann. Dabei stimmen 53% aller durch das Verfahren bewerteten Stimuli mit denen der Hörversuche überein. Außerdem weichen die Gütewerte maximal um plus/minus eine Stufe voneinander ab.

Abweichung in Schritten	0	1
Anteil	53%	47%

Tabelle 4.17: Abweichungen der Ausprägung der Güte des Schließgeräusches mit dem diskreten Modell

Aus Abbildung 4.34 kann man entnehmen, dass die Mediane genau die im Hörversuch ermittelte Ausprägung widerspiegeln. Auch die $P = 25\%$ und $P = 74\%$ Perzentile liegen innerhalb einer Bewertungsstufe.

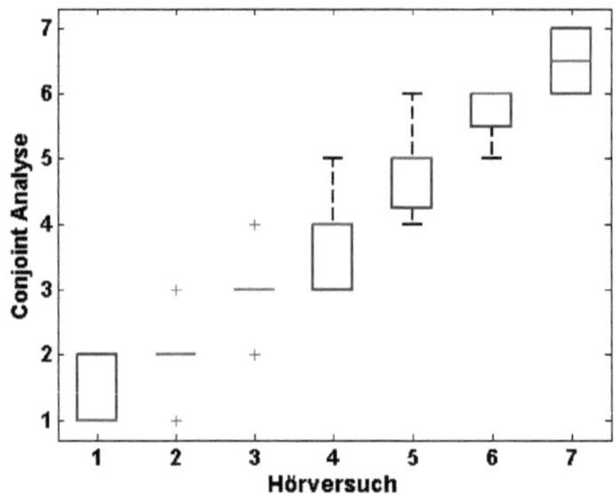

Abbildung 4.34: Vergleich des durch die Conjoint Analyse ermittelten Gesamtnutzens mit der Güte aus den Hörversuchen beim Schließgeräusch

Somit bildet dieses Verfahren die menschliche Empfindung am besten nach und kann deshalb im Folgenden für die algorithmische Ermittlung des Faktors *Güte* beim Schließen verwendet werden.

Auch beim Schließen lässt sich die Bedeutung der jeweiligen Faktoren wieder ermitteln. Anders als beim Öffnen dominiert hier der Faktor *Tonhöhe* mit $w = 51\%$ deutlich vor der *Lautheit* mit $w = 22\%$. *Klickfaktor* und *Ausschwingen* tragen jedoch mit mindestens $w = 12\%$ ebenfalls erheblich zum Gesamtnutzen bei.

Faktor	Tonhöhe	Klickfaktor	Ausschwingen	Lautheit
Relevanz in %	51	12	15	22

Tabelle 4.18: Aus der Conjoint Analyse ermittelte prozentuale Anteile der Teilnutzen am Gesamtnutzen beim Schließgeräusch

4.8 Validierung

Ein gutes Mittel, die Ergebnisse einer Conjoint Analyse zu validieren, besteht nach Krishnamurthi, Montgomery und Wright [117, 135, 209] darin, externe Faktoren heranzuziehen. Auch hier bietet sich diese Vorgehensweise an. So werden die Ergebnisse der einzelnen Algorithmen zur Wahrnehmung anhand neuer Hörversuche mit jeweils 42 völlig neuen Geräuschbeispielen und 20 Probanden wiederholt. Die Probanden hörten unbearbeitete Öffnungs- und Schließgeräusche, d.h. ohne zusätzliche Filter oder Impulse. Lediglich störende Komponenten, die nicht zum eigentlichen Türgeräusch gehören, wie z.B. Kurzhub oder Türbremse, wurden vorher entfernt. Die Versuchsdurchführung und die Geräuschaufnahme erfolgte dabei analog zu derjenigen der vorherigen Hörversuche. Auch hier nimmt man wieder vom Kunstkopf aufgezeichnete Öffnungs- und Schließgeräusche, von denen jeweils nur der Kanal auf beiden Ohren ausgegeben wird, welcher der Tür zugewandt ist.

Der Fragebogen enthält mit dem reduzierten Merkmalssatz diesmal jedoch nur die Adjektivpaare, die für die Bewertungsalgorithmen relevant sind. Außerdem hatten die Probanden vor dem eigentlichen Hörversuch wieder die Möglichkeit, sich Geräusche anzuhören, die in den vorherigen Versuchen die jeweils extremen Ausprägungen der Adjektive erhielten. Qualitativ liegen die Bewertungen der Probanden wieder relativ nahe beieinander, differieren um ein bis zwei Notenwerte und sind nach Aussage des t-Testes signifikant. Sie bieten somit eine gute Grundlage zur Überprüfung der in dieser Arbeit erstellten Algorithmen.

4.8.1 Validierung des Öffnungsgeräusches

Als Gütemaß für den Zusammenhang zwischen den Hörversuchen und den rechnerischen Verfahren dient wieder die Korrelation nach Pearson r. Sie prüft den linearen Zusammenhang. Zur Kontrolle der Streuung verwendet man auch hier wieder die Standardabweichung und die prozentualen Häufigkeiten. Diese Parameter sind für alle Faktoren in den Tabellen 4.19 und 4.20 aufgeführt. Repräsentativ für die Wahrnehmungsdimensionen stehen wieder die Adjektivpaare *schlecht-gut*, *hell-dunkel*, *ploppig-nicht ploppig* (nur beim Öffnen), *klickend-nicht klickend*, *nachschwingend-nicht nachschwingend* und *laut-leise*.

Gültigkeitsmaß	Güte	Tonhöhe	Ploppfaktor	Klickfaktor	Ausschwingen	Lautheit
Korrelation nach Pearson r	0,880	0,882	0,814	0,910	0,961	0,817
Standardabweichung s	0,671	0,664	0,693	0,613	0,632	0,633

Tabelle 4.19: Aufstellung der Abweichungen der vorhergesagten Ausprägung durch den Algorithmus zu den real abgegebenen Bewertungen aus den Hörversuchen zur Validierung der Algorithmen des Öffnungsgeräusches

Die Korrelation nach Pearson bescheinigt den Ergebnissen aller Verfahren mit $r > 0,8$ eine sehr hohe Ähnlichkeit zu den Mittelwerten der Hörversuche. Ebenso liegt die Standardabweichung s für alle Beispiele unter $s < 0,7$, was eine sehr geringe Streuung bescheinigt.

Abweichung in Stufen	Güte	Tonhöhe	Ploppfaktor	Klickfaktor	Ausschwingen	Lautheit
-1	22	27	12	10	20	36
0	56	56	42	59	61	54
1	22	17	46	31	19	10

Tabelle 4.20: Streuung der vorhergesagten Ausprägung durch den Algorithmus zu den real abgegebenen Bewertungen aus den Hörversuchen zur Validierung der Algorithmen des Öffnungsgeräusches

Auch ein Blick auf die Abweichungen in Tabelle 4.20 zeigt, dass alle Werte maximal um eine Ausprägungsstufe schwanken, wobei für fast alle Faktoren die größte Häufigkeit genau bei der Stufe liegt, die auch aus den Hörversuchen hervorgeht. Ebenso schwanken die intervіduellen, subjektiven Bewertungen um ein bis zwei Stufen, so dass der Algorithmus die menschliche Empfindung sehr gut nachbildet.

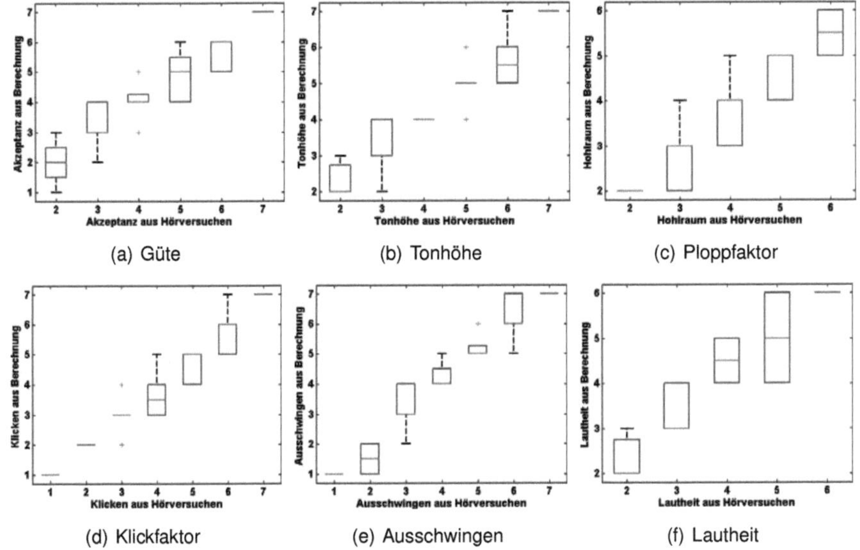

(a) Güte (b) Tonhöhe (c) Ploppfaktor

(d) Klickfaktor (e) Ausschwingen (f) Lautheit

Abbildung 4.35: Boxplot zu den Abweichungen der vorhergesagten Ausprägung durch den Algorithmus zu den real abgegebenen Bewertungen aus den Hörversuchen zur Validierung der Algorithmen des Öffnungsgeräusches

Die genaue Verteilung der Abweichungen zeigen die Boxplots in Grafik 4.8.1, in denen man wiederum eine hohe Übereinstimmung von subjektiven Urteilen und objektiver Nachbildung erkennen kann. Der Interquartilabstand überschreitet bei keinem der Faktoren die Spanne zwischen plus/minus einer Ausprägung, d.h., dass 50% aller Werte max. eine Abstufung um die genaue Ausprägung gruppiert sind. Dabei ist ganz besonders hervorzuheben, dass die Mediane stets genau an der in den Hörversuchen gemessenen Ausprägung liegen. Alles in allem zeigen die Gütemaße, dass die berechneten Werte aus den Nachbildungen beim Öffnen sehr genau mit den Mittelwerten aus den Hörversuchen übereinstimmen.

4.8.2 Validierung des Schließgeräusches

Auch beim Türzuschlag kann man sehr hohe Übereinstimmungen zwischen den Mittelwerten der subjektiven Urteile und den prognostizierten Ausprägungen der numerischen Verfahren feststellen.

Gültigkeitsmaß	Güte	Tonhöhe	Klickfaktor	Ausschwingen	Lautheit
Korrelation nach Pearson r	0,890	0,848	0,908	0,822	0,885
Standardabweichung s	0,790	0,906	0,740	0,770	0,627

Tabelle 4.21: Aufstellung der Abweichungen der vorhergesagten Ausprägung durch den Algorithmus zu den real abgegebenen Bewertungen aus den Hörversuchen zur Validierung der Algorithmen des Schließgeräusches

Tabelle 4.21 zeigt auf, dass auch hier alle Korrelationskoeffizienten sehr hoch sind. Ebenso liegt die Standardabweichung stets unter einer Ausprägung.

Abweichung in Stufen	Güte	Tonhöhe	Klickfaktor	Ausschwingen	Lautheit
-1	19	36	38	38	47
0	41	19	43	53	46
1	38	45	19	9	7
2	2	0	0	0	0

Tabelle 4.22: Streuung der Abweichungen der vorhergesagten Ausprägung durch den Algorithmus zu den real abgegebenen Bewertungen aus den Hörversuchen zur Validierung der Algorithmen des Schließgeräusches

Vergleicht man die Abweichungen mit denen des Öffnens, so kann man feststellen, dass deren Bandbreite beim Faktor *Güte* etwas größer ist. So gibt es ein Geräusch, das um zwei Ausprägungen vom Mittelwert der *Güte* aus den Hörversuchen abweicht. Bei der *Tonhöhe* liegen 19% aller Beurteilungen genau auf dem Mittelwert der subjektiven Urteile. Ein relativ großer Teil weicht um eine Ausprägung davon ab.

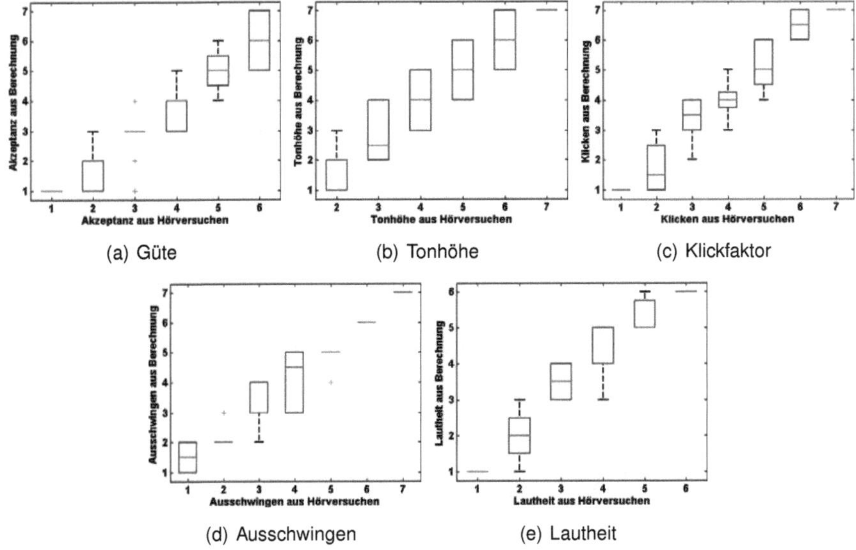

(a) Güte (b) Tonhöhe (c) Klickfaktor

(d) Ausschwingen (e) Lautheit

Abbildung 4.36: Boxplot der Abweichungen der vorhergesagten Ausprägung durch den Algorithmus zu den real abgegebenen Bewertungen aus den Hörversuchen zur Validierung der Algorithmen des Schließgeräusches

Diese Tatsache kann man auch im Boxplot in Grafik 4.8.2 sehen. Der vergleichsweise größere Interquartilabstand erstreckt sich jedoch gleichmäßig über nahezu alle Wahrnehmungsdimensionen und beträgt plus/minus eine Ausprägung. Es gibt also keine Präferenzrichtung des Berechnungsverfahrens. Betrachtet man die Mediane, kann man erkennen, dass diese jeweils bei gleichen Stufen von Hörversuchen und numerischen Verfahren liegen.

Zusammenfassend ist festzustellen, dass die Nachbildungen der subjektiven Faktoren auch für vorher nicht in die Conjoint Analyse mit einbezogene Geräusche sehr gut funktioniert. Die Abweichungen von plus/minus einer Stufe liegen dabei im Bereich der Messunsicherheit der Hörversuche.

4.9 Optimales Türgeräusch

Ein weiteres Ziel dieser Arbeit ist es, eine Zieldefinition für ein Türgeräusch vorzunehmen. Dies ist insbesondere notwendig, da es bislang noch keine fundierten Untersuchungen dazu gibt, was als schlechtes oder als gutes Türgeräusch zu verstehen ist.

Dazu dienen Hörversuche. Der Faktor *Güte* ist ein Indikator für den Gesamteindruck des Geräusches und beschreibt mit den Adjektivpaaren *gut-schlecht* sowie *minderwertig-hochwertig* dessen Gefälligkeit. Betrachtet man jetzt Geräusche, die die Probanden als besonders hochwertig oder gut beurteilten, in ihrer Zeit-Frequenz-Ebene, z.B. mit Hilfe der CQT, kann man auf die qualitative Frequenz- und Zeitzusammensetzung eines optimalen Geräusches schließen.

So scheinen als optimal bewertete Geräusche im Verhältnis zur Ausprägung im restlichen Frequenzbereich eine relativ geringe Pegelausprägung in den Frequenzen oberhalb von $f > 5kHz$ aufzuweisen. Außerdem beinhalten sie keine sehr stark ausgeprägte zeitliche Struktur, sondern bestehen lediglich aus nicht voneinander trennbaren Impulsen. Somit sollten vor oder nach dem eigentlichen Türgeräusch befindliche Störimpulse, z.B. durch den Griff oder nochmaliges Anschlagen der Drehfalle entstandene akustische Ereignisse, möglichst gar nicht vorhanden sein. Als optimal beurteilte Geräusche haben bei Frequenzen zwischen $150Hz < f < 5kHz$ eine relativ homogene Pegelverteilung, wohingegen zwischen $50 < f < 150Hz$ durchaus eine geringe Anhebung vorhanden sein kann, die in einer relativ dunklen Hörempfindung resultiert.

Möchte man jedoch genauere, quantitative Aussagen zum optimalen Türgeräusch haben, so kann man sich die Teilnutzwerte der Conjoint Analyse anschauen. Diese zeigen die Abhängigkeit der Gesamtbeurteilung des Faktors *Güte* von der Ausprägung jedes einzelnen Faktors.

4.9.1 Optimales Öffnungsgeräusch

Für das Öffnen ergeben sich die in Grafik 4.37 dargestellten Zusammenhänge zwischen Teilnutzen und Gesamtnutzen.

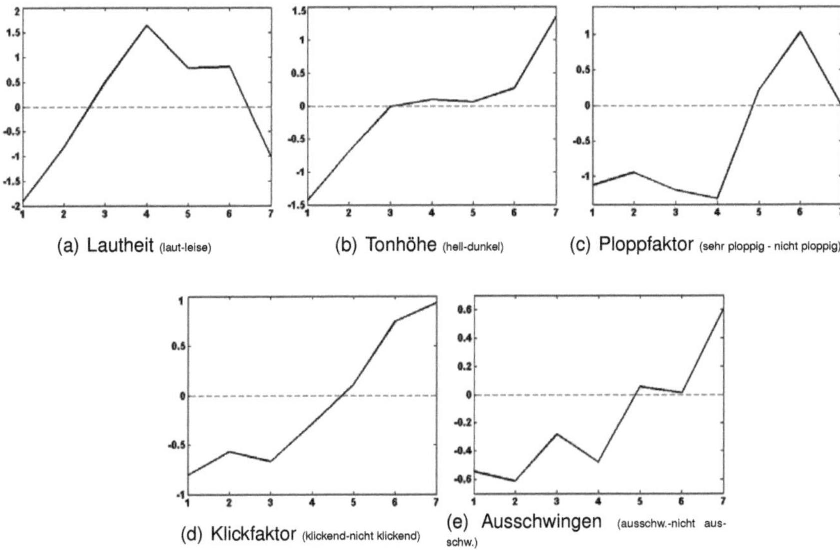

(a) Lautheit (laut-leise) (b) Tonhöhe (hell-dunkel) (c) Ploppfaktor (sehr ploppig - nicht ploppig)

(d) Klickfaktor (klickend-nicht klickend) (e) Ausschwingen (ausschw.-nicht ausschw.)

Abbildung 4.37: Abhängigkeit der Ausprägung der Güte von den Teilnutzwerten der einzelnen Wahrnehmungsdimensionen beim Öffnungsgeräusch

Auf der X-Achse sind dabei die Ausprägungen der einzelnen Faktoren und auf der Y-Achse die zugehörigen Teilnutzen aufgetragen. Prinzipiell kann man darin positive von negativen Beiträgen anhand der gestrichelt eingezeichneten Trennlinie erkennen. Alle Ausprägungen, die unterhalb dieser Geraden liegen, führen zu einer Verschlechterung der *Güte*. Positive Werte hingegen heben das Güteniveau. Zu allen Faktoren lässt sich eine klar abgegrenzte optimale Ausprägung finden. Für den Faktor *Tonhöhe* liegt diese bei Stufe Sieben, also *sehr dunkel*. Allerdings haben bereits alle Ausprägungen oberhalb von Drei einen positiven Teilnutzen. Für den Faktor *Ploppfaktor* findet sich das Optimum bei Stufe Sechs. D.h., eine geringe Ploppigkeit sollte das optimale Türgeräusch aufweisen, wohingegen zu viel, also eine Bewertung unterhalb von Vier, den Gesamtnutzen sofort negativ beeinflusst. Klicken darf überhaupt nicht vorhanden sein und ist deshalb nur in Ausprägung Sieben optimal. Werte unterhalb von Fünf führen bereits zu einer schlechteren Gesamtbeurteilung. Auch *ausschwingend* darf ein sehr gutes Geräusch nicht sein. Das Optimum ist wieder bei Stufe Sieben zu finden. Für die *Lautheit* ergibt sich entsprechend der Skala der höchste Teilnutzen bei Stufe Vier. D.h., alle Geräusche die leiser oder lauter sind, resultieren in einer schlechteren *Güte*. Lediglich der Bereich oberhalb von Sechs und unterhalb der Ausprägung Drei bringt einen negativen Teilnutzen. Alle anderen Werte tragen positiv zum Geräuscheindruck bei.

Übersetzt man diese theoretischen Abstufungen jetzt in die zugrunde liegenden Modelle, kann man eine quantitative Aussage zum optimalen Geräusch treffen. So muss die über den Öffnungsimpuls gemittelte Lautheit nach Moore zwischen $15sone < N < 18sone$ liegen, auch wenn alle Türgeräusche, die eine Lautheit von $22sone < L < 11sone$ aufweisen, einen positiven Teilnutzen liefern. Das prozentuale Verhältnis hoher $(5800kHz < f < 13500kHz)$ zu tiefer Frequenzen $(50Hz < f < 250Hz)$ sollte unterhalb von 21% bleiben. D.h., dass tieffrequente Anteile stark über hochfrequente dominieren müssen. Außerdem darf es im Frequenzband von $500Hz < f < 3300Hz$ keine, den Helligkeitseindruck fördernden, tonalen Überhöhungen im Hauptgeräusch geben. Auch *nachschwingend* sollte ein optimales Geräusch nicht sein. Insbesondere müssen tonale Anteile nach dem Hauptgeräusch vermieden werden. Die Gesamtdauer sollte kürzer als $t = 160ms$ sein (das Ende eines Türöffnungsgeräusches ist erreicht, wenn der Schalldruck dauerhaft unter $L_{norm} = 29\%$ des Maximalschalldrucks fällt). Ebenfalls darf es nur einen Impuls beinhalten, da jegliche, vom Gehör einzeln trennbare, Ereignisse zu einem geringeren Teilnutzen des Faktors *Ausschwingen* führen. Der Bereich zwischen $150Hz < f < 500Hz$ sollte ebenfalls nicht zu stark betont, jedoch auch nicht zu wenig ausgeprägt sein. So beträgt die optimale Abweichung der normierten spezifischen Lautheit zur Referenzkurve zwischen $\Delta L_{norm} = 0,08$ und $\Delta L_{norm} = 0,06$. Damit auch der *Klickfaktor* den größten Beitrag zum Gesamtnutzen leistet, darf ebenfalls nur der Hauptimpuls hörbar sein, jedoch keine weiteren Störer. Ebenso hat auch der schmalbandige, tonale Klick seine umgebenden Bänder nicht um mehr als $L > 11dB$ zu überragen. Damit auch kein hochfrequenter jedoch breitbandiger Anteil einen geringeren Teilnutzen dieses Faktors bewirkt, sollte der Pegel des Bandes von $5kHz < f < 10kHz$ nicht mehr als $L_5 < 42dB(A)$ und der des Frequenzbereiches $2kHz < f < 5kHz$ nicht mehr als $L_4 < 54dB(A)$ betragen.

Ein Blick auf die Bedeutung der Teilnutzwerte aus der Conjoint Analyse verdeutlicht insbesondere die Gewichtung, mit der die einzelnen Faktoren zum Gesamtnutzen beitragen. Dabei fällt auf, dass insbesondere die *Lautheit* mit $w = 31\%$ einen entscheidenden Anteil hat. Auch der *Tonhöhe* muss man mit ihrem Einfluss von $w = 24\%$ besondere Aufmerksamkeit schenken. Eine Abweichung von der idealen Ausprägung dieser beiden Faktoren hat demzufolge besonders negative Folgen für die *Güte*.

4.9.2 Optimales Schließgeräusch

Für den Türzuschlag sieht das optimale Geräusch, wie in Grafik 4.38 zu sehen, sehr ähnlich aus. Auch hier ist die optimale *Lautheit* bei Ausprägung Vier zu finden, wobei auch Drei bis Sechs noch einen positiven Teilnutzen besitzen. Somit gelten zu laute und zu leise

Schließgeräusche nicht als optimal. Die *Tonhöhe* hat wieder ihr Maximum bei Stufe Sieben, also bei *sehr dunkel*, genau wie der *Klickfaktor* mit Ausprägung Sieben *überhaupt nicht klickend* sein sollte. *Ausschwingen* besitzt mit Abstufung Sieben ebenso das Maximum bei *überhaupt nicht nachschwingend*.

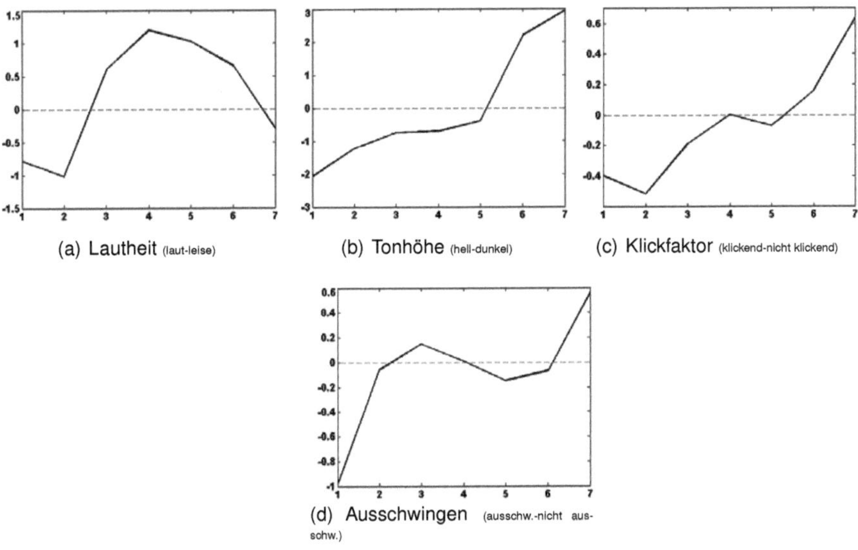

(a) Lautheit (laut-leise) (b) Tonhöhe (hell-dunkel) (c) Klickfaktor (klickend-nicht klickend)

(d) Ausschwingen (ausschw.-nicht ausschw.)

Abbildung 4.38: Abhängigkeit der Ausprägung der Güte von den Teilnutzwerten der einzelnen Wahrnehmungsdimensionen beim Schließgeräusch

Für den Faktor *Lautheit* gilt somit ein Geräusch als ideal, dass eine Schärfe nach Aures zwischen $8,2acum < S < 8,4acum$ besitzt, auch wenn $7,7acum < S < 8,5acum$ noch positiv zum Gesamtnutzen beiträgt. Die *Tonhöhe* ergibt sich wieder aus der normierten spezifischen Lautheit und dem Quotienten des hohen ($7kHz < f < 15kHz$) und des tiefen Bandes ($50Hz < f < 840Hz$). Das Optimum in Bezug auf die *Güte* bildet dabei ein Verhältnis von weniger als $V < 24\%$. D.h., dass der hochfrequente Anteil maximal $0,245$ mal so groß sein darf wie der gemittelte tieffrequente. Positiven Teilnutzen liefert aber auch ein Verhältnis, das kleiner als $V < 28\%$ ist.

Klicken darf das optimale Schließgeräusch nicht. Somit sollte es im oberen Frequenzband von $8kHz < f < 15kHz$ nach Möglichkeit keine stark ausgeprägten Pegelspitzen haben. Die maximale Teillautheit beträgt $N'_{max} < 23\%$ der gemittelten spezifischen Lautheit. Das schließt tonales Klicken aus. Ebenso dürfen keine Nebenimpulse mit starkem hochfrequenten Anteil vorhanden sein. Diese müssen im Frequenzband von $8kHz < f < 15kHz$ einen Pegel von $L < 40\%$ im Vergleich zum Hauptimpuls haben und dürfen nicht länger als $t < 0,018s$ nach diesem folgen. Somit ist gewährleistet, dass es keine wahrnehmbaren impulshaften Klicken durch zusätzliche Impulse gibt.

Beim Faktor *Ausschwingen* unterscheiden die Probanden zwischen Scheibenklappern, tieffrequenten und höherfrequenten tonalen Nachschwingen. All diese Phänomene stören die Testpersonen und dürfen deshalb nicht vorkommen. Sichergestellt wird dies, indem die Zeitdauer des Bandes von $30Hz < f < 200Hz$ (tieffrequenter Anteil) $200Hz < f < 750Hz$ (Bereich des Scheibenklapperns) nicht länger als $t < 0,2s$ sein sollte. Für das tonale Nachschwingen gilt ein Schwellwert von $\Delta L = 17dB$, um den der Maximalwert den umgebenden mittleren Pegel des jeweiligen Bandes überschreiten darf. Nicht mehr optimal, aber dennoch mit positivem Teilnutzen, ist Ausprägung Sechs mit einer Zeitdauer von $t < 0,3s$ für die beiden besagten Frequenzbänder.

Der relevanteste Faktor beim Schließen ist die *Tonhöhe*. Mit $w = 51\%$ wirken sich nicht dem Ideal entsprechende Teilnutzwerte bei ihr besonders negativ auf den Gesamtnutzen aus. Ebenso verhält es sich bei der *Lautheit*, die mit $w < 22\%$ genau wie beim Öffnen eine hohe Bedeutung besitzt.

4.10 Ergebnisdiskussion zur objektiven Nachbildung

In dieser Arbeit werden Türgeräusche aus physikalischer und psychoakustischer Sicht umfassend betrachtet. Sie soll die Basis für das zukünftige Geräuschdesign darstellen und den Entwickler bei der Analyse und der Zieldefinition von Öffnungs- und Schließgeräuschen unterstützen.

Zunächst wurde nach einem geeigneten Verfahren gesucht, welches die Charakteristika von Türgeräuschen im Zeit-Frequenz-Bereich möglichst gut visualisiert. Dazu eignet sich die Constant-Q-Transform als Verfahren mit einem festen Verhältnis aus Bandbreite und Mittenfrequenz von allen fünf untersuchten Algorithmen am besten. Mit ihr gelingt es, sowohl die einzelnen Impulse im oberen Frequenzbereich als auch schmalbandige tonale Pegelspitzen in Bereichen unterhalb $f < 1kHz$ aufzulösen.

Des Weiteren analysiert diese Arbeit die für das Türgeräusch relevanten akustischen Wahrnehmungsdimensionen durch psychometrische Messungen mit dem Semantischen Differential. Dabei ermittelte die auf Basis der subjektiven Urteile aus den Hörversuchen durchgeführte Faktorenanalyse für das Öffnen fünf und für das Schließen vier charakterbeschreibende, latente Variablen sowie einen übergeordneten Faktor, die *Güte*. Es stellt sich also heraus, dass die Probanden unter all den hier dargebotenen Adjektivpaarungen in den Dimensionen *Güte*, *Tonhöhe*, *Ploppfaktor* (nur beim Öffnen), *Klickfaktor*, *Ausschwingen* und *Lautheit* urteilen, womit mindestens $s^2 = 73\%$ der Gesamtvarianz abgedeckt ist.

Die so erhaltenen Wahrnehmungsdimensionen werden im Anschluss auf ihre Charakteristika im Zeit-Frequenz-Bereich untersucht und algorithmisch in Matlab nachgebildet. Dazu dient jeweils ein markantes, mit dem jeweiligen Faktor hoch korrelierendes Adjektivpaar, welches die Datenbasis für die subjektiven Bewertungen liefert. So ermittelt das Verfahren anhand des Quotienten der spezifischen Lautheit hoher und niedriger Frequenzen die *Tonhöhe*, findet tonale Überhöhungen nach dem Hauptgeräusch durch Autokorrelation, detektiert bandselektiv Impulse sowie schmalbandige Pegelmaxima im Hauptschlag und berechnet die Lautheit und die Schärfe von Türgeräuschen. Aus den daraus gewonnen Werten trifft es eine sichere Aussage zur Ausgeprägtheit der jeweiligen Faktoren. Die Validierung erfolgt im Anschluss anhand der subjektiven Bewertungen aus den Hörversuchen. In allen Fällen ist die Übereinstimmung der Prognose durch die Algorithmen auch mit den Mittelwerten der Beurteilungen als sehr hoch einzuschätzen.

Der Faktor *Güte* beschreibt gewissermaßen den Gesamteindruck des Türgeräusches und ergibt sich aus dem gewichteten Anteil der anderen charakterbeschreibenden Dimensionen. Unter Anwendung der Conjoint-Analyse werden die diskreten Teilnutzwerte der Wahrnehmungsdimensionen bestimmt und so die gewichteten Ausprägungen zum Gesamtnutzen addiert.

Daraus lässt sich auch eine Aussage zum optimalen Türgeräusch ableiten, da sich die diskreten Teilnutzen direkt auf die *Güte* auswirken. So erhalten Türgeräusche mit einer mittleren *Lautheit*, sehr dunkler *Tonhöhe*, mit geringem *Ploppfaktor*, ohne Klicken und *Ausschwingen* die höchsten Bewertungen in der *Güte*. Das optimale Türgeräusch ist somit nicht nur verbal, sondern mit Hilfe der algorithmischen Nachbildung auch anhand fester objektiver Messgrößen definiert.

Neben der Validierung durch die für die Erstellung der Berechnungsverfahren mit herangezogenen Geräuschbeispiele verwendet man völlig neue, die zwanzig Probanden in zusätzlichen Hörversuchen bewerteten. Auch hier gibt es wieder eine sehr hohe Übereinstimmung der subjektiven mit den objektivierten Beurteilungen.

Die algorithmischen, objektiven Bewertungsverfahren sind zur besseren Handhabung durch den Sounddesigner in eine komfortable grafische Oberfläche eingebettet, die wiederum als Analyse-AddIn in die bei BMW gebräuchliche Standard-Analyse-Software ArtemiS der Firma Head-Acoustics implementiert ist. Die Ausprägung aller Faktoren ist hier neben der Lautheit, der Schärfe und erkannten tonalen Irregularitäten übersichtlich dargestellt und wird entsprechend ihres Teilnutzwertes farblich hinterlegt.

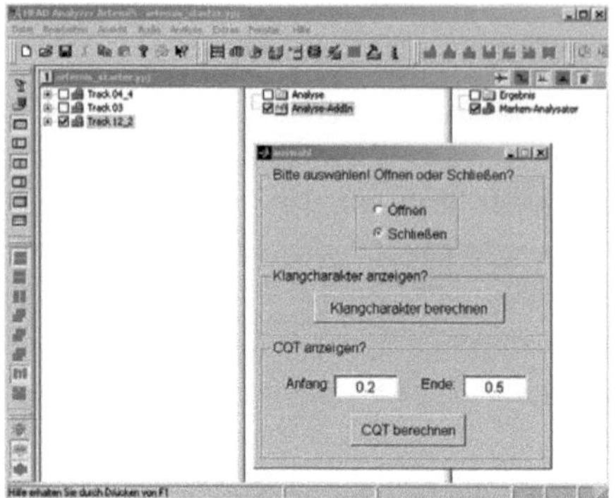

(a) Implementation in Artemis

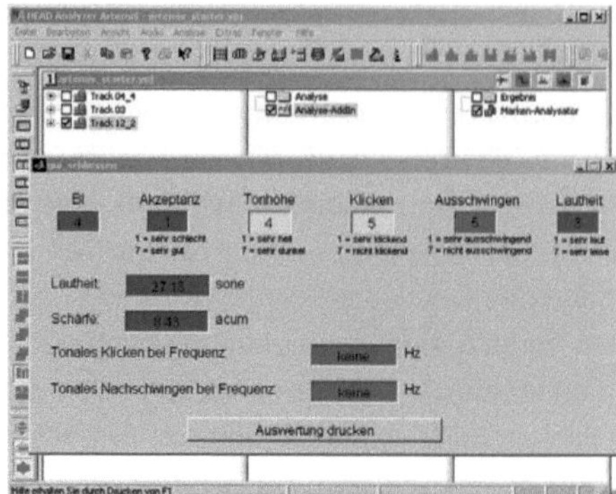

(b) Auswertefenster

Abbildung 4.39: Implementation der Algorithmen zur Nachbildung der Wahrnehmungsdimensionen in eine Matlab Oberfläche

Dadurch kann der Anwender sehr schnell Schwachpunkte im jeweils betrachteten Geräusch ausfindig machen und gezielt nach Lösungen zu deren Verbesserung suchen.

5 Physikalische Ursachen für die Wahrnehmung des Türgeräusches

Mit Hilfe der Faktorenanalyse konnte man den akustischen Perzeptionsraum der Probanden erforschen. Diese ermittelte fünf charakterbeschreibende Faktoren für den Türzuschlag und vier für Öffnungsgeräusche. Die vergangenen Kapitel haben gezeigt, dass man die einzelnen Wahrnehmungsdimensionen in der Zeit-Frequenz-Struktur wiederfinden kann. Sie sind trennscharf und voneinander linear unabhängig. Bregman [36] beschreibt, dass sich einzelne akustische Quellen natürlicher Geräusche auf dem Übertragungsweg überlagern, sich aber anhand ihrer Zeitstruktur und des Frequenzinhaltes vom menschlichen Hörsinn wieder trennen lassen. Deshalb soll im Folgenden untersucht werden, ob es auch bei Türgeräuschen einen Zusammenhang zwischen den ermittelten Wahrnehmungsdimensionen und deren physikalischen Ursachen gibt.

Möchte man die für die Wahrnehmung relevanten Schallkomponenten extrahieren, muss man zunächst einen Blick auf die einzelnen Schallquellen und -pfade am Fahrzeug werfen. Für Öffnungs- und Schließgeräusche kann man diese gemäß Grafik 5.1 einteilen.

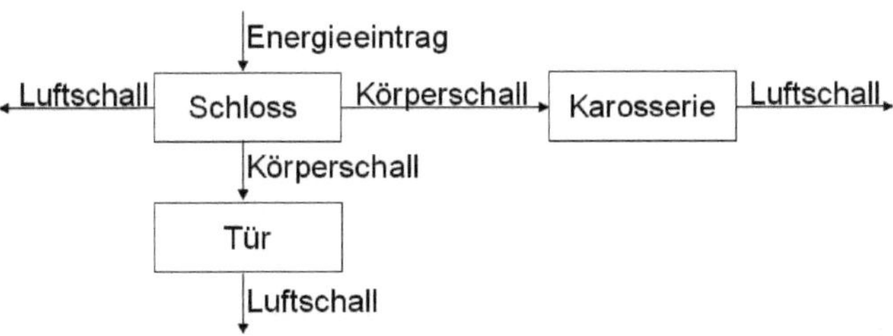

Abbildung 5.1: Schematische Veranschaulichung der Schallentstehung und der Schallpfade eines Türgeräusches

Auslöser des Schallereignisses ist in beiden Fällen ein Energieeintrag. Dessen Betrag ergibt sich beim Schließen durch die Masse der Tür, der Türlänge (und damit des Zuschlagmomentes) sowie der Kraft, mit der der Bediener die Tür ins Schloss wirft. Die Energie, die beim Öffnen abgebaut werden muss, resultiert aus der im System durch das Schließen gespeicherten. Dabei wird die Türdichtung durch die beim Schließen eingeleitete Kraft komprimiert und die Tür in dieser zusammengedrückten Stellung durch den an der Karosserie angebrachten Schließbügel geschlossen gehalten. Beim Öffnen entspannt sich das System wieder.

Der absolut größte Teil des Türgeräusches entsteht im Schloss. Dort schlagen beim Türzuschlag metallische Sperrteile (Sperrklinke und Drehfalle) aufeinander, erzeugen so Körperschall, welchen sie über ihre Achsen und deren Anschraubpunkte an die Schlossplatte weiterleiten. Diese ist wiederum fest mit der Tür verschraubt, so dass es auch hier zu einer Schallweiterleitung in die Tür kommt. Die Drehfalle im Schloss hält die Tür in ihrer Lage, indem sie den an der Karosse angebrachten Schließbügel einklemmt und festhält. Sie hat direkten Kontakt zu ihm und leitet so einen Teil des Körperschalls aus dem Schloss in die Karosserie ein. Durch das harte Aufeinanderschlagen von Sperrklinke und Drehfalle entsteht auch Luftschall, der allerdings durch die Schlossdichtung und das Schlossgehäuse weitgehend gedämmt wird. Die so in Schwingung versetzte Tür und Karosserie bewirkt dann eine Verstärkung und die Abstrahlung des Hauptanteiles des Körperschalls.

5.1 Physikalische Ursachen für den Faktor Lautheit

Die *Lautheit* eines Türgeräusches ist im Wesentlichen vom Energiegehalt des Schallereignisses abhängig.

5.1.1 Physikalische Ursachen für den Faktor Lautheit beim Öffnungsgeräusch

Beim Öffnen, d.h. bei geschlossener Tür, ist Energie in Form von potentieller Energie zunächst gespeichert, indem der an der Karosserie angebrachte Schließbügel fest mit der durch die Sperrklinke arretierten Drehfalle in der Tür verkeilt ist. Dabei drückt das Dichtsystem die Tür nach außen und bildet so die Gegenkraft gegen die Fixierung zwischen Drehfalle und Sperrklinke. Betätigt man jetzt den Türaußengriff, werden die Sperrflächen von Drehfalle und Sperrklinke schlagartig voneinander getrennt. Dabei rutscht die Sperrklinke an der Sperrfläche der Drehfalle entlang, bis sie deren Ende erreicht hat. In einer plötzlichen Entspannung wird sie losgeschleudert, die Tür ist zum Öffnen freigegeben, die Drehfalle beginnt sich zu drehen und gibt den Schließbügel frei. Mit Hilfe der Überlagerung eines High-Speed-Videos mit der Beschleunigung von Körperschallsensoren an Schloss und Schließbügel, Tür und Karosserie sowie dem Schalldruckverlauf von Kunstkopfaufnahmen kann man erkennen, dass dieses schlagartige Ablösen das größte Schallereignis beim

Öffnen verursacht [171].

Die Dichtungsgegenkraft ist eine maßgebliche Kenngröße für die potentielle Energie, die beim Öffnen frei wird. Sie treibt die Drehfalle an und presst sie sozusagen gegen die Sperrklinke. Zieht man diese jetzt heraus, ist es diese Kraft, die die Sperrklinke so schlagartig ablösen lässt und wegschleudert. So beeinflusst sie in großem Maße die *Lautheit* des Öffnens [171].

An einem Fahrzeug wird hier exemplarisch der Dichtungsgegendruck variiert, die Lautheit gemessen und anhand des erstellten Programms objektiv bewertet. Die Ergebnisse sind in Tabelle 5.1 aufgeführt.

Dichtungsgegendruck	**Lautheit N nach Moore**	**Lautheit auf objektiver Skala**
$240N$	$11,2sone$	6 (zu leise)
$470N$	$16,8sone$	4 (genau richtig)

Tabelle 5.1: Ursachenpfad Lautheit - Auswirkungen durch die Variation des Dichtungsgegendruckes

Darin ist zu erkennen, dass es möglich ist, die Lautheit eines evtl. zu lauten Geräusches massiv zu beeinflussen, indem man die eingeleitete Energie reduziert.

Allerdings ist es technisch nicht immer möglich, den Dichtungsgegendruck zu senken. Dagegen sprechen in der Realität unter anderem Fertigungstoleranzen und die im Fahrbetrieb auftretende Windlast. Toleranzen im Rohbau der Karosserie sind dafür verantwortlich, dass sich Tür und Türrahmen an der Karosserie voneinander weg bewegen. Ist die Dichtung dabei auf zu wenig Kompression ausgelegt, was einem zu niedrigen Dichtungsgegendruck entspricht, kann sie diese Spalte nicht schließen und liegt somit nicht vollständig an. Ein weiterer Nachteil eines zu geringen Dichtungsgegendruckes ist das „Aufziehen" bei Windlast infolge eines Unterdruckes an der Türaußenseite (Unterdruck im Bezug auf den Fahrzeuginnendruck) [185]. Durch diesen wird der Türrahmen nach außen gezogen, so dass die Türdichtung den jetzt vergrößerten Spalt sauber abdichten muss. Das kann sie nur, wenn sie vorher genügend komprimiert wurde, so dass die Dichtungseigenkraft zum Schließen des Spaltes ausreicht.

Demzufolge stößt man beim Versuch, die Lautheit mit Hilfe des Dichtungsgegendruckes zu reduzieren, an physikalische Grenzen, so dass es erforderlich ist, die gespeicherte potentielle Energie anderweitig abzubauen. Eine Möglichkeit liegt darin, die Kraft, welche beim Lösen an den Sperrflächen von Sperrklinke und Drehfalle anliegt, zu reduzieren, indem man die Drehfalle entlastet. Dies kann mit einem Hebelmechanismus mit nachgeschaltetem Dämpfer oder einer Feder erfolgen, die eine degressive Feder nachbilden. Diese nimmt beim Lösen der Sperrteile einen hohen Energieanteil von den Sperrflächen weg, hilft aber im weiteren Verlauf dabei, die Drehfalle vollständig aufzudrehen und die Tür komplett zu Öffnen. Das zugehörige BMW-Patent findet man in Patentschrift DE102004048786A1 [180]. Infolge dessen ist die Entspannung beim Voneinanderlösen der Sperrteile nicht mehr so stark und die Lautheit des Öffnungsgeräusches reduziert sich drastisch.

Dichtungsgegendruck	Lautheit N nach Moore	Lautheit auf objektiver Skala
Mechanismus überbrückt	$20,5sone$	3 (etwas zu laut)
Mechanismus wirksam	$8,2sone$	7 (viel zu leise)

Tabelle 5.2: Ursachenpfad Lautheit - Auswirkungen durch die Entlastung der Sperrflächen

Tabelle 5.2 zeigt die Wirksamkeit eines so konstruierten Schlosses. Zunächst ist der Mechanismus abgekoppelt, so dass die Sperrflächen wie im Normalfall stark belastet sind, was ein *etwas zu lautes* (Ausprägung Drei) Öffnungsgeräusch zur Folge hat. Im zweiten Fall sind Drehfalle und Sperrklinke durch den Hebelmechanismus entlastet, was eine sehr starke Reduktion der Lautheit bewirkt. Als Messobjekt diente eine Limousine, die einen für BMW typischen Dichtungsgegendruck aufweist. Durch gezielte Beeinflussung der Haltekraft des Mechanismus ist es somit möglich, die Lautheit separat auch bei starkem bis sehr starkem Dichtungsgegendruck zu reduzieren.

Zusammengenommen kann man die vor dem Öffnen durch die Dichtungsgegenkraft gespeicherte Energie als maßgeblichen Einflussfaktor auf die Lautheit des Türgeräusches werten. Der Klangcharakter, d.h. die Ausprägung der anderen Faktoren, ändert sich bei Variation der Dichtungsgegenkraft meistens nicht wesentlich.

5.1.2 Physikalische Ursachen für den Faktor Lautheit beim Schließgeräusch

Auch beim Schließen ist die Lautheit stark abhängig von der eingeleiteten Energie. Diese wird durch das Zuschlagen der Tür eingebracht. Bestimmende Kriterien sind dabei die Türmasse, die Bedienkraft und deren Angriffsstelle. Messbar ist sie durch Bestimmung der Türschließgeschwindigkeit an einer genormten Position unterhalb des Türgriffes. Die Mindestgeschwindigkeit ist dabei proportional zur Energie, die zum sicheren Schließen der Tür notwendig ist. Sie variiert wiederum bei jedem Fahrzeug und bei jeder Tür in Abhängigkeit der Bremskraft durch die Dichtung oder zusätzliche Dämpfer. Allerdings hilft eine Dichtung mit hoher Dichtungsgegenkraft auch, Energie aus der einfallenden Tür herauszunehmen. Demzufolge gilt es in der Fahrzeugentwicklung, ungeachtet anderer Randbedingungen, ein

Optimum aus Dichtungsgegenkraft und Mindestschließgeschwindigkeit zu finden. In dem hier exemplarisch durchgeführten Versuch wurde auf dieses Verhältnis kein Wert gelegt. Bei konstanter Dichtungsgegenkraft simulierte man einen Bediener, der die Tür mit identischem Schloss einmal sehr schwach und einen, der sie mit sehr hoher Kraft in das Schloss wirft.

Schließgeschwindigkeit V	**Lautheit N nach Moore**	**Schärfe S nach Aures**	**Lautheit auf objektiver Skala**
$0,82\frac{m}{s}$	$18,4sone$	7,4acum	6 (zu leise)
$1,66\frac{m}{s}$	$31sone$	8,8acum	1 (viel zu laut)

Tabelle 5.3: Ursachenpfad Lautheit - Auswirkungen durch die Variation der Schließgeschwindigkeit

Die dabei überstrichene Lautheit kann man Tabelle 5.3 entnehmen. Bei geringer Schließgeschwindigkeit von $V = 0,82\frac{m}{s}$ beurteilen die Probanden und der Algorithmus das Geräusch als *zu leise*. D.h., dass das Fahrzeug zu wenig Rückmeldung liefert, ob die Tür tatsächlich geschlossen ist oder nicht. Im Gegensatz dazu, beträgt die Schärfe nach Aures als Indikator für die *Lautheit* bei einer hohen eingeleiteten Energie $S = 8,8acum$, was als *viel zu laut* beurteilt wird. Der Klangcharakter und damit die Ausprägung der anderen Wahrnehmungsdimensionen bleiben jedoch auch über diese Energiedifferenz konstant.

5.2 Physikalische Ursachen für den Faktor Tonhöhe

Die *Tonhöhe* beschreibt im Wesentlichen den Anteil hoher Frequenzen des Hauptschlages im Verhältnis zu tiefen.

5.2.1 Physikalische Ursachen für den Faktor Tonhöhe beim Öffnungsgeräusch

Infolge der Dichtungsgegenkraft, die beim Öffnen auf die Sperrteile wirkt, steht das ganze System Schloss, Tür und Karosserie unter Spannung, welche beim Lösen schlagartig nachlässt. Dabei können metallische Bleche und steifigkeitserhöhende Verstrebungen zum Schwingen in ihren Eigenmoden angeregt werden. Insbesondere bei den Crashversteifungen der Tür liegen diese Eigenfrequenzen meistens im Bereich relativ hoher Frequenzen, so dass der Helligkeitseindruck steigt, wie es auch in Abbildung 5.2 der Fall ist.

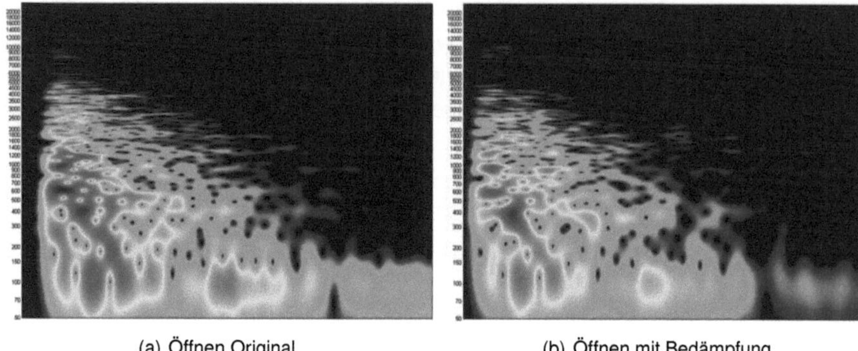

(a) Öffnen Original (b) Öffnen mit Bedämpfung

Abbildung 5.2: Gegenüberstellung der Schallpfade eines als sehr hell und eines als sehr dunkel bewerteten Öffnungsgeräusches; die Zeitachse ist aus methodischen Gründen aufgrund der ungleichen absoluten Zeit ausgeblendet, die dargestellte Zeitspanne stimmt jedoch bei beiden Diagrammen überein

Hierbei handelt es sich in der linken Zeit-Frequenz-Darstellung um zwei, in Folge der Anregung einer Crashstrebe verursachte, tonale Pegelmaxima im Hauptschlag bei ca. $f = 650Hz$ und $f = 950Hz$. Das Bedämpfen dieser Versteifungsstruktur mit Hilfe einer Schaumstoffraupe verhindert das Schwingen in den Eigenmoden und bewirkt somit auch die Abnahme des Pegels bei den besagten Frequenzen. Die Zeit-Frequenz-Darstellung der bedämpften Variante ist der unbedämpften in Bild 5.2 gegenübergestellt. Für die Probanden verringert sich der Helligkeitseindruck stark, was der Algorithmus durch den Abfall der Ausprägung von Stufe Eins (*sehr hell*) auf Sieben (*sehr dunkel*) sofort verdeutlicht.

5.2.2 Physikalische Ursachen für den Faktor Tonhöhe beim Schließgeräusch

Der Abbau der durch die Kraft des Bedieners und die Türträgheit eingebrachten Energie erfolgt hauptsächlich durch das dabei stark komprimierte Dichtsystem. Gleichzeitig fallen die Sperrteile Sperrklinke und Drehfalle ineinander ein und verhaken sich. Dies geschieht allerdings nicht sofort. Vielmehr wird die mit einer Feder vorbelastete Sperrklinke vorher durch die sich durch den eindringenden Schließbügel drehende Drehfalle weggeschleudert und trifft mehrere Male auf diese auf. Sind die Kontaktstellen metallisch, ist das Zusammenprallen sehr hart und es entstehen sehr stark ausgeprägte Körperschall-Impulse, die die Karosserie bis in hohe Frequenzen anregen. Die Schallleitung erfolgt dabei durch die Sperrklinke bzw. Drehfalle, deren Drehachsen, über die Schlossplatte an die Tür und über den Schließbügel an der Karosserie hart und damit für die Übertragung des Körperschalls günstig angebunden sind. Möchte man das verhindern, muss mit Hilfe elastischer Materialien Energie abgebaut und durch akustische Impedanzsprünge die Weiterleitung erschwert werden.

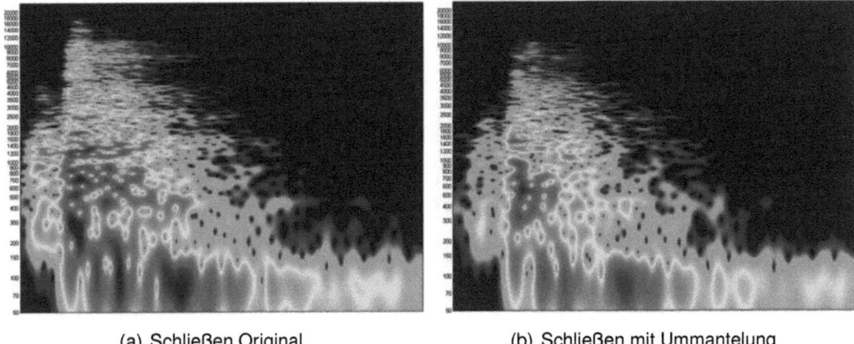

(a) Schließen Original (b) Schließen mit Ummantelung

Abbildung 5.3: Gegenüberstellung der Schallpfade eines als sehr hell und eines als sehr dunkel bewerteten Schließgeräusches; die Zeitachse ist aus methodischen Gründen aufgrund der ungleichen absoluten Zeit ausgeblendet, die dargestellte Zeitspanne stimmt jedoch bei beiden Diagrammen überein

So auch im Beispiel der Grafik 5.3. Hier bewirkt eine Ummantelung der Sperrklinke und der Drehfalle mit einem sehr weichen Kunststoff eine deutliche Reduktion der *Tonhöhe* von Ausprägung Drei (*etwas hell*) auf Stufe Sechs (*dunkel*). Einerseits lässt sich der Kunststoff aufgrund seiner geringen Shorehärte komprimieren und entzieht dem Schlag damit Energie durch Umwandlung in Wärme. Andererseits verursacht er auch einen Impedanzsprung zum darunter liegenden metallischen Träger und dämmt so die Körperschalleinleitung in die Karosserie. Im Bild ist der unterschiedliche Anteil an hohen Frequenzen insbesondere im Frequenzbereich oberhalb von $f > 2,5kHz$ zu erkennen. Die linke Grafik zeigt das Fahrzeug mit seinem ursprünglichen, nicht kunststoffbeschichteten Schloss, während die rechte bei ansonsten gleichen Randbedingungen aufgrund der Ummantelung eine dunklere *Tonhöhe* besitzt.

5.3 Physikalische Ursachen für den Faktor Ausschwingen

Das *Ausschwingen* beschreibt Geräuschanteile, die nach dem eigentlichen Hauptschlag auftreten. Dabei handelt es sich meist um Blechstrukturen, die infolge des Energieeintrages und der Interaktion der Sperrteile zur Schwingung in ihrer Resonanzfrequenz angeregt werden. Mit Hilfe von Dämpfungsmatten und so genannten mehrschichtigen Anti-Dröhnbelägen kann man dieser Schwingung Energie entziehen, so dass das Geräuschereignis nach dem Hauptschlag sehr schnell abklingt.

5.3.1 Physikalische Ursachen für den Faktor Ausschwingen beim Öffnungsgeräusch

Exemplarisch für das Geräuschphänomen des *Ausschwingens* beim Öffnen der Tür steht hier ein Öffnungsgeräusch, bei dem die Türaußenhaut aufgrund ihrer relativ geringen Steifigkeit zu starkem Dröhnen mit hohem Oberwellenanteil angeregt wird.

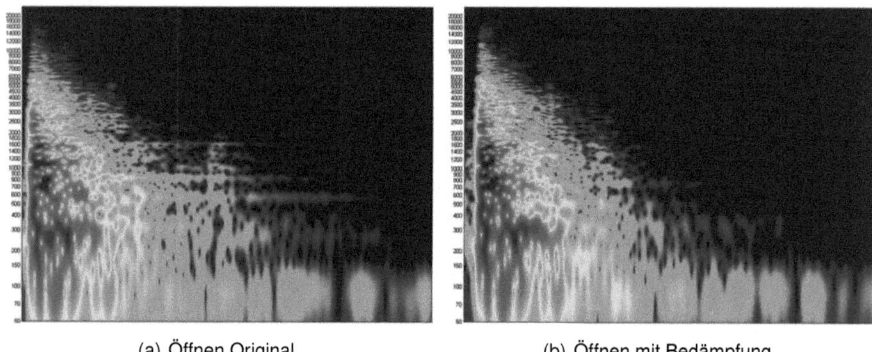

(a) Öffnen Original

(b) Öffnen mit Bedämpfung

Abbildung 5.4: Gegenüberstellung der Schallpfade eines als ausschwingend und eines als nicht ausschwingend bewerteten Öffnungsgeräusches; die Zeitachse ist aus methodischen Gründen aufgrund der ungleichen absoluten Zeit ausgeblendet, die dargestellte Zeitspanne stimmt jedoch bei beiden Diagrammen überein

Bild 5.4(a) stellt das Originaltürgeräusch dar. Hier kann man mehrere Resonanzspitzen erkennen, die den Hauptschlag sicht- und hörbar überdauern und die die einzelnen Eigenmoden repräsentieren. Mit Hilfe von gezielt auf der Türaußenhaut platzierten Anti-Dröhnbelägen sind diese Nachschwinger 5.4(a) dämpfbar. Sie wandeln die Energie in Wärme um und tragen aufgrund ihrer festen Verklebung und ihrer zusätzlichen Masse zur Steifigkeit bei. Der Höreindruck des *Ausschwingens* zeigt sofort eine deutliche Verbesserung, was auch der Algorithmus durch die Differenz der Ausprägungen Eins (*sehr stark nachschwingend*) für das Original- und Sechs (*fast nicht nachschwingend*) für das bedämpfte Geräusch aufzeigt.

5.3.2 Physikalische Ursachen für den Faktor Ausschwingen beim Schließgeräusch

Auch beim Schließen ergibt sich das gleiche Phänomen. Die Türaußenhaut dient dabei ebenso als Abstrahler und Resonator.

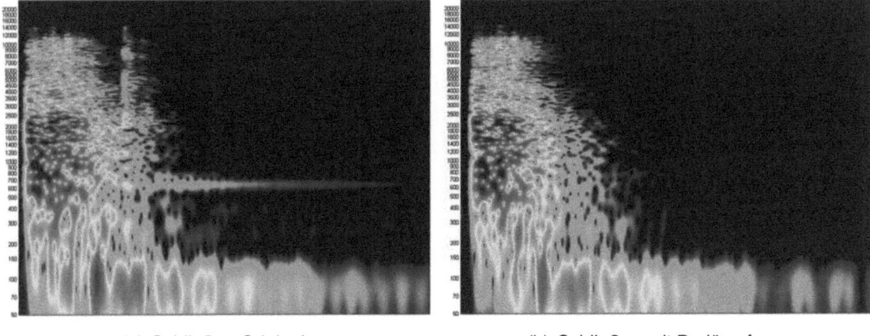

(a) Schließen Original　　(b) Schließen mit Bedämpfung

Abbildung 5.5: Gegenüberstellung der Schallpfade eines als ausschwingend und eines als nicht ausschwingend bewerteten Schließgeräusches; die Zeitachse ist aus methodischen Gründen aufgrund der ungleichen absoluten Zeit ausgeblendet, die dargestellte Zeitspanne stimmt jedoch bei beiden Diagrammen überein

Die Anregung erfolgt allerdings nicht durch das Lösen der Sperrteile und die Entspannung der Tür, sondern durch das harte Aufeinandertreffen von Sperrklinke und Drehfalle. Die Türaußenhaut lässt sich auch hier wieder mit Schalldämpfungsmaßnahmen beruhigen.

Bild 5.5 stellt die unbedämpfte der bedämpften Variante gegenüber, woraus ersichtlich wird, dass es sich im Originalgeräusch um eine einzelne Resonanzspitze bei ca. $f = 650Hz$ handelt. Der akustische Eindruck umfasst hierbei die komplette Skala, während das Berechnungsverfahren das Schließgeräusch mit vorhandenem Fehler als *sehr stark nachschwingend* (Stufe Eins) bewertet, gilt es nach den Bedämpfungsmaßnahmen als *überhaupt nicht nachschwingend* (Stufe Sieben).

5.4 Physikalische Ursachen für den Klickfaktor

Das Klicken ist ein schmalbandiges, in hohen Frequenzen angesiedeltes und zeitlich sehr gut lokalisierbares Ereignis. Es entsteht beim Aufeinanderschlagen der metallischen Sperrteile des Schlosses an nicht ummantelten Stellen. Im Gegensatz zum Faktor *Tonhöhe* bewirkt jedoch ein mehrmaliges, kurz aufeinander folgendes metallisches Aufeinandertreffen kein Klicken, sondern fördert nur den Eindruck der Helligkeit. Dies resultiert sehr wahrscheinlich aus der zeitlichen Verschmierung, die durch viele kurz aufeinander folgende Anschläge und damit durch die in die Tür und in die Karosserie eingeleiteten Impulse entstehen. Das Ohr ist aufgrund seiner zeitlichen Maskierung nicht in der Lage, diese zu trennen und nimmt sie nur als ein ganzheitliches, helles Ereignis war. Im Gegensatz dazu handelt es sich beim *Klickfaktor* entweder nur um ein zeitlich stark eingegrenztes oder um mehrere vom Ohr zeitlich trennbare Ereignisse. Ebenso ist das angeregte Spektrum nicht so breitbandig wie bei der *Tonhöhe*. Möchte man der Ursache des *Klickfaktors* auf den Grund gehen, empfiehlt es sich, die mechanischen Vorgänge im Schloss mit Hilfe eines High-Speed-Videos zu betrachten und den Zeitverlauf den bandgefilterten Schalldruckschwankungen visuell gegenüberzustellen.

5.4.1 Physikalische Ursachen für den Klickfaktor beim Öffnungsgeräusch

Aus dieser Aufnahme kann man beim Öffnen entnehmen, dass das Klicken sehr kurz nach dem Hauptimpuls folgt. Nach dem Lösen der Sperrteile wird die Sperrklinke durch die enorme Haltekraft weggeschleudert, was die daran befestigte Feder komprimiert, welche die Sperrklinke im Anschluss wieder in Richtung Drehfalle drückt. Dabei trifft sie auf die Oberseite, der sich jetzt schon weiter gedrehten Drehfalle auf und verursacht durch den resultierenden metallischen Kontakt ein Klickgeräusch. Indem man diese Stelle mit einem elastischen Puffermaterial ausstattet, erreicht man sowohl einen Energieabbau, als auch eine akustische Entkopplung durch den Impedanzsprung zum metallischen Träger der Drehfalle.

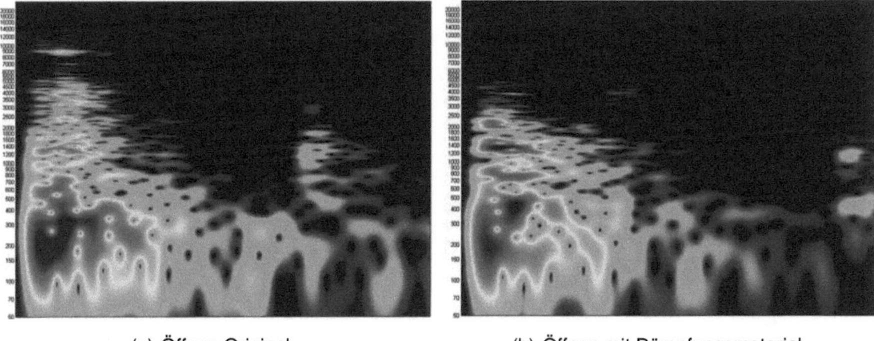

(a) Öffnen Original (b) Öffnen mit Dämpfungsmaterial

Abbildung 5.6: Gegenüberstellung der Schallpfade eines als klickend und eines als nicht klickend bewerteten Öffnungsgeräusches; die Zeitachse ist aus methodischen Gründen aufgrund der ungleichen absoluten Zeit ausgeblendet, die dargestellte Zeitspanne stimmt jedoch bei beiden Diagrammen überein

Die Wirksamkeit dieser Maßnahme zeigt Grafik 5.6. Während im linken Beispiel ein metallischer Kontakt besteht und es damit zum Klickgeräusch bei $f = 9500Hz$ kommt, bedämpft der Puffer im rechten Bild diesen Klick erfolgreich. Der akustische Eindruck bestätigt diese Darstellung. Mit Hilfe des Puffers ist das Klicken nahezu verschwunden, was auch der Algorithmus mit einer vorherigen Stufe von Eins (*sehr stark klickend*) und einer Ausprägung von Fünf (*fast nicht klickend*) nach der Bedämpfung widerspiegelt.

5.4.2 Physikalische Ursachen für den Klickfaktor beim Schließgeräusch

Ähnliches kann man für das Schließen erkennen. Auch hier sind es einzelne, besonders markante metallische Aufeinanderschlagen der Sperrteile, die zum klickenden Eindruck führen. Auf diese mit Hilfe des High-Speed-Videos und des parallel betrachteten Schalldruckverlaufes bestimmte Kontaktstelle der Drehfalle wurde wieder ein elastischer Puffer aufgebracht, der den Aufprall dämpft und gleichzeitig eine Entkopplung gewährleistet.

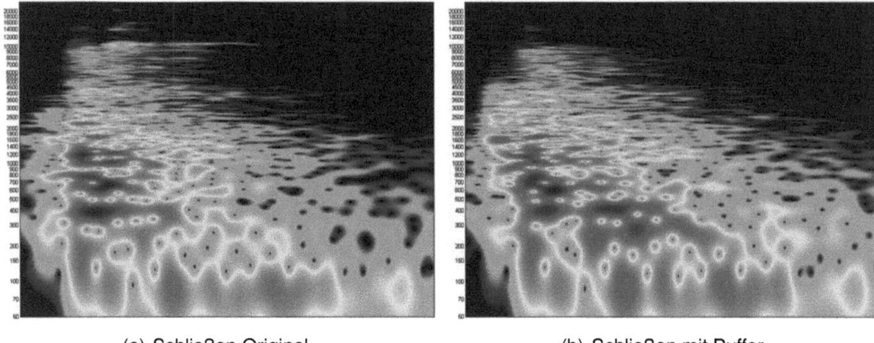

(a) Schließen Original (b) Schließen mit Puffer

Abbildung 5.7: Gegenüberstellung der Schallpfade eines als klickend und eines als nicht klickend bewerteten Schließgeräusches; die Zeitachse ist aus methodischen Gründen aufgrund der ungleichen absoluten Zeit ausgeblendet, die dargestellte Zeitspanne stimmt jedoch bei beiden Diagrammen überein

Grafik 5.7 stellt die Drehfalle mit und ohne Puffer nebeneinander. Während das linke Bild infolge des metallischen Kontaktes bei ca. $f = 11kHz$ eine starke schmalbandige Pegelspitze beinhaltet, zeigt die rechte Darstellung eine in den oberen Frequenzen ausgewogene Verteilung. In der Wahrnehmung spiegelt sich das mit Ausprägung Eins für *sehr stark klickend* bei metallischem Kontakt und Fünf für *fast nicht klickend* bei einer Pufferung wider.

5.5 Physikalische Ursachen für den Ploppfaktor

Auch die Wahrnehmungsdimension *Ploppfaktor* beim Öffnen resultiert aus der Anregung von großen, wenig steifen Blechstrukturen, die insbesondere in der Region hinter dem Schließbügel, also in der Fahrzeugseitenwand liegen. Indem das Ablösen der Sperrteile beim Öffnen weit weniger Energie in das Gesamtsystem einleitet, ist auch die Anregung der Karosseriebleche weniger stark. Dies erreicht man mit weicheren Materialien an den Sperrflächen von Sperrklinke und Drehfalle, die durch einen akustischen Impedanzsprung eine Entkopplung zwischen dem metallischen Grundträger und der Ablösefläche bewirken. Dementsprechend weniger Energie kommt auch an den kritischen Blechstrukturen an. Als Beweisexperiment diente ein Versuchsaufbau, bei dem eine an der Sperrfläche ummantelte Drehfalle mit einer ansonsten gleichen, nicht ummantelten, an einem Fahrzeug verglichen wurde. Der Dichtungsgegendruck sowie die Einbaulage des Schlosses und des Schließbügels sind dabei identisch.

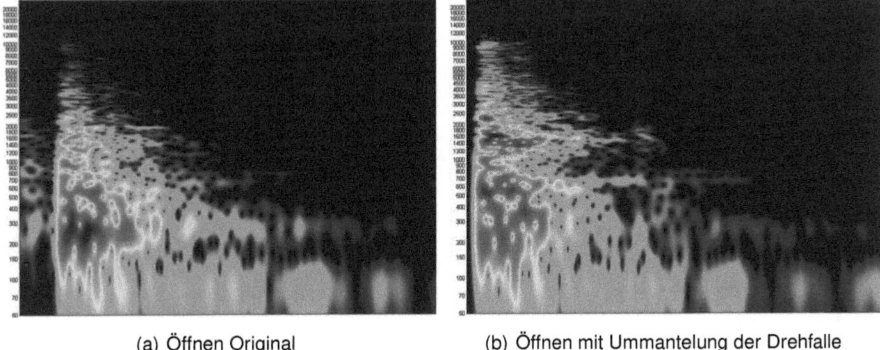

(a) Öffnen Original

(b) Öffnen mit Ummantelung der Drehfalle

Abbildung 5.8: Gegenüberstellung der Schallpfade eines als ploppend und eines als nicht ploppend bewerteten Öffnungsgeräusches; die Zeitachse ist aus methodischen Gründen aufgrund der ungleichen absoluten Zeit ausgeblendet, die dargestellte Zeitspanne stimmt jedoch bei beiden Diagrammen überein

Wie man dem linken Bild 5.8(a) entnehmen kann, leitet die nicht ummantelte Sperrklinke eine hohe Energie in die Karosserie ein, so dass Blechstrukturen in ihrer Resonanzfrequenz angeregt werden und so bei ca. $f = 250Hz$ sehr hohe Pegel in der Zeit-Frequenz-Darstellung auftreten. In der rechten Abbildung 5.8(b) ist diese Einleitung bei weitem nicht so groß, was man daran erkennt, dass die starken Überhöhungen bei $f = 250Hz$ hier nicht vorhanden sind. In der akustischen Wahrnehmung des Faktors *Ploppfaktor* wirkt sich diese Maßnahme gravierend aus. So überstreicht der Algorithmus einen Bereich von *sehr stark ploppig* (Stufe Eins) bis *kaum ploppig* (Stufe Fünf) für den ummantelten Fall.

6 Ergebnisdiskussion

Im Hinblick auf die Ziele dieser Arbeit lassen sich abschließend die gewonnen Erkenntnisse zusammenfassen und diskutieren.

Aus den Umfragen zur Definition des optimalen Türgeräusches und den anschließenden Höversuchen geht hervor, dass es sowohl für das Öffnungs- und Schließgeräusch einen sensorisch auditiven *target sound* gibt. Dabei unterscheiden die Probanden zumindest in dieser Versuchsanordnung nicht zwischen verschiedenen Fahrzeugtypen.

Außerdem zeigen die Hörversuche, dass es beim Öffnungsgeräusch sechs und beim Schließgeräusch sieben Wahrnehmungsdimensionen gibt. Diese stimmen im Wesentlichen mit den bereits etablierten Untersuchungen und der EPA-Struktur überein. Der Faktor mit dem jeweils höchsten Varanzanteil, wird hier mit *Güte* bezeichnet und entspricht dem hedonischen Faktor *evaluation* und der Dimension *pleasant* von Kuwano. Die Dimension *Lautheit* entspricht *powerfull* von Kuwano und *potency* aus der EPA-Struktur. Die restlichen Faktoren, die *Tonhöhe*, der *Ploppfaktor* beim Öffnen, das *Nachschwingen*, und der *Klickfaktor* ähneln der Wahrnehmungsdimension *Activity* und *metallic*, da sie in gewisser Weise alle eine eine Information zur „Klangfarbe " beinhalten. Aufgrund der Impulshaftigkeit und der semantischen Bedeutung der in den Faktoren *Ploppfaktor* beim Öffnen, *Nachschwingen* und *Klickfaktor* enthaltenen zeitlichen Information umfassen sie aber zusätzliche Bestandteile, die in den etablierten Veröffentlichungen nicht vorhanden und für das Türgeräusch spezifisch sind.

Auf Basis der durch die Schallquellen verursachten und im Zeit-Frequenz-Bereich enthaltenen auditorischen Objekte korrelieren mit der subjektiven Empfindung der Probanden. Somit konnten ausgehend von den Dimensionen im Perzeptionsraum zugehörige auditorische Objekte bestimmt werden, die für die Bewertungen der charakterbeschreibenden Wahrnehmungsdimensionen durch die Probanden verantwortlich sind. Mit Hilfe der am besten geeigneten Zeit-Frequenz-Transformation, der Constant-Q- Transformation, psychoakustischen Maßen wie z.B. der psychoakustischen Lautheit, und speziell auf das Türgeräusch zugeschnittene Algorithmen im Zeit- und Frequenzbereich ist es unter Betrachtung der gehörspezifischen Eigenschaften möglich, die menschliche charakterbeschreibende Klassifizierung des Türgeräusches nachzubilden und darüber hinaus durch deren Gewichtung einen im Bezug auf den auditiven Eindruck hedonischen Gesamtfaktor zu extrahieren.

Darüber hinaus wurde ein Computer-Algorithmus erstellt, der auf der Basis der hier durchgeführten Hörversuche den Geräuschcharakter und dessen auditive Qualität prognostiziert.

Das letzte Ziel dieser Arbeit bestand im Rückschluss von der auditiven Empfindung zu den Ursachen der physikalischen Schallquelle. Dabei sind die akustischen Wahrnehmungsdimensionen eindeutigen physikalischen Ursachen zuordenbar. Wenn man ausgehend vom Energieeintrag das Schloss vereinfachend als Schallanreger und die Karosserie als Abstrahler bzw. Resonator ansieht, haben insbesondere die in die Karosserie oder Tür eingeleitete bzw. gespeicherte Energie, die Sperrteile im Schloss und unzureichend bedämpfte und in ihrer Resonanzfrequenz schwingende Karosseriestrukturen einen großen Anteil am entstehenden Schallsignal.

Dem Designer des Türgeräusches ist es mit Hilfe dieser Erkenntnisse möglich, an einer mechanischen Stellschraube Veränderungen vorzunehmen, um so gezielt einen bestimmten Faktor im Wahrnehmungsraum zu beeinflussen. Die dabei auftretenden Veränderungen in der Hörwahrnehmung sind auch ohne jedes mal neu durchzuführende Hörversuche mit Hilfe des erstellten Computer-Algorithmus sichtbar. Mit diesem Tool kann der Geräuschspezialist den jeweils erreichten Zwischenstand mit einem vorher im Lastenheft festgelegten Ziel abgleichen und sich der subjektiven Wirkung einer großen Probandenschaft sicher sein.

Als Ausblick für zukünftige Versuchsreihen wäre es möglich, die Schallsignale in einem anderen Umfeld aufzunehmen. Das Ausgangsmaterial für diese Hörversuche sind Aufnahmen von Türgeräuschen, die alle aus einem speziellen Messraum stammen, der nur ein Semi-Freifeld darstellt. Somit basieren alle subjektiven Beurteilungen auf dieser Umgebung, die für sie spezifischen Nachhall und aufgrund des begrenzten Absorbtionsvermögens bei tiefen Frequenzen auch Raummoden zulässt. In weiteren Untersuchungen könnte man herausfinden, ob die Probanden Aufnahmen aus anderen Messkabinen oder einer natürlichen Umgebung anders beurteilen und ob das erstellte Rechenverfahren diese Unterschiede ebenfalls abbilden kann.

In einem vollständigen Freifeldmessraum (kein Semi-Freifeld) sollte es gelingen, den Nachhall komplett zu eliminieren. Schafft man es dann noch, die Fahrzeugentlüftung und sonstige Störgeräusche akustisch zu unterdrücken, ohne den Geräuschcharakter zu verändern, kann man evtl. beide Ohren des Kunstkopfes zur Auswertung heranziehen, da weniger Störschall auftritt, der das Türgeräusch überdeckt. Somit könnten die Probanden dichotisch, binaural hören und evtl. einzelne Bestandteile des Türgeräusches akustisch orten. Daher wäre es in zukünftigen Versuchsreihen interessant herauszufinden, ob auf dieser Basis Unterschiede zwischen der hier vorgenommenen diotischen und dem natürlicheren, dichotischen, binauralen Hören existieren.

Als Erweiterung für zukünftige Untersuchungen sind z.B. Versuche zu den anderen Dimensionen der *sound quality* denkbar. Sie könnten z.B. den Einfluss multisensorischer Eindrücke wie z.B. die Haptik des Türgriffes oder die Optik des Fahrzeuges auf die *sound quality* erfassen. Ebenso wären kognitive Faktoren wie z.B. Voreinstellung zur Fahrzeugklasse, zur Farbe des Fahrzeugs denkbar, die evtl. auch emotionelle Assoziationen hervorrufen und einfließen lassen. Solche fachübergreifenden Untersuchungen, die die Kombination interdisziplinären Wissens voraussetzen, werden also auch in Zukunft von Bedeutung sein, um weiterführende Einblicke in die Welt der akustischen Wahrnehmung und deren technischer Anwendung zu liefern.

Literaturverzeichnis

[1] ABRY, P.: *Ondelettes et turbulence. Multirésolutions, algorithmes de décomposition, invariance d'échelles.* Paris : Diderot Editeur, 1997

[2] ADDELMAN, S.: Orthogonal Main-Effect Plans for Asymmetrical Factorial Experiments. In: *Technometrics* 4 (1962), S. 21–46

[3] ADDELMAN, S.: Symmetrical and Asymetrical Fractional Factorial Plans. In: *Technometrics* 4 (1962), S. 47–57

[4] ALLEN, R.L. ; MILLS, D.: *Signal Analysis.* Wiley and Sons, 2004

[5] AMMERAHL, U.: *Digitale Untersuchungsmethoden in der Motorakustik*, Rheinisch-Westfälisch Technische Hochschule Aachen, Diss., 1993

[6] ANDERSON, J.R.: *Kognitive Psychologie.* 3. Auflage. Spektrum Akademischer Verlag, 2001

[7] ARAFAT, S.M.A.: *Uncertainty Modeling for Classification and Analysis of Medical Signals*, University of Missouri-Columbia, Diss., 2003

[8] AURES, W.: *Berechnungsverfahren für den Wohlklang beliebiger Schalsignale, ein Betrag zur gehörbezogenen Schallanalyse*, Technische Universität München, Diss., 1984

[9] BACKHAUS, K. ; ERICHSON, B. ; PLINKE, W. u. a.: *Multivariate Analysemethoden. Eine anwendungsorientierte Einführung.* 11. überarbeitete Auflage. Berlin : Springer-Verlag, 2006

[10] BACKHAUS, K. ; ERICHSON, B. ; PLINKE, W. ; WEIBER, R.: *Multivariate Analysemethoden - Eine anwendungsorientierte Einführung.* Springer, 1996

[11] BASILEVSKY, A.: *Statistical Factor Analysis and Related Methods: Theory and Applications.* New York : John Wiley and Sons, Inc., 1994

[12] BAUMANN, U.: *Ein Verfahren zur akustischen Erkennung und Trennung multipler akustischer Objekte*, Technische Universität München, Diss., 1995

[13] BÜCHLER, M.C.: *Algorithms for Sound Classification in Hearing Instruments*, Swiss Federal Institute of Technology Zürich, Diss., 2002

[14] BECH, S. ; ZACHAROV, N.: *Perceptual audio evaluation.* Chichster : Wiley & Sons, 2006

[15] BECKER, K. ; HAAL, V.: Objektivierung subjektiver Fahreindrücke - Methodik und Anwendung - Benchmarking der Leerlaufgeräuschqualität von Personenkraftwagen. In: *Fortschritte der Akustik - DAGA* (2005)

[16] BEDNARZYK, M.: *Qualitätsbeurteilung der Geräusche industrieller Produkte.* VDI, 1999. – ISBN 3–18–339612–2

[17] BÉKÉSY, G. von: *Experiments in Hearing.* New York : McGraw-Hill Education Companies, 1960

[18] ÜBERLA, K.: *Faktorenanalyse.* Berlin : Springer-Verlag, 1971

[19] BETKE, K.: *Hörschwelle und Kurven gleicher Pegellautstärke im ebenen Schallfeld*, Universität Oldenburg, Diss., 1991

[20] BISMARCK, G.: *Extraktion und Messung von Merkmalen der Klangfarbenwahrnehmung stationärer Schalle*, TU München, Diss., 1972

[21] BISPING, R.: Psychometrische und akustische Analyse von Zielgeräuschen auf der Basis von ISO362-Vorbeifahrten. In: *Fortschritte der Akustik - DAGA* (2005)

[22] BLATTER, C.: *Wavelets - Eine Einführung.* Vieweg, 2003

[23] BOASHASH, B.: *Time-Frequency Signal Analysis.* Longman Cheshire, 1992

[24] BOASHASH, B.: *Time Frequency Signal Analysis and Processing.* Elsevier, 2003

[25] BOASHASH, B. ; JONES, G. ; SHEA, P. O.: Instantaneous Frequency of Signals: Concepts, Estimation Techniques and Applications. In: *Proceedings of SPIE: Advanced Algorithms and Architectures for Signal Processing* 1152 (1989), S. 382–400

[26] BOASHASH, B. ; JONES, G. ; SHEA, P. O.: Time-Frequency Distributions - A Review. In: *Proceedings of the IEEE* 77 (1989), S. 941–981

[27] BODDEN, M.: Instrumentation for Sound Quality Evaluation. In: *Acta Acoustica* (1997), Nr. 83, S. 775–783

[28] BODDEN, M. ; HEINRICHS, R.: Diesel Sound Quality analysis and evaluation. In: *Forum Acousticum* (2005)

[29] BODDEN, M. ; HEINRICHS, R.: Methode zur Analyse und Bewertung von Dieselgeräuschen. In: *Fortschritte der Akustik - DAGA.* München : DPG Kongreß-GmbH, 2005

[30] BOEMAK, N.: Bewertung von Motorgeräuschen durch subjektiven Vergleich im Akustiklabor. In: *Zeitschrift für Lärmbekämpfung* 41 (1994), S. 84–88

[31] BOES, D.C. ; GRAYBILL, F.A. ; MOOD, A.M.: *Introduction to the Theory of Statistics.* 3rd. New York : McGraw-Hill, 1974

[32] BOOGAART, G.: *Eine signal-adaptive Spektral-Transformation für die Zeit-Frequenz-Analyse von Audiosignalen*, Technische Universität München, Diplomarbeit, 2003

[33] BORTZ, J.: *Statistik für Sozialwissenschaftler.* Springer, 1999

[34] BORTZ, J. ; DÖRING, N.: *Forschungsmethoden und Evaluation.* Springer, 2002

[35] BRAESS, H. ; SEIFFERT, U.: *Vieweg Handbuch Kraftfahrzeugtechnik.* 5. Auflage. Braunschweig / Wiesbaden : Friedr. Vieweg und Sohn Verlagsgesellschaft mbH, 2007

[36] BREGMAN, A.S.: *Auditory Scene Analysis - The Perceptual Organization of Sound.* Bradford Book, 1990

[37] BRIGOLA, R.: *Fourieranalysis, Distributionen und Anwendungen.* Vieweg Verlag Wiesbaden, 1997

[38] BRONNER, K. ; HIRT, R.: *Audio Branding. Entwicklung, Anwendung, Wirkung akustischer Identitäten in Werbung, Medien und Gesellschaft.* Reinhard Fischer, 2007

[39] BROWN, J. C.: Calculation of a constant Q spectral transform. In: *Journal of the Acoustical Society of America* 89 (1990), S. 425–434

[40] BROWN, J.C.: Musical fundamental frequency using a pattern recognition method. In: *Journal of the Acoustical Society of America* 92 (1992), S. 1394–1402

[41] BROWN, J.C. ; PUCKETTE, M.S.: An efficient algorithm for the calculation of a constant Q transform. In: *Journal of the Acoustical Society of America* 92 (1992), S. 2698–2701

[42] BROWN, J.C. ; SMARAGDIS, P.: Independent component analysis for automatic note extraction from musical trills. In: *Journal of the Acoustical Society of America* 115 (2004), S. 2295–2306

[43] BUNSE, M.H.A.: *Die Bedeutung des binauralen Hörens für die Empfindung Lautheit und Rauhigkeit*, RWTH Aachen, Diss., 1999

[44] CHAN, H.T. ; FU, C.M. ; HUANG, C.L.: A New Error Resilient Video Coding Using Matching Pursuit and Multiple Description Coding. In: *IEEE Transactions on Circuits and Systems for Video Technology* 15 (2005), Nr. 8, S. 1047–1052

[45] CHATTERJI, S.K.: The fast discrete Q-transform. In: *LIGO Scientific Collaboration Meeting*, LIGO Scientific Collaboration, 2003

[46] CHEN, S.S. ; DONOHO, D.L. ; SAUNDERS, M.A.: Atomic Decomposition by Basis Pursuit. In: *SIAM Journal on Scientific Computing* 20 (1999), Nr. 1, S. 33–61

[47] CHUI, C.K.: *An Introduction to Wavelets.* Academic Press, 1992

[48] CHUI, C.K. ; MONTEFUSCO, L. ; PUCCIO, L.: *Wavelets: Theory, Algorithms and Applications.* Academic Press, 1994

[49] CLEMENT, M. ; LITFIN, T. ; TEICHMANN, M.H.: Beurteilung der Güte von exploratorativen Faktoranalysen im Marketing. In: *Wissenschaftliches Studium* 29 (2000), S. 283–286

[50] COHEN, L.: *A Primer on Time-Frequency Analysis.* Longman Cheshire, 1992

[51] COMBES, J.M. ; GROSSMANN, A. ; TCHAMITCHIAN, P.: *Wavelets: Time Frequency Methods and Phase Space.* Springer Verlag, 1989

[52] DAUBECHIES, I.: Orthonormal bases of compactly supported wavelets. In: *Communication on Pure and Applied Math* 41 (1988), S. 909–996

[53] DAUBECHIES, I.: The Wavelet Transform, Time-Frequency Localization and Signal Analysis. In: *IEEE Transactions on Information Theory* 36 (1990), S. 961–1005

[54] DAUBECHIES, I.: *Ten Lectures on Wavelets.* CBMS-NSF Series in Applied Mathematics, 1992

[55] DAUDET, L.: Sparse and Structured Decompositions of Audio Signals in Overcomplete Spaces. In: *Proceedings of the 7th international Conference on Digital Audio Effects in Naples*, 2004, S. 22–26

[56] DAVIS, G.: *Adaptive Nonlinear Approximations*, New York University, Diss., 1994

[57] DAVIS, G. ; MALLAT, S. ; ZHANG, Z.: Adaptive Time-Frequency Approximations with Matching Pursuits. In: *Optical Engineering* 33 (1994), Nr. 7, S. 2183–2191

[58] DAVISON, M.L. ; SHARMA, A.R.: Parametric statistics and levels of measurement. In: *Psychological Bulletin* 104 (1988), S. 137–144

[59] DAYTON, C.M.: *The design of educational experiments.* New York : McGraw-Hill, 1970

[60] DEBNATH, L.: *Wavlet-Transforms and Time-Frequency Signal Analysis.* Birkhäuser, 2001

[61] DZIUBAN, C.D. ; SHIRKEY, D.: When is a Correlation Matrix Appropriate for Factor Analysis? In: *Psychological Bulletin* 81 (1974), Nr. 6, S. 358–361

[62] ELDÉN, L. ; BERNTSSON, F. ; REGINSKA, T.: Wavelet and Fourier Methods for Solving the Sideways Heat Equation. In: *SIAM Journal on Scientific Computing* 21 (1999), S. 2187–2205

[63] ELLIS, D.P.W.: *A Perceptual Representation of Audio*, Massachusetts Institute of Technology, Diplomarbeit, 1992

[64] ELLIS, S.: *Zur Untersuchung der Frequenzdynamik nichtstationärer Fahrzeugsignale mittels Wavelet-Methoden.* VDI, 2003

[65] FAHRMEIR, L. ; HAMERLE, A. ; TUTZ, G.: *Multivariate statistische Verfahren.* 2., erweiterte Auflage. Berlin : Walter de Gryter & Co, 1996

[66] FASTL, H. ; HESSE, A.: Frequency discrimination for pure tones at short durations. In: *Acoustica* 56 (1984), S. 41–47

[67] FASTL, H. ; JAROSZEWSKI, A. ; SCHOERER, E. ; ZWICKER, E.: Equal Loudness Contours between 100 and 1000Hz for 30,50,70phon. In: *Acoustica* 70 (1990), S. 197–201

[68] FILIPPOU, T.G. ; FASTL, H. ; KUWANO, S. u. a.: Door sound and image of cars. In: *Fortschritte der Akustik - DAGA* (2003), S. 306–307

[69] FINGERHUTH, S. ; KASPER, K. ; KLEMENZ, M. u. a.: Bewertung der Geräuschqualität von Geschalteten Reluktanzmaschinen durch Psychoakustische Größen. In: *Fortschritte der Akustik - DAGA*. München : DPG Kongreß-GmbH, 2005

[70] FISHER, R.A.: On the mathematical foundations of theoretical statistics. In: *Philosophical Transactions of the Royal Society of London* Serial A (1922), Nr. 122, S. 309–368

[71] FISHER, R.A.: *Statistical Methods Experimental Design and Scientific Inference.* New York : Oxford University Press, 1990

[72] FLINDELL, I.H. ; LEWIS, C.G.: Acoustic features in vehicle interior noise quality. In: *International Congress on Noise Control Engineering (Inter-Noise)* (1996), S. 2479–2484

[73] FORRESTER, B.D.: *Advanced Vibration Analysis Techniques for Fault Detection and Diagnosis in Geared Transmission Systems*, Swingburne University of Technology, Diss., 1996

[74] GABRIEL, B. ; KOLLMEIER, B. ; MELLERT, V.: Einfluss verschiedener Messmethoden auf Kurven gleicher Pegellautstärke. In: *Fortschritte der Akustik - DAGA* (1994), S. 1085–1088

[75] GENUIT, K.: *Ein Modell zur Beschreibung von Außenohrübertragungseigenschaften*, RWTH Aachen, Diss., 1984

[76] GENUIT, K.: Kunstkopf Messtechnik - Ein neues Verfahren zur Geräuschdiagnose und -analyse. In: *Zeitschrift für Lärmbekämpfung* 35 (1988), S. 103–108

[77] GENUIT, K.: *DE 19626329 C2.* Patent, 07 1996

[78] GENUIT, K.: Parameter bei der Beurteilung von Fahreindrücken: Hören - Fühlen -

Sehen - Wissen. In: *Subjektive Fahreindrücke sichtbar machen.* Essen : Expert Verlag, 2001, S. 143–162

[79] GOLDSTEIN, E.B. ; IRTEL, H.: *Wahrnehmungspsychologe: Der Grundkurs.* 7. Auflage. Spektrum Akademischer Verlag, 2007

[80] GOODWIN, M.: *Adaptive Signal Models: Theory, Algorithms, and Audio Applications*, University of California, Berkeley, Diss., 1992

[81] GOODWIN, M. ; VETTERLI, M.: Atomic Decompositions of Audio Signals. In: *Proceedings of the IEEE Workshop on Audio Signal Processing*, IEEE Signal Processing Society, 1997, S. 1890–1902

[82] GOUPILLAUD, P. ; GROSSMANN, A. ; MORLET, J.: Cycle-Octave and Related Transforms in Seismic Signal Analysis. In: *Geoexploration* 23 (1984), S. 85–102

[83] GRÖCHENIG, K.: *Foundations of Time-Frequency Analysis.* Birkhäuser, 2001

[84] GROSSMANN, A. ; KRONLAND-MARTINET, R. ; MORLET, J.: Detection of Abrupt Changes in Sound Signals with the Help of Wavelet Transforms. In: *Advances in Electronics and Electron Physics* 19 (1987), S. 298–306

[85] GUILFORD, J.P.: *Psychometric Methods.* Second Edition. New York : McGraw-Hill Book Company, 1954

[86] GUSTAFSSON, A. ; HERRMANN, A. ; HUBER, F.: *Conjoint Measurement: Methods and Applications.* Fourth Edition. New York : Springer-Verlag GmbH, 2007

[87] GUSTAFSSON, A. ; HERRMANN, A. ; HUBER, F.: *Conjoint Measurement: Methods and Applications.* Fourth Edition. Berlin : Springer-Verlag GmbH, 2007

[88] GUSTAFSSON, F.: Determining the initial states in forward-backward filtering. In: *IEEE Transactions on Signal Processing* 44 (1996), Nr. 4, S. 988–992

[89] GUTTMANN, L.: Image Theory for the Structure of Quantitative Variates. In: *Psychometrika* 18 (1953), S. 277–296

[90] HAERDLE, W. ; SIMAR, L.: *Applied Multivariate Statistical Analysis.* Second Edition. Berlin : Springer-Verlag GmbH, 2007

[91] HAHN, C.: *Conjoint- und Discrete Choice-Analyse als Verfahren zur Abbildung von Präferenzstrukturen und Produktauswahlentscheidungen.* Münster : Lit-Verlag, 1997

[92] HAIR, J.F. ; ANDERSON, R.E. ; TATHAM, R.L. u. a.: *Multivariate Data Analysis with Readings.* Fourth Edition. New Jersey : Prentice Hall, 1995

[93] HANDMANN, U. ; BODDEN, M.: Psychoakustusche Unteruchungen an Fahrzeuggeräuschen. In: *Fortschritte der Akustik - DAGA* (1995), S. 879–882

[94] HANUSHEK, E.A. ; JACKSON, E.J.: *Statistical Methods for Social Scientists.* London : Academic Press, Inc., 1977

[95] HASHIMOTO, T.: Die japanische Forschung zur Bewertung von Innengeräuschen im PKW. In: *Zeitschrift für Lärmbekämpfung* 41, Heft 3 (1994), S. 69–71

[96] HÜBNER, P.: *Einführung in die Methodenlehre der Psychologie.* Darmstadt : Wissenschaftliche Buchgesellschaft, 1980

[97] HEINRICHS, R. ; BODDEN, M.: Perceptual and Instrumental Description of the Gear Rattle Phenomenon for Diesel Vehicles. In: *6th International Congress on Sound and Vibration* (1999)

[98] HELLBRÜCK, J. ; ELLERMEIER, W.: *Hören. Physiologie, Psychologie und Pathologie.* Zweite aktuallisierte Auflage. Hogrefe Verlag GmbH + Co., 2004

[99] HELLMERS, J.O.: *Dynamik von Clustern aus magnetischen Nanopartikeln*, Carl von Ossietzky Universität Oldenburg, Diplomarbeit, 1997

[100] HLAWATSCH, F.: Interference Terms in the Wigner Distribution. In: *Proceedings of the International Conference on Digital Signal Processing* Italy 3.-5. September (1984), S. 363–367

[101] HOFFMANN, R.: *Signalanalyse und Erkennung.* Springer-Verlag, Berlin Heidelberg, 1998

[102] HOGAN, J.A. ; LAKEY, J. D.: *Time-Frequency and Time-Scale Methods.* Birkhäuser Boston, 2005

[103] HONG, D. ; WANG, J. ; GARDNER, R.: *Real Analysis with an Introduction to Wavelets and Applications.* Academic Press London, 2005

[104] HOTELLING, H.: Analysis of a complex of statistical variables into principal components. In: *Journal of Educational Psychology* 24 (1933), S. 417–441

[105] HÄRMÄ, A.: *HUTear Matlab Toolbox version 2.0.* Internet. `http://www.acoustics.hut.fi/software/HUTear/`. Version: 06.10.2004

[106] IZMIRLI, O.: A Hierarchical Constant Q Transform for Partial Tracking in Musical Signals. In: *Proceedings of the 2nd COST G-6 Workshop on Digital Audio Effects*, NTNU, 1999

[107] JEKOSCH, U. ; BLAUERT, J.: A semiotic approach towards product sound quality. In: *Proceedings of the Internoise 1996* Bd. Book 5, 1996, S. 2283–2286

[108] JEKOSCH, U. ; BLAUERT, J.: Sound-Quality Evaluation - A Multi-Layered Problem. In: *ACUSTICA - acta acustica* Bd. Vol. 83, S. Hirzel Verlag, 1997, S. 747–753

[109] KAISER, H.F. ; RICE, J.: Little Jiffy, Mark IV. In: *Educational and Psychological Measurement* 34 (1974), S. 111–117

[110] KERRICK, J.S. ; NAGEL, D.C. ; BENNET, R.L.: Multiple ratings of sound stimuli. In: *Journal of the Acoustical Society of America* 45 (1969), S. 1014

[111] KÜHN, T.: *Eine erweiterte Form der Zeit-Frequenz-Analyse und ihre Anwendung zur Merkmalsdefinition für Prozeßüberwachungssysteme*, Technische Universität Chemnitz, Diss., 1993

[112] KILLION, M.C.: Revised Estimate of Minimal Audible Pressure: Where ist the Missing 6dB. In: *Journal of the Acoustical Society of America* 63 (1978), S. 1501–1510

[113] KILLION, M.C. ; BERGER, E.H. ; NUSS, R.A.: Diffuse Field Response of the Ear. In: *Journal of the Acoustical Society of America* 81 (1987), S. 75

[114] *Kapitel* Die Conjoint-Analyse: Eine Einführung in das Verfahren mit einem Ausblick auf mögliche sozialwissenschaftliche Anwendungen. In: KLEIN, M.: *ZA-Information*. Bd. 50. Zentralarchiv für Empirische Sozialforschung Universität zu Köln, 2002, S. 7–45

[115] KÖNIG, D.: *Analyse nichtstationärer Triebwerkssignale insbesondere solcher klopfender Betriebszustände*. VDI-Verlag, 1995

[116] KOBZIK, B.: *Klanganalysen mit Hilfe Neuronaler Netze unter Einbeziehung einer Clustervorverarbeitung*, Technische Universität Ilmenau, Diss., 1999

[117] KRISHNAMURTHI, L.: Conjoint-Models of Family Decision Making. In: *International Journal of Research in Marketing* 5 (1989), S. 185–198

[118] KUBO, N. ; MELLERT, V.: Anwendung der Musiktheorie auf Geräuschdesign. In: *Fortschritte der Akustik - DAGA* (2005)

[119] KUHN, C. ; SEITZ, G. ; PELLEGRINI, R.S. u. a.: Simulation und Untersuchungen subjektiver Fahreindrücke mit Hilfe von Wellenfeldsynthese. In: *Fortschritte der Akustik - DAGA* (2006)

[120] KUHN, G.: The Pressure Transformation from a Diffuse Field to the External Ear an to the Body and Head Surface. In: *Journal of the Acoustical Society of America* 65 (1979), S. 991–1000

[121] KUWANO, S. ; FASTL, H. ; NAMBA, S. u. a.: Subjective evaluation of car door sound. In: *Proccedings of Sound Quality Symposium*. Dearborn, Michigan, USA : Elsevier, 2002

[122] KUWANO, S. ; FASTL, H. ; NAMBA, S. u. a.: Quality of Door Sounds of Passenger

Cars. In: *Proceedings of the International Commision for Acoustics*. Kyoto : The Acoustical Society of Japan (ASJ), 2004, S. 1365–1368

[123] KUWANO, S. ; NAMBA, S. ; HATO, S.: Psychologische Bewertung von Lärm in Personenkraftwagen: Analyse nach Nationalität, Alter und Geschlecht. In: *Zeitschrift für Lärmbekämpfung* 41 (1994), Nr. 3, S. 78–83

[124] LI, M.Sc. H.: *A Multiscale Matching Pursuit Approach for Image Coding*. VDI Verlag, 2001

[125] LOUIS, A.K. ; MAASS, P. ; RIEDLER, A.: *Wavlets*. Teubner, 1998

[126] MALLAT, S. ; ZHANG, Z.: Matching Pursuit With Time-Frequency Dictionaries. In: *IEEE transactions in Signal Processing, in December 1993* 26 (1993), S. 3397–3415

[127] MALLAT, S.G.: A Theory for Multiresolution Signal Decomposition: The Wavelet Representation. In: *IEEE Transactions on Pattern Analysis and Machine Intelligence* 11 (1989), S. 674–693

[128] MASSARO, D.W.: *Experimental psychology and human information processing*. Rand McNally & Co ,U.S., 1975

[129] MASSARO, D.W.: *Experimental psychology*. Harcourt, 1989

[130] MEILGAARD, F. ; CIVILLE, G.V. ; CARR, B.T.: *Sensory evaluation techniques*. 4.th. CRC Press Inc, 2006

[131] MELLINGER, D.K. ; REYNAUD, B.M. M.: Scene Analysis. In: HAWKINS, H.L. (Hrsg.) ; MCMULLEN, T.A. (Hrsg.) ; POPPER, A.N. (Hrsg.) ; FAY, R.R. (Hrsg.): *Auditory Computation*. New York : Springer Verlag, 1996, S. 271–331

[132] MERTINS, A.: *Time-Frequency Transforms and Applications*. John Wiley & Sons, 1999

[133] MEYER, Y.: *Wavelets: Algorithms and Applications*. SIAM, 1993

[134] MEYER, Y. ; JAFFARD, S. ; RIOUL, O.: L'analyse par ondelettes. In: *Pour la Science* 23 (1987), S. 28–38

[135] MONTGOMERY, D.B. ; WITTINK, D.R.: The Predictive Validy of Conjoint Analysis for Alternative Aggregation Schemes. In: *Market Measurement and Analysis*. Cambridge : Makreting Science Institute, 1980 (Proceedings of ORSA/TIMS Special Interest Conference), S. 298–308

[136] MOORE, B.C.J.: *Hearing*. Second Edition. Academic Press, 1995

[137] MOORE, B.C.J.: *An Introduction to the Psychology of Hearing*. 5th. Edition. Academic Press, 2003

[138] MOORE, B.C.J. ; GLASBERG, B.R.: A Revision of Zwickers Loudness Model. In: *Acustica-Acta Acustica* 82 (1996), S. 335–345

[139] MOORE, B.C.J. ; GLASBERG, B.R. ; BAER, T.: A Model for the Prediction of Thresholds, Loudness, and Partial Loudness. In: *Journal of the Audio Engineering Society* 45 (1997), Nr. 4, S. 224–240

[140] NAMBA, S.: Loudness and timbre of noise. In: *Proceedings of International Congress on Acoustics*. Peking, 1992, S. 49–58

[141] NAMBA, S.: On the definition of timbre. In: *The Journal of the Acoustical Society of Japan* 49 (1993), S. 823–831

[142] NGUYEN, P.D.: *Beitrag zur Diagnostik der Verzahnung in Getrieben mittels Zeit-Frequenz-Analyse*, Technische Universität Chemnitz, Diss., 2002

[143] NIEDERHOLZ, J.: *Anwendungen der Wavelet-Transformation in Übertragungssystemen*, Gerhard-Mercator-Universität Duisburg, Diss., 1998

[144] Norm DIN 45630 12 1971. *Grundlagen der Schallmessung*. – Physikalische und subjektive Größen von Schall

[145] Norm DIN EN 66261:1985-11 11 1985. *Informationsverarbeitung; Sinnbilder für Struktogramme nach Nassi-Shneiderman*

[146] Norm DIN 45631 03 1991. *Berechnung des Lautstärkepegels und der Lautheit aus dem Geräuschspektrum*. – Verfahren nach E. Zwicker

[147] Norm DIN ISO/DIS 10845 06 1995. *Akustik*. – Frequenzbewertung „A“für Geräuschmessungen

[148] Norm ISO 226:2003(E) 08 2003. *Acoustics - Normal equal-loudness-level contours*

[149] Norm DIN EN 61260:1995+A1:2001 03 2003. *Bandfilter für Oktaven und Bruchteile von Oktaven*

[150] Norm DIN EN 61672-1:2003 10 2003. *Schallpegelmesser*. – Teil 1: Anforderungen

[151] Norm DIN EN 45692:2007-04 04 2007. *Messtechnische Simulation der Hörempfindung Schärfe*

[152] Norm DIN EN 45631/A1:2008-01 01 2008. *Berechnung des Lautstärkepegels und der Lautheit aus dem Geräuschspektrum - Verfahren nach E. Zwicker*. – Änderung 1: Berechnung der Lautheit zeitvarianter Geräusche

[153] OHLHOFF, A.: *Anwendung der Wavelettransformation in der Signalverarbeitung*, Universität Bremen, Diss., 1996

[154] OPPENHEIM, A.V. ; SCHAFER, R.W.: *Discrete-Time Signal Processing*. Prentice Hall, 1989

[155] OPPENHEIM, A.V. ; SCHAFER, R.W.: *Zeitdiskrete Signalverarbeitung.* R. Oldenbourg, 1999

[156] OPPENHEIM, A.V. ; SCHAFER, R.W. ; BUCK, J.R.: *Zeitdiskrete Signalverarbeitung.* Pearson Studium, 2004

[157] OSGOOD, C.E. ; SUCI, G. ; TANNENBAUM, P.: *The measurement of meaning.* Urbana and Chicago : University of Illinois Press, 1957

[158] PASHLER, H. ; YANTIS, S.: *Steven's Handbook of Experimental Psychology: Sensation and Perception.* 3rd. New York : Wiley & Sons, 2002

[159] PERCIVAL, D.B. ; WALDEN, A.T.: *Wavelet Methods for Time Series Analysis.* Cambridge University Press, 2000

[160] PETERS, M.: *Psychoakustische Signalverbesserung und Geräuschreduktion an Kraftfahrzeugen*, Universität Kaiserslautern, Diss., 2002

[161] PÖHLMANN, M.: *Untersuchung zur Analyse und Bewertung des Geräusches eines direkteinspritzenden Einzylinder-Dieselmotors.* VDI-Verlag, 1995

[162] POLITIS, N.P. ; THOMAIDIS, P.M.: Time Frequency Localization in stochastic seismic models via Time Frequency Atoms. In: *9th ASCE Specialty Conference on Probabilistic Mechanics and Structural Reliability*, 2004

[163] PROAKIS, J.G. ; BURRUS, C.S.: *Digital Signal Processing: Principles, Algorithms and Applications: AND Introduction to Wavelets and Wavelet Transforms.* Prentice Hall, 2005

[164] PURIA, S. ; ROSOWSKI, J.J. ; PEAKE, W.T.: Sound-Pressure Measurements in the Cochlear Vestibule of Human-Cadaver Ears. In: *Journal of the Acoustical Society of America* 101 (1997), S. 2754–2770

[165] PURWINS, H. ; BLANKERTZ, B. ; OBERMAYER, K.: Constant Q profiles for tracking modulations in audio data. In: *International Computer Music Conference*, 2001, S. 105–110

[166] QIAN, S.: *Introduction to Time-Frequency and Wavelet Transforms.* Prentice Hall, 2002

[167] QIAN, S. ; CHEN, D.: Signal representation using adaptive normalized Gaussian functions. In: *Signal Processing* 36 (1994), Nr. 1, S. 1–11

[168] RAMASWAMY, S. ; KASHYAP, K.H. ; SHENOY, U.J.: Classification of Power System Transients using Wavelet Transforms and Probabilistic Neural Networks. In: *Conference on Convergent Technologies for Asia-Pacific Region* 4 (2003), S. 1272–1276

[169] RAU, C.: *Analyse der Fensterung*, Universität für Musik und darstellende Kunst Graz, Diplomarbeit, 2002

[170] RESNIKOFF, H.L. ; WELLS, R.O.: *Wavelet Anaylsis.* Springer New York, 1998

[171] REUTER, M.: *Analyse und Optimierung von Türöffnungsgeräuschen*, Fachhochschule Würzburg/Schweinfurt, Diplomarbeit, 2006

[172] ROEDERER, J.: *Physikalische und psychoakustische Grundlagen der Musik.* Zweite Auflage. New York : Axel Springer Verlag, 1993

[173] SACHS, L.: *Angewandte Statistik - Anwendung statistischer Methoden.* Berlin : Springer Verlag, 2003

[174] SCHLAGNER, S. ; STREHLAU, U.: *Fourier-Analyse versus Wavelet-Analyse.* Shaker, 2004

[175] SCHREIER, D. ; DIMOV, V. ; ERNST, S. u. a.: Beurteilung von Fahrzeuginnengeräuschen mit Hilfe neuronaler Netze. In: *Fortschritte der Akustik - DAGA* (1994), S. 1217–1220

[176] SCHRÜFER, E.: *Signalverarbeitung: Numerische Verarbeitung digitaler Signale.* Carl Hanser Verlag München Wien, 1990

[177] SHAW, E.A.G.: Transformaion of Sound Pressure Level from the Free Field to the Eardrum in the Horizontal Plane. In: *Journal of the Acoustical Society of America* 56 (1974), S. 1848–1861

[178] SONTACCHI, A.: *Entwicklung eines Modulkonzeptes für die psychoakustische Geräuschanalyse unter Matlab*, Kunstuniversität Graz, Diplomarbeit, 1998

[179] STALLMEIER, C.: *Die Bedeutung der Datenerhebungsmethode und des Untersuchungsdesigns für die Ergebnisstabilität der Conjoint Analyse.* Regensburg : S. Roderer Verlag, 1993

[180] STEGER, R. ; LIEBING, R. ; SPIELMANN, V.: *DE 102004048786 A1.* Patent, 10 2004

[181] STEWART, D.W.: The Application and Misapplication of Factor Analysis in Marketing. In: *Journal of Marketing Research* 18 (1981), S. 51–62

[182] STIGGE, R.: *Programm zur Extraktion musikalischer Informationen aus akustischen Signalen*, Humbold-Universität zu Berlin, Diplomarbeit, 2004

[183] STUDEBAKER, G.A. ; HOCHBERG, I.: *Acoustical Factors Affecting Hearing Aid Performance.* University Park Press, Baltimore, 1980

[184] SUZUKI, Y. ; SONE, T.: Frequency Characteristics of Loudness Perception: Principles and Applications. In: *Contributions to Psychological Acoustics* (1994), S. 193–221

[185] SYED, R. ; MÜLLER, H.A.: *Akustik und Aerodynamik des Kraftfahrzeugs*. Expert Verlag, 1995

[186] TAKAO, H. ; HASHIMOTO, T.: Die subjektive Bewertung der Innengeräusche im fahrenden Auto - Auswahl der Adjektivpaare zur Klangbewertung mit dem Semantischen Differential. In: *Zeitschrift für Lärmbekämpfung* (1994), Nr. 41, S. 72–77

[187] TERHARDT, E.: *Akustische Kommunikation*. Springer Verlag, 1998

[188] TILL, M. ; RUDOLPH, S.: Optimized Time-Frequency Distributions for Signal Classification with Feed-Forward Neural Networks. In: *Proceedings SPIE Conference On Applications and Science of Computation al Intelligence III, Orlando*, 2000, S. 299–310

[189] TIMONEY, J. ; LYSAGHT, T. ; SCHOENWIESNER, M.: Proceedings of the 7th International Conference on Digital Audio Effects, Naples. In: *Implementing Loudness Models in Matlab*, Federico II University of Naples, Italy, 2004, S. 177–188

[190] TORRENCE, C. ; COMPO, G.P.: A Practical Guide to Wavelet Analysis. In: *Bulletin of the American Meteorological Society* 79 (1998), S. 61–78

[191] TSCHUCH, G.: *Abwehrsignale bei Insekten am Beispiel der Mutillidae (Hymenoptera)*, Martin-Luther-Universität Halle Wittenberg, Diss., 2000

[192] TUKEY, J.W.: *Exploratory data analysis*. Addison-Wesley, 1977

[193] TUKEY, J.W. ; LUCE, R.D.: Simultaneous Conjoint Measurement: A new type of fundamental measurement. In: *Journal of Mathematical Psychology* 1 (1964), S. 1–17

[194] UEBERLA, K.: *Faktorenanalyse*. Nachdruck der zweiten Auflage. Berlin : Springer-Verlag GmbH, 1984

[195] VEIT, I.: *Technische Akustik*. Vogel, 1996

[196] VILLE, J.: Théorie et Applications de la Notion de Signal Analytique. In: *Câbles et Transmission* 2éme. A. (1948), Nr. 1, S. 61–74

[197] VO, Q.H. ; SEBBESSE, W.: Entwicklung eines subjektiv angenehmen Innengeräusches. In: *Automobiltechnische Zeitschrift* 95 (1993), S. 508–519

[198] VO, Q.H. ; SEBBESSE, W.: Entwicklung eines subjektiv angenehmen Innengeräusches. In: *Automobiltechnische Zeitschrift* 95 (1993), S. 508–519

[199] VRIENS, M.: *Conjoint Analysis in Marketing. Developments in Stimulus Representation and Segmentation Methods.*, Universität von Groningen, Diss., 1995

[200] WANG, L.: *Contributed Matlab Codes*. Internet. `http://www4.ncsu.edu/~lwang4/research.htm`. Version: 13.09.2004

[201] WATANABE, T. ; MØLLER, H.: Hearing Thresholds and Equal Loudness Contours in

Free Field at Frequencies below 1kHz. In: *Journal Low Frequency Noise Vibration* 9 (1990), S. 135–148

[202] WEIS, E.: *Pons Großwörterbuch*. Stuttgart and Dresden : Ernst Klett Verlag für Wissen und Bildung, 2007

[203] WELLENREUTHER, M.: *Quantitative Forschungsmethoden in der Erziehungswissenschaft - Eine Einführung*. Juventa, 2000

[204] WIDMANN, U.: *Ein Modell der psychoakustischen Lästigkeit von Schallen und seine Anwendung in der Praxis der Lärmbeurteilung*, Technische Universität München, Diss., 1992

[205] WIGNER, E.P.: On the quantum correction for thermo-dynamic equilibrium. In: *Physical Review* 40 (1932), S. 749–759

[206] WITTING, R.D. ; VRIENS, M. ; BURHENNE, W.: Commercial Use of Conjoint Analysis in Europe: Results and Critical Reflections. In: *International Journal of Research in Marketing* 11 (1994), S. 41–52

[207] WOLFE, P.J. ; GODSILL, S.J. ; DÖRFLER, M.: Multi-Gabor Dictionaries for Audio Time-frequency Analysis. In: *Proceedings of the IEEE Workshop on Applications of Signal Processing to Audio and Acoustics*, 2001, S. 43–46

[208] WOLFE, P.J. ; GODSILL, S.J. ; NG, W.J. ; DÖRFLER, M.: Audio Signal Modelling using Bayesian Atomic Decompositions. In: *112th Convention of the Audio Engineering Society*, 2002

[209] WRIGHT, P. ; KRIEWALL, M.A.: State-of-mind effects on the accuracy with which utility functions predict marketplace choice. In: *Journal of Marketing Research* 17 (1980), S. 277–293

[210] YOST, W.A.: Auditory image perception and analysis: the basis for hearing. In: *Hearing research* 56 (1991), S. 8–18

[211] ZEITLER, A. ; HELLBRÜCK, J. ; ELLERMEIER, W. u. a.: Methodological approaches to investigate the effects of meaning, expectations and context in listening experiments. In: *Proceedings of Inter-Noise 2006*. Honolulu, Hawaii, USA : The Institute of Noise Control Engineering of the USA, Inc., 2006, S. 227–234

[212] ZIMBARDO, P.G. ; GERRIG, R.J. ; HOPPE-GRAFF, S. ; ENGEL, I.: *Psychologie*. 7. Auflage. Berlin : Axel Springer Verlag, 2003

[213] ZSCHIESCHANG, T.: *Schwingungsanalyse an Maschinen mit ungleichförmig übersetzten Getrieben*, Technische Universität Chemnitz, Diss., 2000

[214] ZWICKER, E.: Über psychologische und methodische Grundlagen der Lautheit. In: *Acustica* 8 (1958), S. 237–258

[215] ZWICKER, E.: *Psychoakustik.* Axel Springer Verlag, 1982

[216] ZWICKER, E. ; FASTL, H.: *Psychoacoustics. Facts and Models.* Axel Springer Verlag, 1990

[217] ZWICKER, E. ; FASTL, H.: *Psychoacoustics: Facts and Models.* Axel Springer Verlag, 1998

[218] ZWICKER, E. ; FASTL, H.: *Psychoacoustics - Facts and Models.* 3rd. Edition. Springer, 2006

[219] ZWICKER, E. ; FASTL, H. ; DALLMAYR, C.: BASIC-Programm for Calculating the Loudness of Sounds from their 1/3-Oktave Band Spectra According to ISO 532B. In: *Acustica* 55 (1984), S. 63–67

[220] ZWICKER, E. ; FELDTKELLER, R.: *Das Ohr als Nachrichtenempfänger.* Zweite neubearbeite Auflage. S. Hirtzel Verlag, 1967

[221] ZWICKER, E. ; SCHARF, B.: A Model of Loudness Summation. In: *Psychological Review* 72 (1965), S. 3–26

[222] ZWICKER, E. ; ZOLLNER, M.: *Elektroakustik.* 3. Auflage. Axel Springer Verlag, 1998

Anhang

Fragebogen zum optimalen Türgeräusch

Bewertung des optimalen Schließgeräusches einer Luxuslimousine

Name:
Alter:

Stellen Sie sich bitte vor, Sie stehen vor einer **Luxuslimousine** und **schließen** deren Fahrertür. Wie muss der optimale Klang für dieses **Türschließgeräusch** und diesen Fahrzeugtyp aussehen?

Die Bewertung erfolgt dabei mit Hilfe von Eigenschaftswörtern mit gegensätzlicher Bedeutung nach folgendem Beispiel:

laut								leise

Die Gegensatzpaare sind in sieben Stufen unterteilt, wobei das jeweils äußere Kästchen die Maximalausprägung des jeweiligen Merkmals repräsentiert. Befindet man z.B. ein Geräusch als sehr laut, so ist es mit einem Kreuz ganz links neben laut zu markieren:

laut	X							leise

Wenn Sie der Meinung sind, dass das Geräusch schon sehr laut ist, eine Steigerung jedoch noch möglich ist, wählen Sie bitte das zweite Feld:

laut		X						leise

Möchten Sie hingegen sagen, dass das Geräusch nur tendentiell zu einem eher lautem neigt, kreuzen Sie bitte das Feld links neben der Mitte an. In etwa so:

laut			X					leise

Bei den meisten Adjektivpaarungen ist eine Neutralbewertung möglich, indem das Kreuz in die Mitte gesetzt werden kann, wie z.B.:

laut				X				leise

Bitte bewerten Sie alle Begriffspaare!

	Bewertung							
leise	☐	☑	☐	☐	☐	☐	☐	laut
schlecht	☐	☐	☐	☐	☐	☐	☑	gut
schlapp	☐	☐	☐	☐	☐	☑	☐	satt
nicht klackend	☑	☐	☐	☐	☐	☐	☐	klackend
unausgewogen	☐	☐	☐	☐	☐	☐	☑	ausgewogen
klapprig	☐	☐	☐	☐	☐	☐	☑	solide
luxuriös	☑	☐	☐	☐	☐	☐	☐	billig
minderwertig	☐	☐	☐	☐	☐	☐	☑	hochwertig
blechern	☐	☐	☐	☐	☐	☐	☑	nicht blechern
leicht	☐	☐	☐	☐	☐	☑	☐	schwer
nicht tonal	☐	☑	☐	☐	☐	☐	☐	tonal
dunkel	☑	☐	☐	☐	☐	☐	☐	hell
klickend	☐	☐	☐	☐	☐	☐	☑	nicht klickend
unausgereift	☐	☐	☐	☐	☐	☐	☑	ausgereift
angenehm	☐	☐	☐	☐	☐	☐	☑	unangenehm
hallig	☐	☐	☐	☐	☐	☑	☐	trocken
hart	☐	☐	☐	☐	☐	☐	☑	weich
scharf	☐	☐	☐	☐	☐	☐	☑	stumpf
nachschwingend	☐	☐	☐	☐	☐	☐	☑	nicht nachschwingend
nicht ploppig	☐	☐	☐	☐	☐	☐	☑	ploppig
hohl	☐	☐	☐	☐	☐	☐	☑	massiv
rasselnd	☐	☐	☐	☐	☐	☐	☑	nicht rasselnd
unaufdringlich	☑	☐	☐	☐	☐	☐	☐	aufdringlich
kraftlos	☐	☐	☐	☐	☐	☐	☑	kraftvoll
ausdrucksvoll	☐	☑	☐	☐	☐	☐	☐	blass
hochfrequent	☐	☐	☐	☐	☐	☐	☑	tieffrequent

Instruktionsnotizen des Versuchsleiters

Hinweise zum Fragebogen

- Name und Alter auf 1. Seite eintragen
- Seite 1 Einführung – Bitte durchlesen
- Bewertung der Geräusche Nummer Fragebogen = Nummer Display
- Pro Geräusch alle Adjektivpaare bewerten
- Kommentar bei Auffälligkeiten
- Nach Ausfüllen bitte auf Vollständigkeit prüfen
- Fragen zum Fragebogen? Fragen zu den verwendeten Begriffspaaren?

Durchführung des Hörversuchs

- Touch-Display, selbständiges Wählen der Geräuschbeispiele
- Viele Geräusche deshalb Scrollen am Display notwendig
- Vor Hörversuch gibt es eine Orientierungsphase mit max. Ausprägung der Begriffspaare → Anhören ohne zu bewerten
- Vor Bewertung alle Geräusche anhören – Überblick überenthaltene Ausprägungen gewinnen
- Alles, was im Geräusch vorhanden ist beurteilen, nichts ausblenden
- Quervergleiche zwischen Geräuschbeispielen durchführen
- Fragen zur Versuchsdurchführung?

Fragebogen zur Dimensionsanalyse

Hörversuch Türgeräusch - Schließen

Name:
Alter:

Anleitung:

Stellen Sie sich bitte vor, Sie stehen vor einem PKW und **schließen** dessen Fahrertür. In diesem Hörversuch werden Sie Türgeräusche von verschiedenen Fahrzeugen hören. Ihre Aufgabe ist es, diese klanglich zu beurteilen. Die Bewertung erfolgt dabei mit Hilfe von Eigenschaftswörtern mit gegensätzlicher Bedeutung nach folgendem Beispiel:

laut								leise

Die Gegensatzpaare sind in sieben Stufen unterteilt, wobei das jeweils äußere Kästchen die Maximalausprägung des jeweiligen Merkmals repräsentiert. Befindet man z.B. ein Geräusch als sehr laut, so ist es mit einem Kreuz ganz links neben laut zu markieren:

laut	x							leise

Wenn Sie der Meinung sind, dass das Geräusch schon sehr laut ist, eine Steigerung jedoch noch möglich ist, wählen Sie bitte das zweite Feld:

laut		x						leise

Möchten Sie hingegen sagen, dass das Geräusch nur tendentiell zu einem eher lautem neigt, kreuzen Sie bitte das Feld links neben der Mitte an. In etwa so:

laut			x					leise

Bei den meisten Adjektivpaarungen ist eine Neutralbewertung möglich, indem das Kreuz in die Mitte gesetzt werden kann, wie z.B.:

laut				x				leise

In diesem Fall wird das Geräusch weder als laut, noch als leise empfunden.

Sie haben 20 Geräuschbeispiele vor sich, die Sie bitte genau anhören und miteinander vergleichen. Bitte hören Sie sich **vor dem Ausfüllen des Fragebogens alle Beispiele an**, um einen Überblick über das Spektrum der Merkmalsausprägung zu erhalten. Beim anschließenden Bewerten der einzelnen Geräuschbeispiele ist es Ihnen möglich, **Quervergleiche** zu anderen Geräuschen vorzunehmen. Dabei entspricht die Tracknummer auf dem Display der Hörbeispiel-Nummer auf dem Fragebogen. Bitte beurteilen Sie für jedes Hörbeispiel alle Merkmalspaare. Wenn Sie mit einem Begriff einmal nichts anfangen können oder wenn Ihnen einmal etwas anderes Markantes auffällt, hinterlassen Sie bitte einen entsprechenden Hinweis im Kommentarfeld.

Hörbeispiel-Nr.:	Eigenschaftsbewertung								Kommentar
1	hart							weich	
	klapprig							solide	
	nicht ploppig							ploppig	
	klickend							nicht klickend	
	massiv							hohl	
	schlecht							gut	
	unausgereift							ausgereift	
	nicht hallig							hallig	
	kraftvoll							schwach	
	hochwertig							minderwertig	
	blechern							nicht blechern	
	schrill							nicht schrill	
	angenehm							unangenehm	
	hell							dunkel	
	nachschwingend							nicht nachschwingend	
	teuer							billig	
	rasselnd							nicht rasselnd	
	nicht topfig							topfig	
	laut							leise	
	leicht							schwer	
	blass							ausdrucksvoll	
	stumpf							scharf	
	tonal							nicht tonal	
	nicht metallisch							metallisch	

Fragebogen mit reduziertem Merkmalssatz

Hörversuch Türgeräusch

Name:
Alter:

Anleitung:

Stellen Sie sich bitte vor, Sie stehen vor einer **Luxuslimousine** und **öffnen** die Fahrertür. In diesem Hörversuch werden Sie Türgeräusche von verschiedenen Fahrzeugen hören. Ihre Aufgabe ist es, diese für eine Luxuslimousine klanglich zu beurteilen. Die Bewertung erfolgt dabei mit Hilfe von Eigenschaftswörtern mit gegensätzlicher Bedeutung nach folgendem Beispiel:

laut								leise

Die Gegensatzpaare sind in sieben Stufen unterteilt, wobei das jeweils äußere Kästchen die Maximalausprägung des jeweiligen Merkmals repräsentiert. Befindet man z.B. ein Geräusch als sehr laut, so ist es mit einem Kreuz ganz links neben laut zu markieren:

laut	X							leise

Wenn Sie der Meinung sind, dass das Geräusch schon sehr laut ist, eine Steigerung jedoch noch möglich ist, wählen Sie bitte das zweite Feld:

laut		X						leise

Möchten Sie hingegen sagen, dass das Geräusch nur tendentiell zu einem eher lautem neigt, kreuzen Sie bitte das Feld links neben der Mitte an. In etwa so:

laut			X					leise

Bei den meisten Adjektivpaarungen ist eine Neutralbewertung möglich, indem das Kreuz in die Mitte gesetzt werden kann, wie z.B.:

laut				X				leise

In diesem Fall wird das Geräusch weder als laut, noch als leise empfunden.

Sie haben 20 Geräuschbeispiele vor sich, die Sie miteinander vergleichen können. Bitte **hören Sie sich vor dem Ausfüllen des Fragebogens alle Beispiele an**, um einen Überblick über das Spektrum der Merkmalsausprägung zu erhalten. Beim anschließenden Bewerten der einzelnen Geräuschbeispiele ist es Ihnen möglich, **Quervergleiche** zu anderen Geräuschen vorzunehmen. Dabei entspricht die Tracknummer auf dem Display der Hörbeispiel-Nummer auf dem Fragebogen. Bitte beurteilen Sie für jedes Hörbeispiel alle Merkmalspaare auch, wenn Sie mit einem Begriff einmal nichts anfangen können. In diesem oder in dem Fall, dass Ihnen in einem Hörbeispiel einmal etwas anderes Markantes auffällt, hinterlassen Sie bitte einen entsprechenden Hinweis im Kommentarfeld.

Hörbeispiel-Nr.:	Eigenschaftsbewertung								Kommentar
1	leise							laut	
	schlecht							gut	
	hochwertig							minderwertig	
	hell							dunkel	
	klickend							nicht klickend	
	weich							hart	
	kraftvoll							schwach	
	ploppig							nicht ploppig	
	nachschwingend							nicht nachschwingend	

Fragebogen zum optimalen Pegel

Hörversuch Türgeräusch - Lautheitsempfinden

Name:
Alter:

Anleitung:

Stellen Sie sich bitte vor, Sie stehen vor einem **Fahrzeug** und **betätigen** dessen Fahrertür. In diesem Hörversuch werden Sie Öffnungs- und Schließgeräusche von verschiedenen Fahrzeugen hören. Ihre Aufgabe ist es, diese nach **Pegel** anhand folgender Skala zu beurteilen.

viel zu laut	zu laut	etwas zu laut	genau richtig	etwas zu leise	zu leise	viel zu leise

Skala ist in sieben Stufen unterteilt, wobei das äußere Kästchen die Maximalausprägung des jeweiligen Merkmals repräsentiert. Befindet man z.B. ein Geräusch als sehr laut, so ist es mit einem Kreuz ganz links neben laut zu markieren:

viel zu laut	zu laut	etwas zu laut	genau richtig	etwas zu leise	zu leise	viel zu leise
X						

Wenn Sie der Meinung sind, dass das Geräusch schon sehr laut ist, eine Steigerung jedoch noch möglich ist, wählen Sie bitte das zweite Feld:

viel zu laut	zu laut	etwas zu laut	genau richtig	etwas zu leise	zu leise	viel zu leise
	X					

Möchten Sie hingegen sagen, dass das Geräusch nur tendentiell zu einem eher lautem neigt, kreuzen Sie bitte das Feld links neben der Mitte an. In etwa so:

viel zu laut	zu laut	etwas zu laut	genau richtig	etwas zu leise	zu leise	viel zu leise
		X				

Wenn Sie der Meinung sind, das das Geräuschbeispiel den optimalen Pegel hat, setzen Sie das Kreuz bitte in der Mitte:

viel zu laut	zu laut	etwas zu laut	genau richtig	etwas zu leise	zu leise	viel zu leise
			X			

In diesem Fall wird das Türgeräusch weder als laut, noch als leise empfunden, sondern repräsentiert das Optimum.

Sie haben 20 Geräuschbeispiele vor sich, die Sie miteinander vergleichen können. **Bitte hören Sie sich vor dem Ausfüllen des Fragebogens alle Beispiele an**, um einen Überblick über das Spektrum der Merkmalsausprägung zu erhalten. Beim anschließenden Bewerten der einzelnen Geräuschbeispiele können Sie **Quervergleiche zu anderen Geräuschen** vornehmen. Bitte nutzen Sie diese Möglichkeit. Dabei entspricht die Tracknummer auf dem Display der Hörbeispiel-Nummer auf dem Fragebogen. Sollte Ihnen an einem Hörbeispiel einmal etwas Markantes auffallen, hinterlassen Sie bitte einen entsprechenden Hinweis im Kommentarfeld.

Öffnen

Hörbeispiel-Nr.:	viel zu laut	zu laut	etwas zu laut	genau richtig	etwas zu leise	zu leise	viel zu leise	Kommentar
1								

Stimuli der Hörversuche

Hörversuch	Ereignis	Wiederholungen	Originale	Modifikationen	Pegelvariation
Dimensionsanalyse	Öffnen	20	22	40	18
	Schließen	20	34	28	18
reduzierter Merkmalssatz	Öffnen	20	21	41	18
	Schließen	20	34	28	18
Differenzierung nach Fzg.-typ	Öffnen	4	16	0	0
	Schließen	4	16	0	0
Pegelvariation	Öffnen	4	0	0	36
	Schließen	4	0	0	36

Tabelle 6.1: Übersicht über die Anzahl der in den einzelnen Hörversuchen verwendeten Stimuli

Ereignis	Art der Modifikation	Frequenz -bereich	Bereich	Stufen	Track-Nr.	Hörversuch
Öffnen	Pegelvariation	breitbandig	42-76dB(A)	2dB	Ö1-Ö18	Dimensionsanalyse, reduzierter Merkmalssatz
Öffnen	Pegelvariation eines guten und schlechten Geräusches	breitbandig	42-76dB(A)	2dB	Ö19-Ö55	Pegeleinfluss
Öffnen	Pegelanhebung	5,8kHz-13,5kHz	0 - 18dB	3dB	Ö56-Ö62	Dimensionsanalyse, reduzierter Merkmalssatz
Öffnen	Pegelanhebung	150Hz-800Hz	5-20dB	5dB	Ö63-Ö66	Dimensionsanalyse, reduzierter Merkmalssatz
Öffnen	Pegelanhebung	150Hz-1,5kHz	5-20dB	5dB	Ö67-Ö70	Dimensionsanalyse, reduzierter Merkmalssatz
Öffnen	Pegelanhebung	4kHz-7kHz	5-20dB	5dB	Ö71-Ö74	Dimensionsanalyse, reduzierter Merkmalssatz
Öffnen	Pegelanhebung	8kHz-13kHz	5-20dB	5dB	Ö75-Ö78	Dimensionsanalyse, reduzierter Merkmalssatz
Öffnen	Pegelvariation tonaler Komponenten nach Hauptgeräusch Länge=150ms, Bandbreite 100Hz	500Hz	20-50dB	10dB	Ö79-Ö82	Dimensionsanalyse, reduzierter Merkmalssatz
Öffnen	Pegelvariation tonaler Komponenten nach Hauptgeräusch Länge=150ms, Bandbreite 100Hz	1,2kHz	20-50dB	10dB	Ö83-Ö86	Dimensionsanalyse, reduzierter Merkmalssatz
Öffnen	Pegelvariation tonaler Komponenten nach Hauptgeräusch Länge=150ms, Bandbreite 100Hz	2kHz	20-50dB	10dB	Ö87-Ö90	Dimensionsanalyse, reduzierter Merkmalssatz
Öffnen	Pegelvariation tonaler Komponenten nach Hauptgeräusch Länge=150ms, Bandbreite 100Hz	3,5kHz	20-50dB(A)	10dB	Ö91-Ö94	Dimensionsanalyse, reduzierter Merkmalssatz
Öffnen	Zeitvariation tonaler Komponenten nach Hauptgeräusch Pegel=40dB(A), Bandbreite 100Hz	500Hz	50-100ms	50ms	Ö95-Ö96	Dimensionsanalyse, reduzierter Merkmalssatz
Öffnen	Zeitvariation tonaler Komponenten nach Hauptgeräusch Pegel=40dB(A), Bandbreite 100Hz	2kHz	50-100ms	50ms	Ö97-Ö98	Dimensionsanalyse, reduzierter Merkmalssatz
Öffnen	Pegelvariation eines zusätzlichen Impulses im Abstand von 50ms vom Hauptgeräusch	breitbandig	30-70dB	20dB	Ö99-Ö101	Dimensionsanalyse, reduzierter Merkmalssatz

Abbildung 6.1: Übersicht über die Variationen der Stimuli 1.Teil

Ereignis	Art der Modifikation	Frequenz -bereich	Bereich	Stufen	Track-Nr.	Hörversuch
Öffnen	Hinzufügen von 1-5 Impulsen mit Summenpegel 70dB(A)	breitbandig	40ms-200ms nach Haupt-impuls	40ms	Ö102-Ö106	Dimensionsanalyse, reduzierter Merkmalssatz
Öffnen	Pegelanhebung Bandbreite 1,2kHz	10kHz	5-15dB	5dB	Ö107-Ö109	Dimensionsanalyse, reduzierter Merkmalssatz
Öffnen	Hinzufügen von 1-5 Impulsen mit Summenpegel 30dB(A)	5-10kHz	20-200ms	40ms	Ö110-Ö114	Dimensionsanalyse, reduzierter Merkmalssatz
Öffnen	Hinzufügen von 1-5 Impulsen mit Summenpegel 50dB(A)	5-10kHz	20-200ms	40ms	Ö115-Ö119	Dimensionsanalyse, reduzierter Merkmalssatz
Öffnen	Hinzufügen von 1-5 Impulsen mit Summenpegel 70dB(A)	5-10kHz	20-200ms	40ms	Ö120-Ö124	Dimensionsanalyse, reduzierter Merkmalssatz
Öffnen	Pegelanhebung Bandbreite 50Hz	200Hz	2-14dB	2dB	Ö125-Ö130	Dimensionsanalyse, reduzierter Merkmalssatz
Öffnen	Pegelanhebung Bandbreite 50Hz	400Hz	2-14dB	2dB	Ö131-Ö136	Dimensionsanalyse, reduzierter Merkmalssatz
Schließen	Pegelvariation	breitbandig	42-76dB(A)	2dB	S1-S18	Dimensionsanalyse, reduzierter Merkmalssatz
Schließen	Pegelvariation eines guten und schlechten Geräusches	breitbandig	42-76dB(A)	2dB	S19-S55	Pegeleinfluss
Schließen	Pegelanhebung	5,8kHz-13,5kHz	0 - 26dB	2dB	S56-S69	Dimensionsanalyse, reduzierter Merkmalssatz
Schließen	Pegelvariation tonaler Komponenten nach Hauptgeräusch Länge=150ms, Bandbreite 100Hz	500Hz	20-40dB	10dB	S70-S72	Dimensionsanalyse, reduzierter Merkmalssatz
Schließen	Pegelvariation tonaler Komponenten nach Hauptgeräusch Länge=150ms, Bandbreite 100Hz	700Hz	20-40dB	10dB	S73-S75	Dimensionsanalyse, reduzierter Merkmalssatz
Schließen	Pegelvariation tonaler Komponenten nach Hauptgeräusch Länge=150ms, Bandbreite 100Hz	1kHz	20-40dB	10dB	S76-S78	Dimensionsanalyse, reduzierter Merkmalssatz
Schließen	Pegelvariation tonaler Komponenten nach Hauptgeräusch Länge=150ms, Bandbreite 100Hz	1,3kHz	20-40dB	10dB	S79-S81	Dimensionsanalyse, reduzierter Merkmalssatz

Abbildung 6.2: Übersicht über die Variationen der Stimuli 2.Teil

Ereignis	Art der Modifikation	Frequenz -bereich	Bereich	Stufen	Track-Nr.	Hörversuch
Schließen	Dauervariation der tonalen Komponente nach Hauptgeräusch Summenpegel 40dB Bandbreite 100Hz	500Hz	50-100ms	50ms	S82-S83	Dimensionsanalyse, reduzierter Merkmalssatz
Schließen	Dauervariation der tonalen Komponente nach Hauptgeräusch Summenpegel 40dB Bandbreite 100Hz	700Hz	50-100ms	50ms	S84-S85	Dimensionsanalyse, reduzierter Merkmalssatz
Schließen	Dauervariation der tonalen Komponente nach Hauptgeräusch Summenpegel 40dB Bandbreite 100Hz	1kHz	50-100ms	50ms	S86-S87	Dimensionsanalyse, reduzierter Merkmalssatz
Schließen	Dauervariation der tonalen Komponente nach Hauptgeräusch Summenpegel 40dB Bandbreite 100Hz	1,3kHz	50-100ms	50ms	S88-S89	Dimensionsanalyse, reduzierter Merkmalssatz
Schließen	Hinzufügen von 1-4 Impulsen mit Summenpegel 50dB(A)	breitbandig	300-900ms nach Haupt-geräusch	200ms	S90-S93	Dimensionsanalyse, reduzierter Merkmalssatz
Schließen	Pegelanhebung Bandbreite 1,2kHz	10kHz	5-15dB	5dB	S94-S96	Dimensionsanalyse, reduzierter Merkmalssatz
Schließen	Hinzufügen von 1-5 Impulsen mit Summenpegel 30dB(A)	5-10kHz	20-200ms	40ms	S97-S101	Dimensionsanalyse, reduzierter Merkmalssatz
Schließen	Hinzufügen von 1-5 Impulsen mit Summenpegel 50dB(A)	5-10kHz	20-200ms	40ms	S102-S106	Dimensionsanalyse, reduzierter Merkmalssatz
Schließen	Hinzufügen von 1-5 Impulsen mit Summenpegel 70dB(A)	5-10kHz	20-200ms	40ms	S107-S111	Dimensionsanalyse, reduzierter Merkmalssatz

Abbildung 6.3: Übersicht über die Variationen der Stimuli 3.Teil

Abbildungen zum Verfahrensvergleich der Zeit-Frequenz-Transformationen

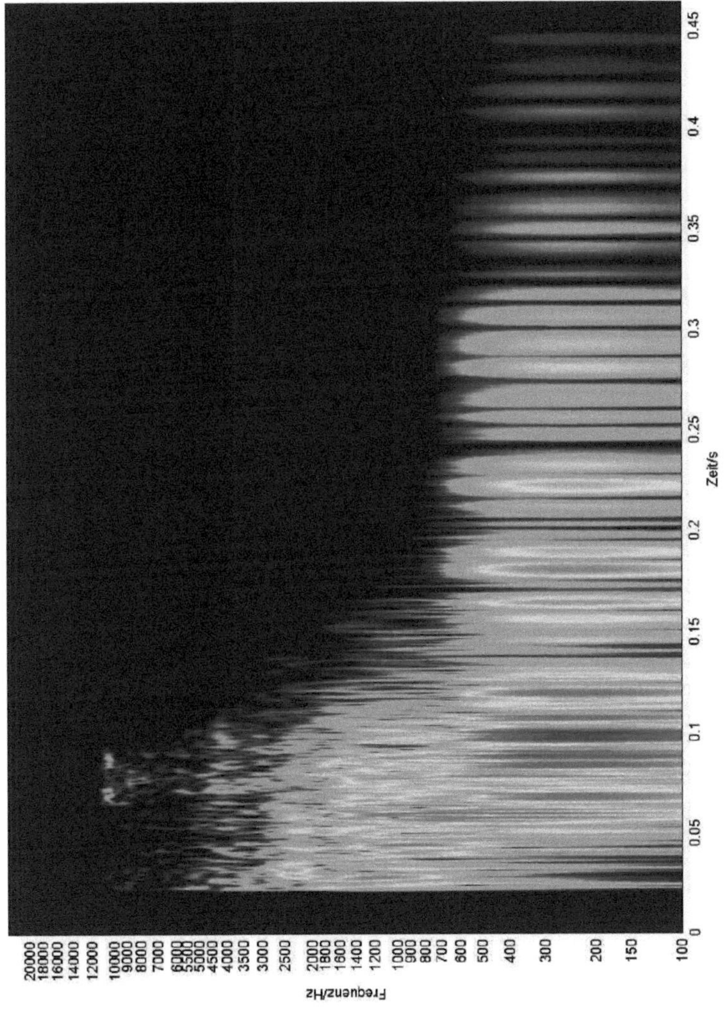

Abbildung 6.4: Zeit-Frequenz-Transformation eines typischen Türgeräusches mit STFT, Hamming, 512 Samples Fensterlänge

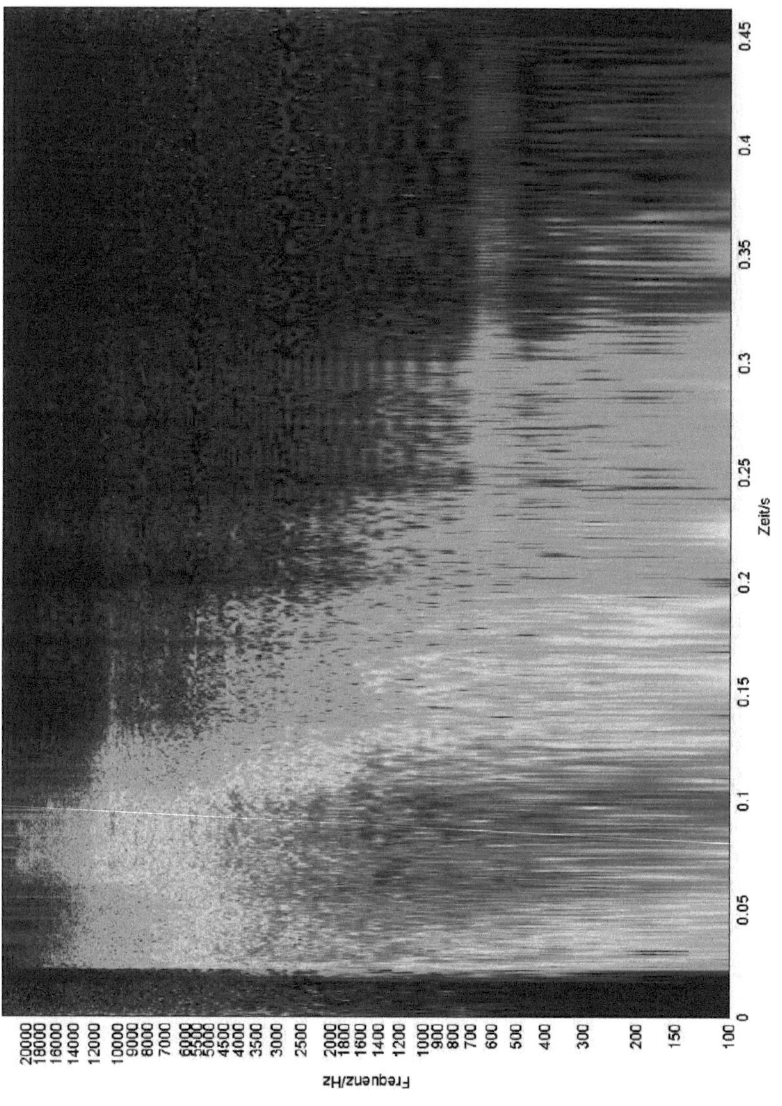

Abbildung 6.5: Zeit-Frequenz-Transformation eines typischen Türgeräusches mit Wigner-Ville-transformation

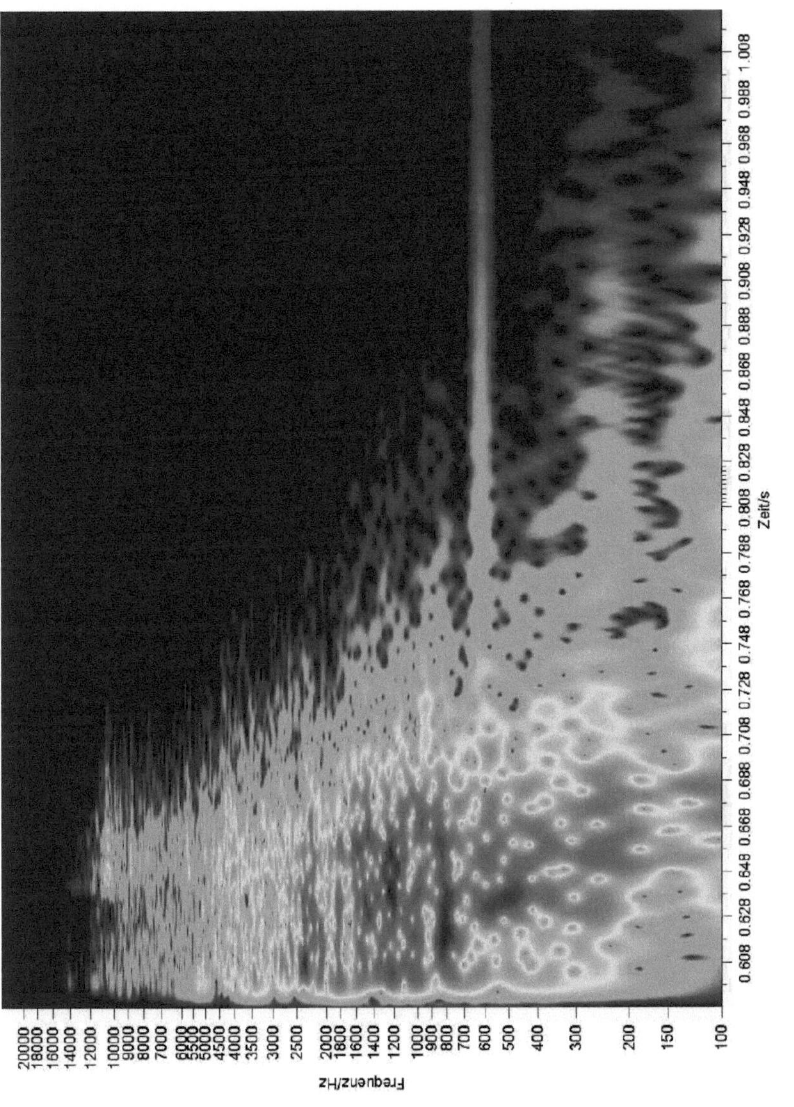

Abbildung 6.6: Zeit-Frequenz-Transformation eines typischen Türgeräusches mit der Constant-Q-Transformation

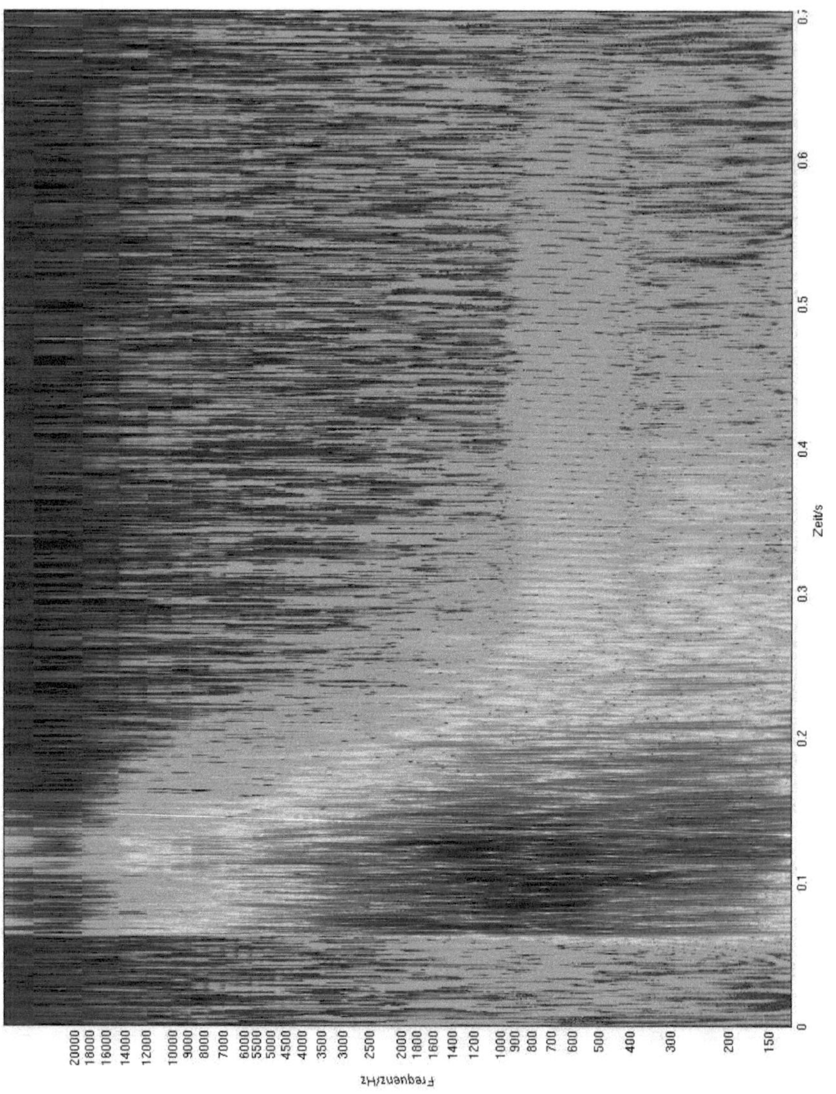

Abbildung 6.7: Zeit-Frequenz-Transformation eines typischen Türgeräusches mit der Wavlet-Transformation

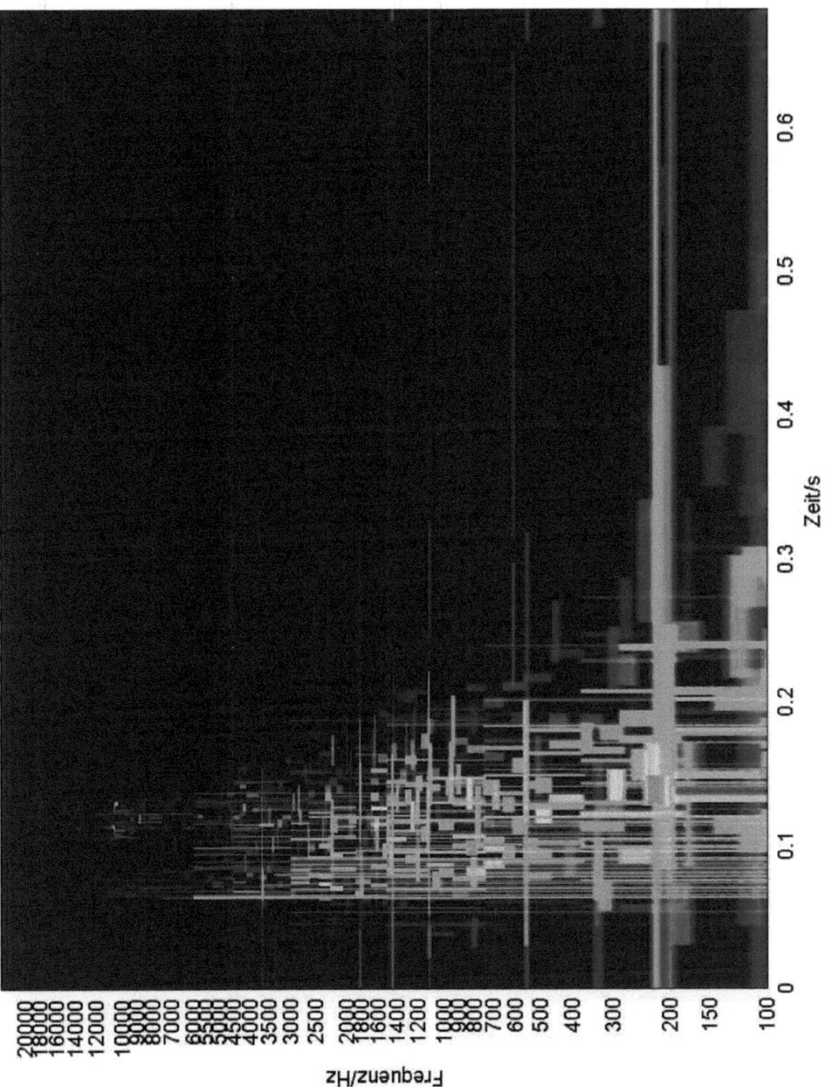

Abbildung 6.8: Zeit-Frequenz-Transformation eines typischen Türgeräusches mit dem Matching Pursuit Verfahren

Abbildungen zur Modellierung der Wahrnehmungsdimensionen

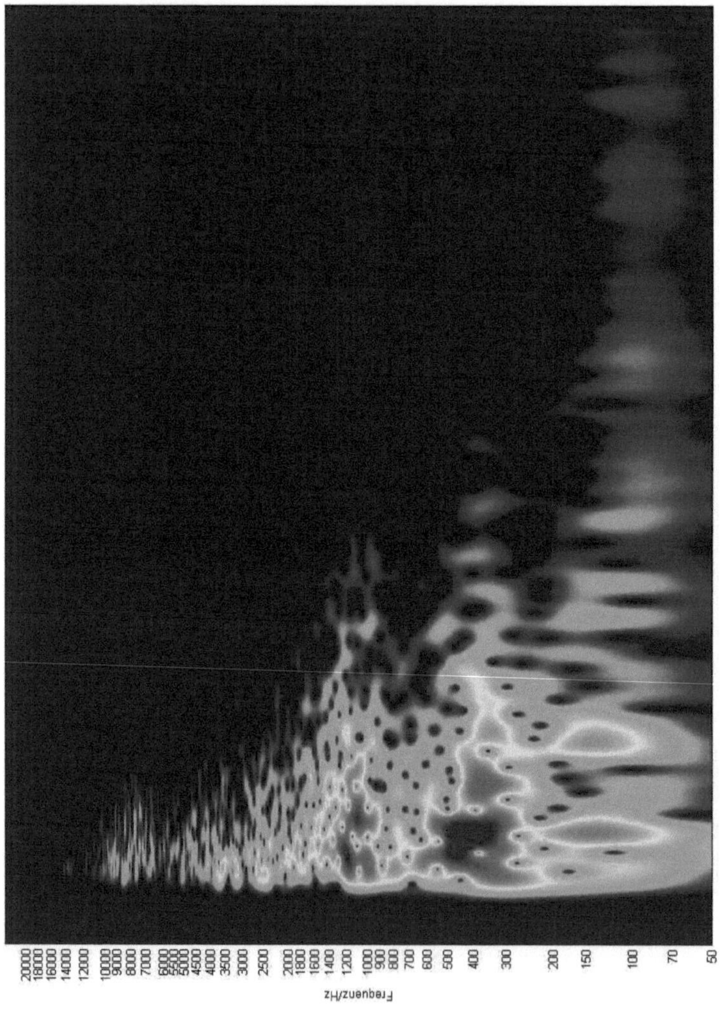

Abbildung 6.9: Beispiel eines als sehr *hell* empfundenen Öffnungsgeräusches

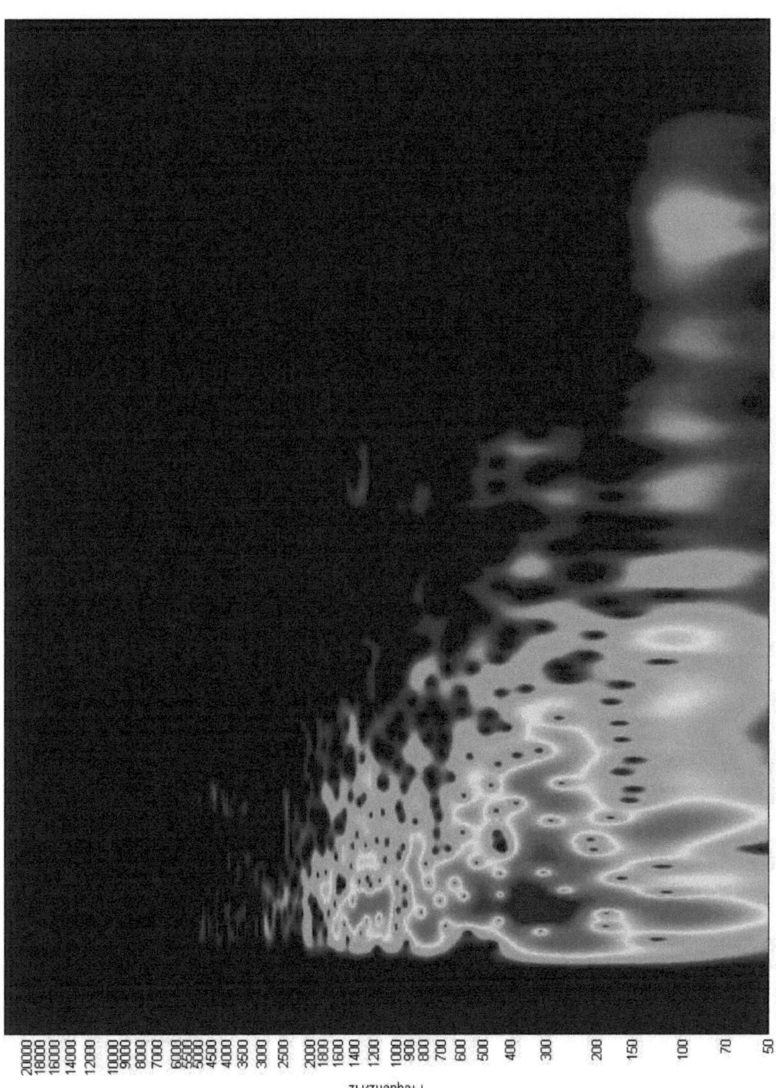

Abbildung 6.10: Beispiel eines als sehr *dunkel* empfundenen Öffnungsgeräusches

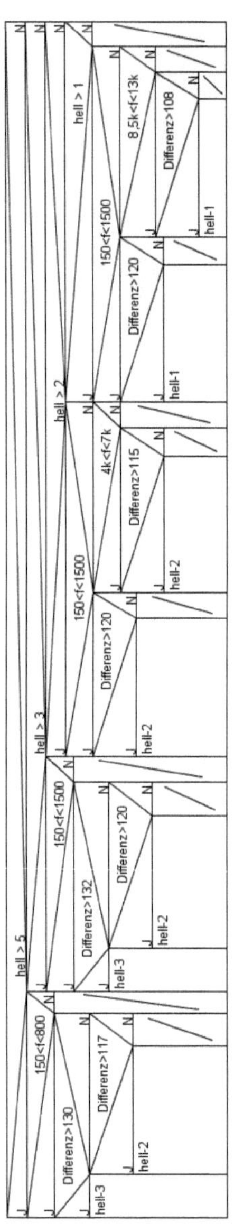

Abbildung 6.11: Struktogramm zur Korrektur der Ausgeprägtheit der Tonhöhe für tonale Pegelspitzen

Abbildung 6.12: Beispiel eines als sehr *hell* empfundenen Schließgeräusches

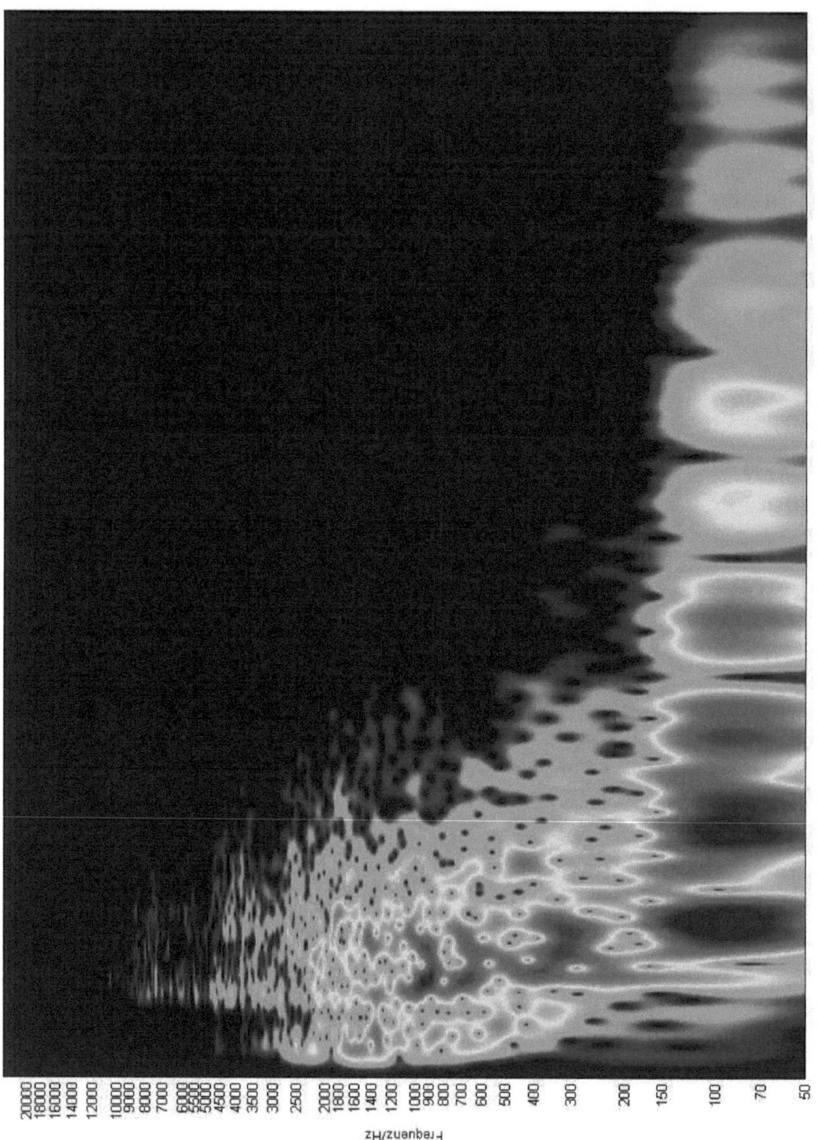

Abbildung 6.13: Beispiel eines als sehr *dunkel* empfundenen Schließgeräusches

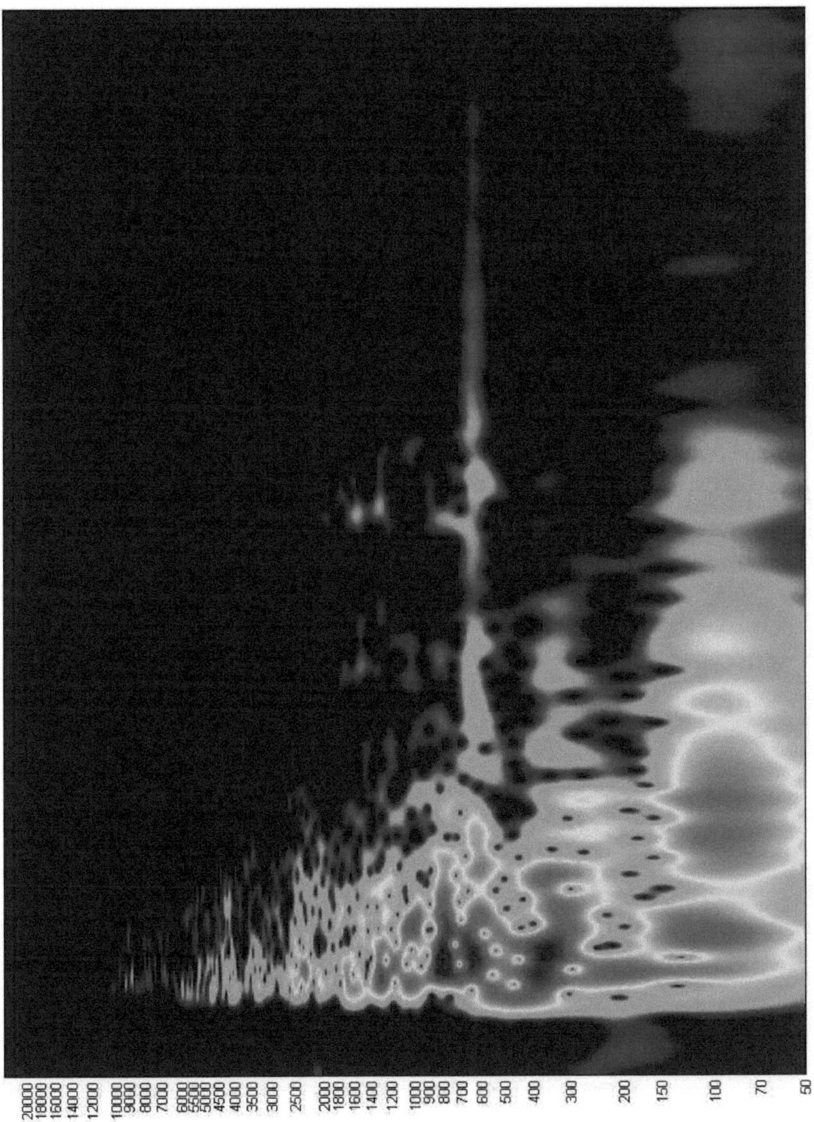

Abbildung 6.14: Beispiel eines aufgrund des tonalen Anteils als sehr *nachschwingend* empfundenen Öffnungsgeräusches

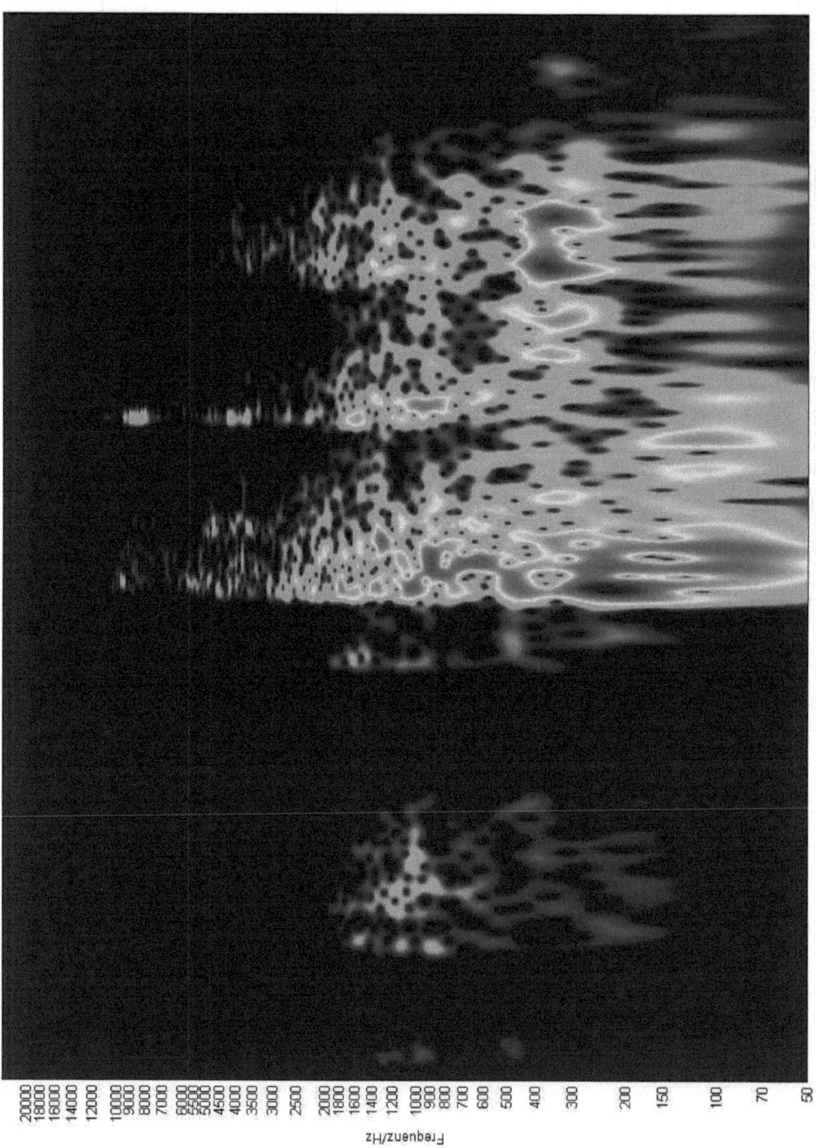

Abbildung 6.15: Beispiel eines aufgrund des klapperndem Anteils als sehr *nachschwingend* empfundenen Öffnungsgeräusches

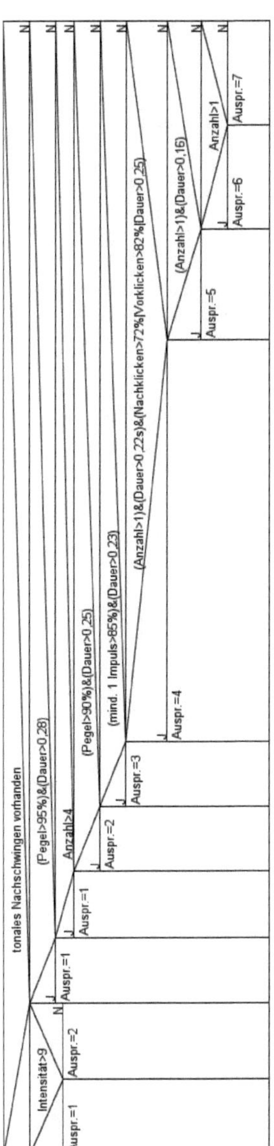

Abbildung 6.16: Struktogramm des Bewertungsverfahrens zur Nachbildung der subjektiven Empfindung der Dimension Ausschwingen beim Öffnungsgeräusch

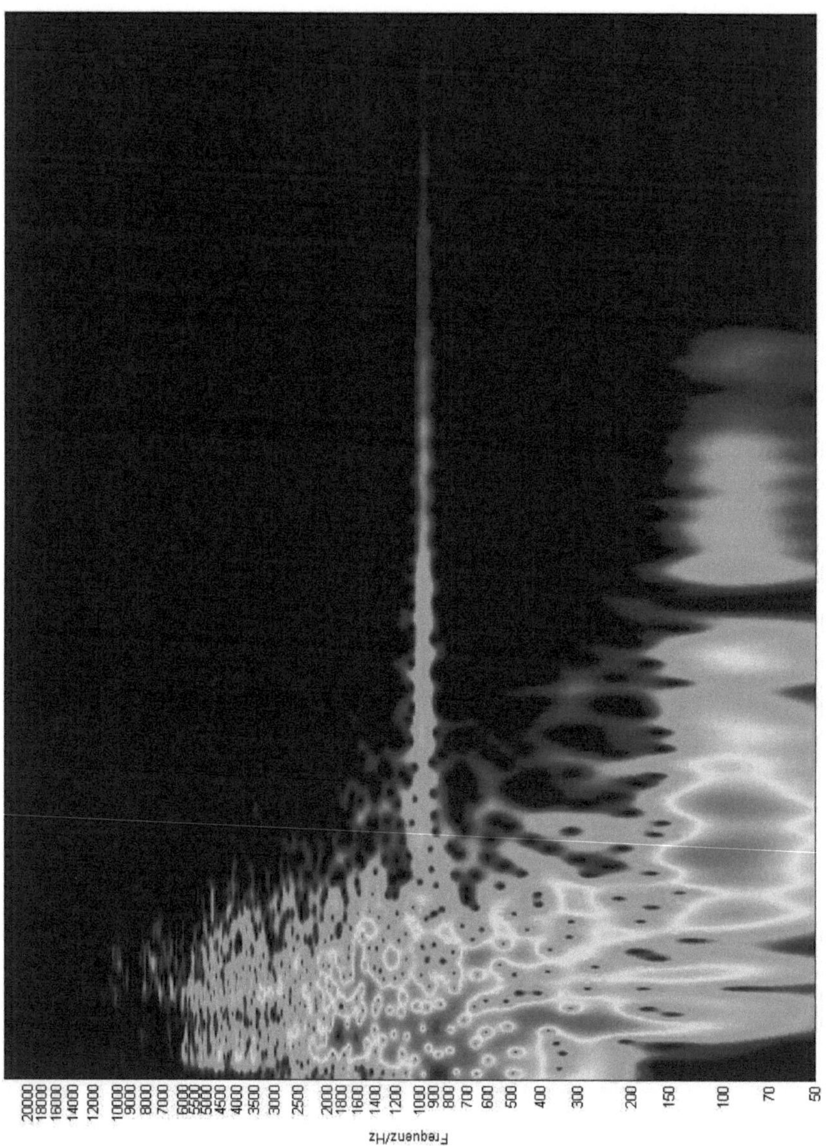

Abbildung 6.17: Beispiel eines aufgrund des tonalen Anteils als sehr *nachschwingend* empfundenen Schließgeräusches

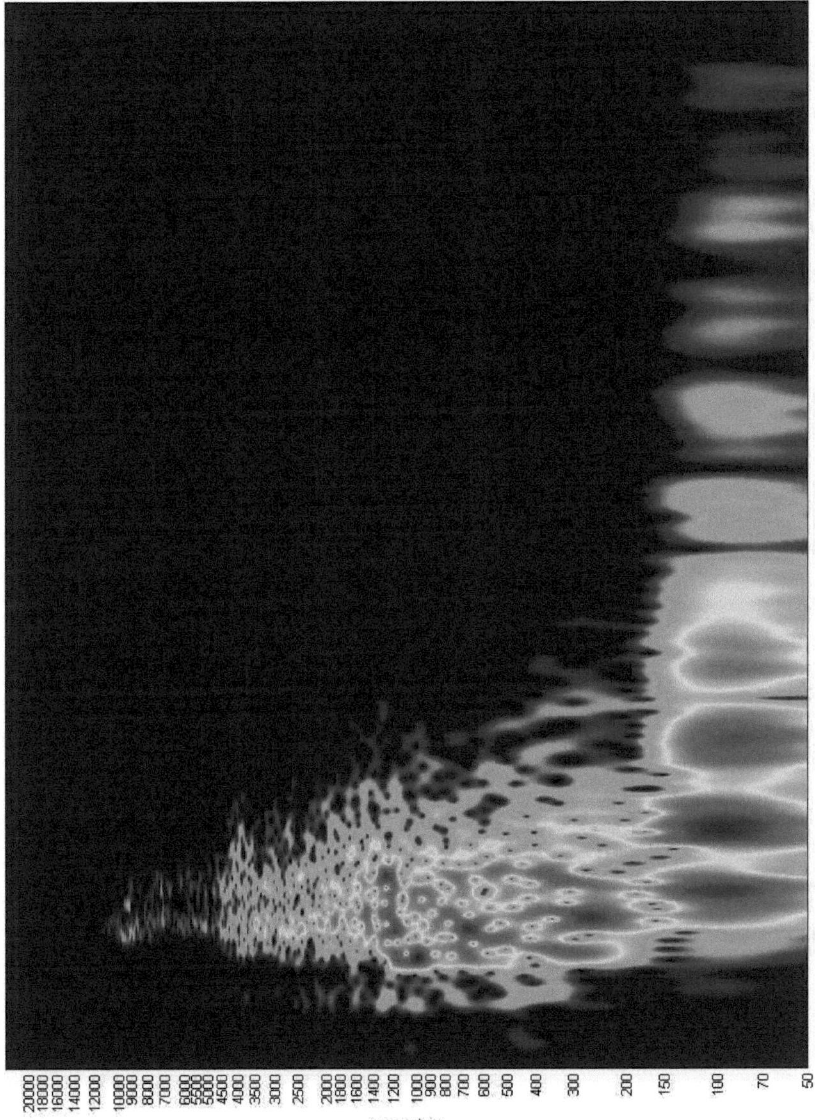

Abbildung 6.18: Beispiel eines aufgrund des zeitlich lang andauernden tiefen Frequenzanteiles als sehr *nachschwingend* empfundenen Schließgeräusches

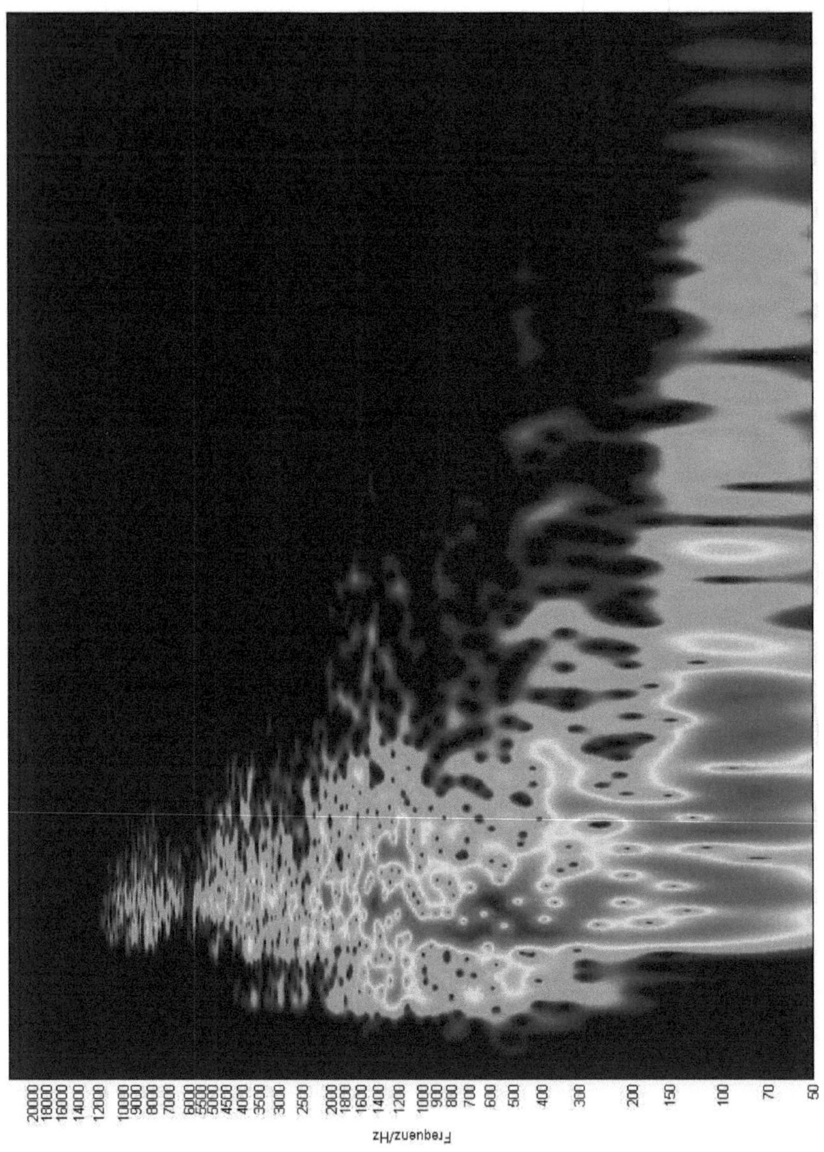

Abbildung 6.19: Beispiel eines aufgrund des klapperndem Anteils als sehr *nachschwingend* empfundenen Schließgeräusches

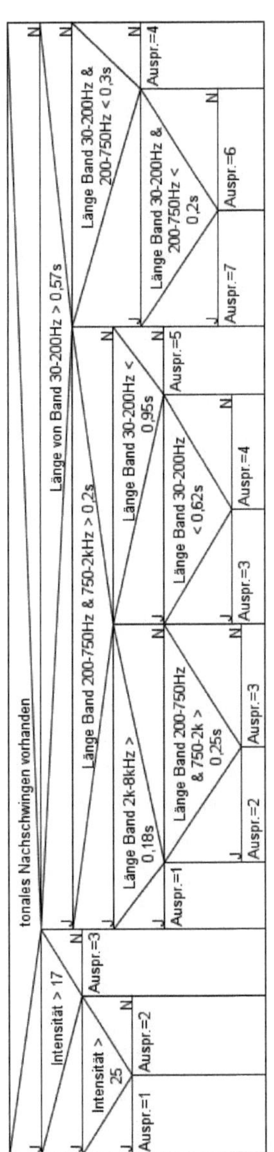

Abbildung 6.20: Struktogramm des Bewertungsalgorithmus des Faktors Ausschwingen beim Schließgeräusch

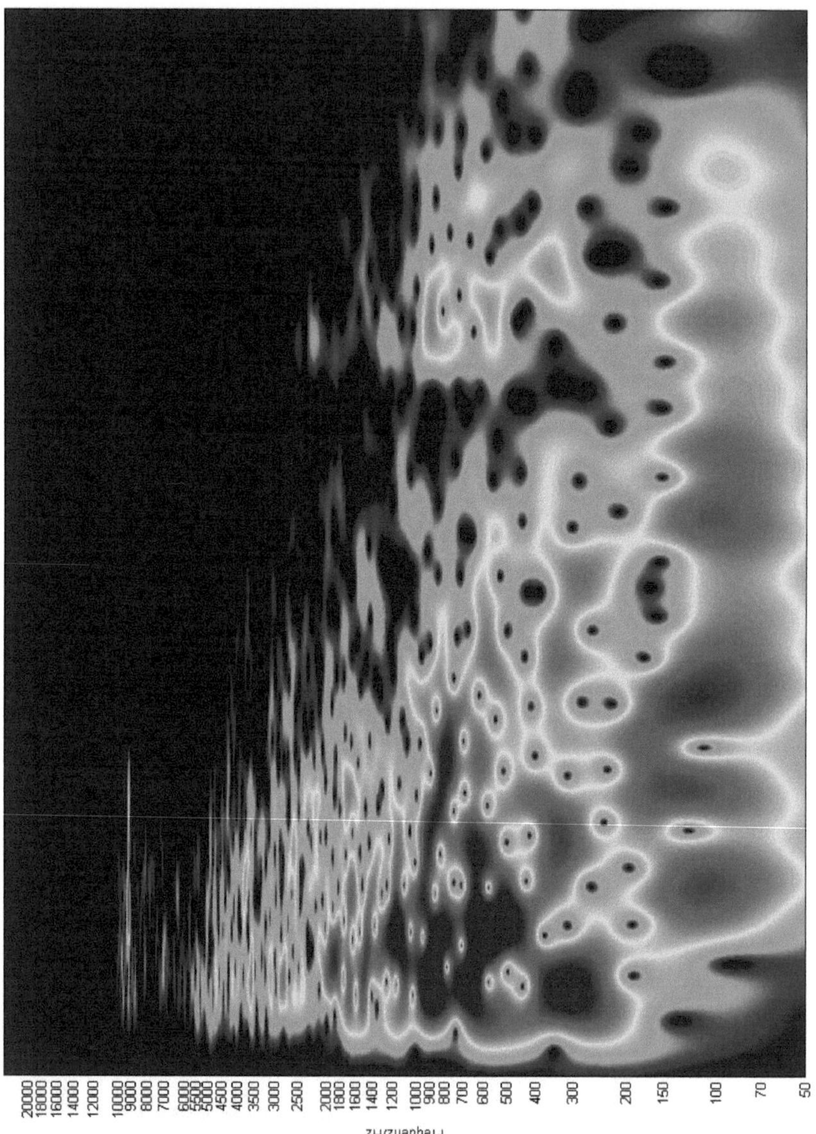

Abbildung 6.21: Beispiel eines aufgrund des tonalen Frequenzanteiles als sehr *klickend* empfundenen Öffnungsgeräusches

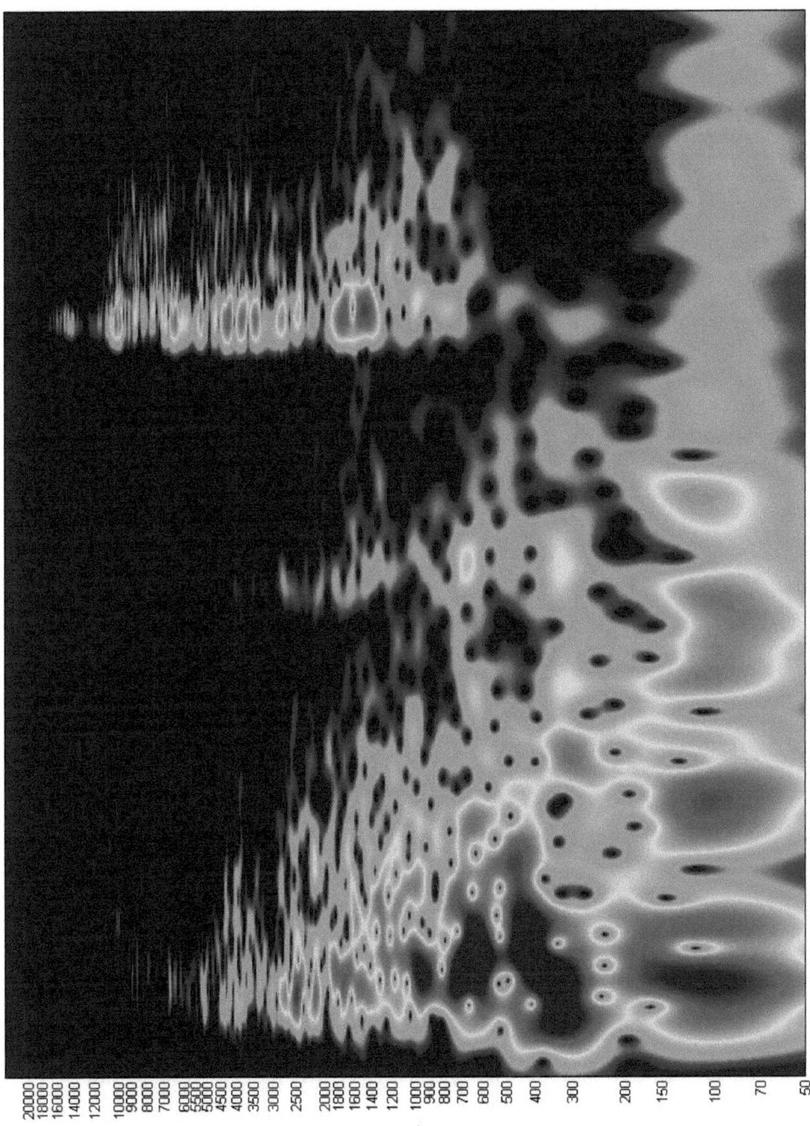

Abbildung 6.22: Beispiel eines aufgrund des Mehrfachimpulses als sehr *klickend* empfundenen Öffnungsgeräusches

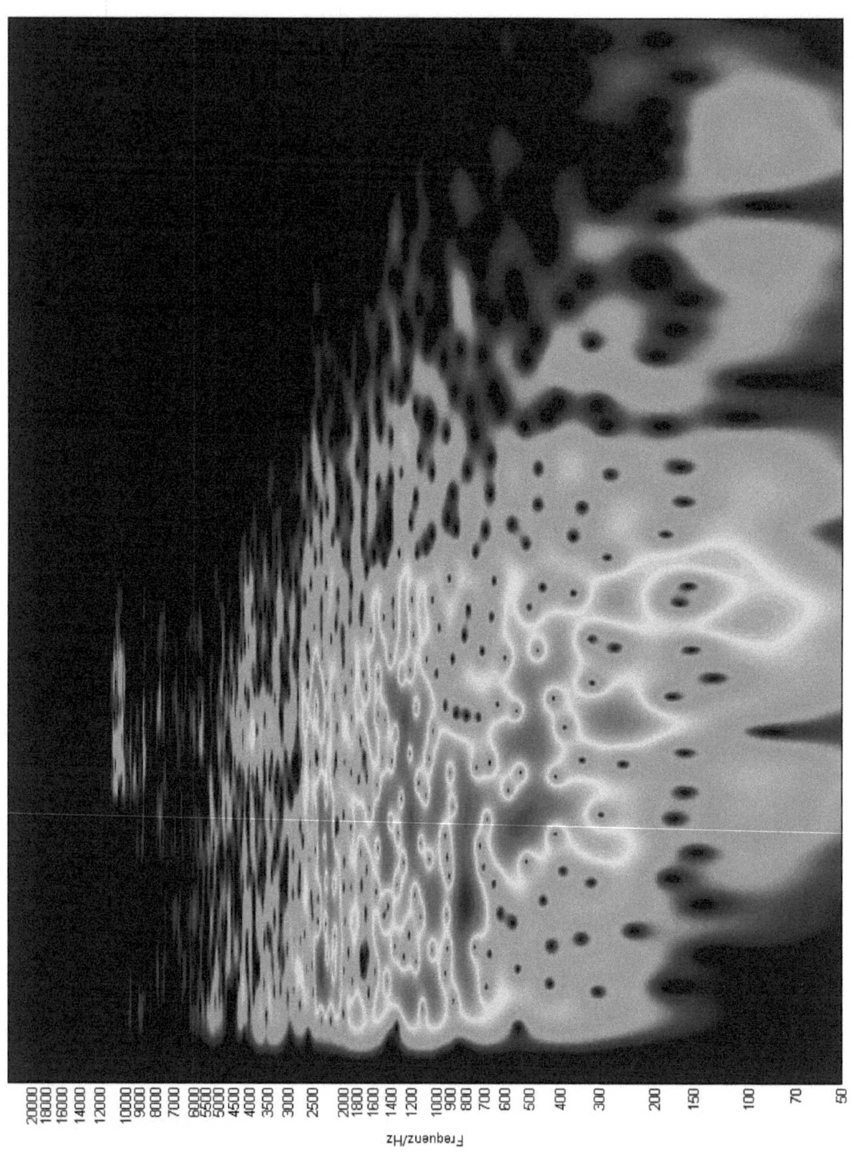

Abbildung 6.23: Beispiel eines aufgrund des tonalen Frequenzanteiles als sehr *klickend* empfundenen Schließgeräusches

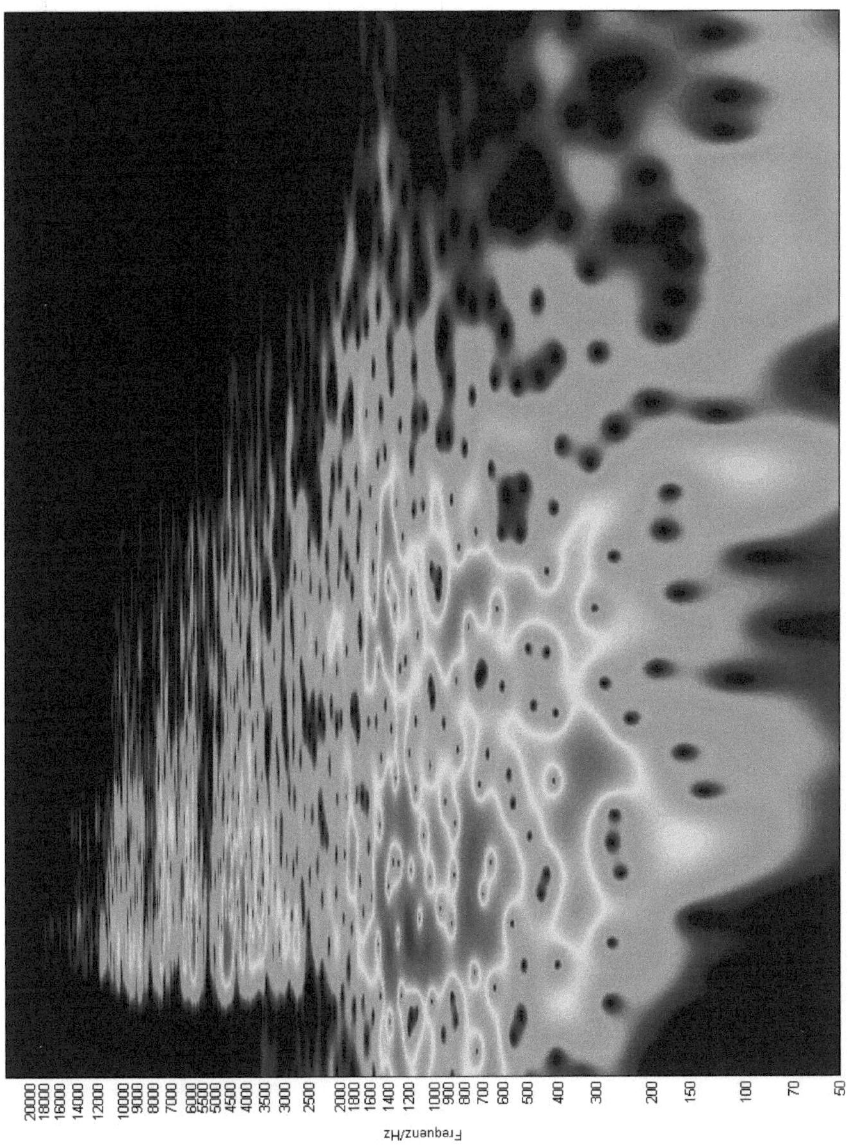

Abbildung 6.24: Beispiel eines aufgrund des Mehrfachimpulses als sehr *klickend* empfundenen Schließgeräusches

Abbildungen zu den Ursachenpfaden der Sinneswahrnehmung

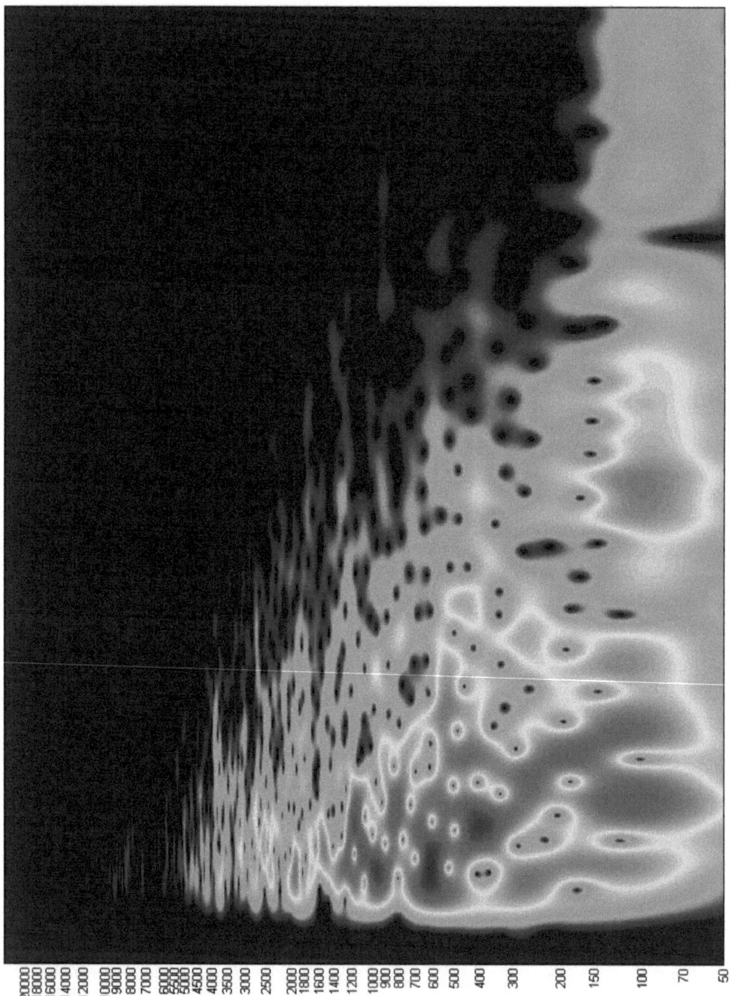

Abbildung 6.25: Beispiel eines als sehr *hell* empfundenen Öffnungsgeräusches ohne mechanische Modifikation

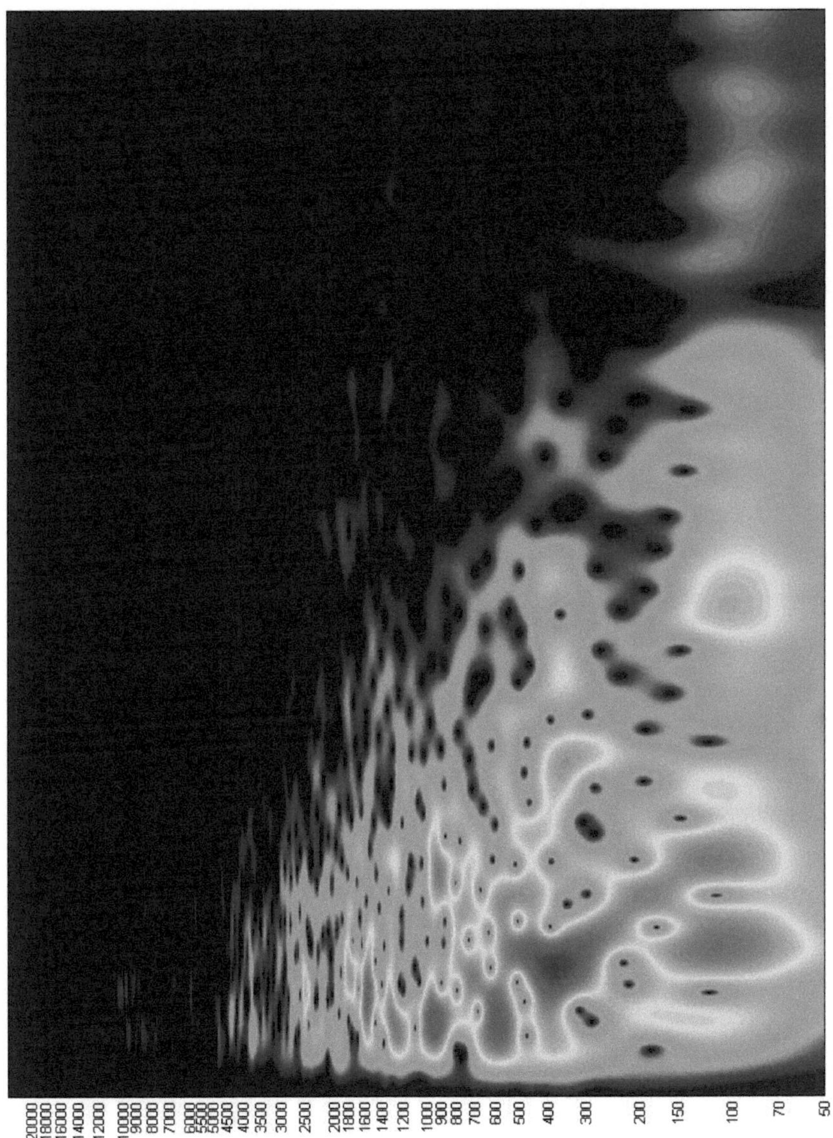

Abbildung 6.26: Nach Bedämpfungsmaßnahmen als sehr *dunkel* empfundenes Öffnungsgeräusch

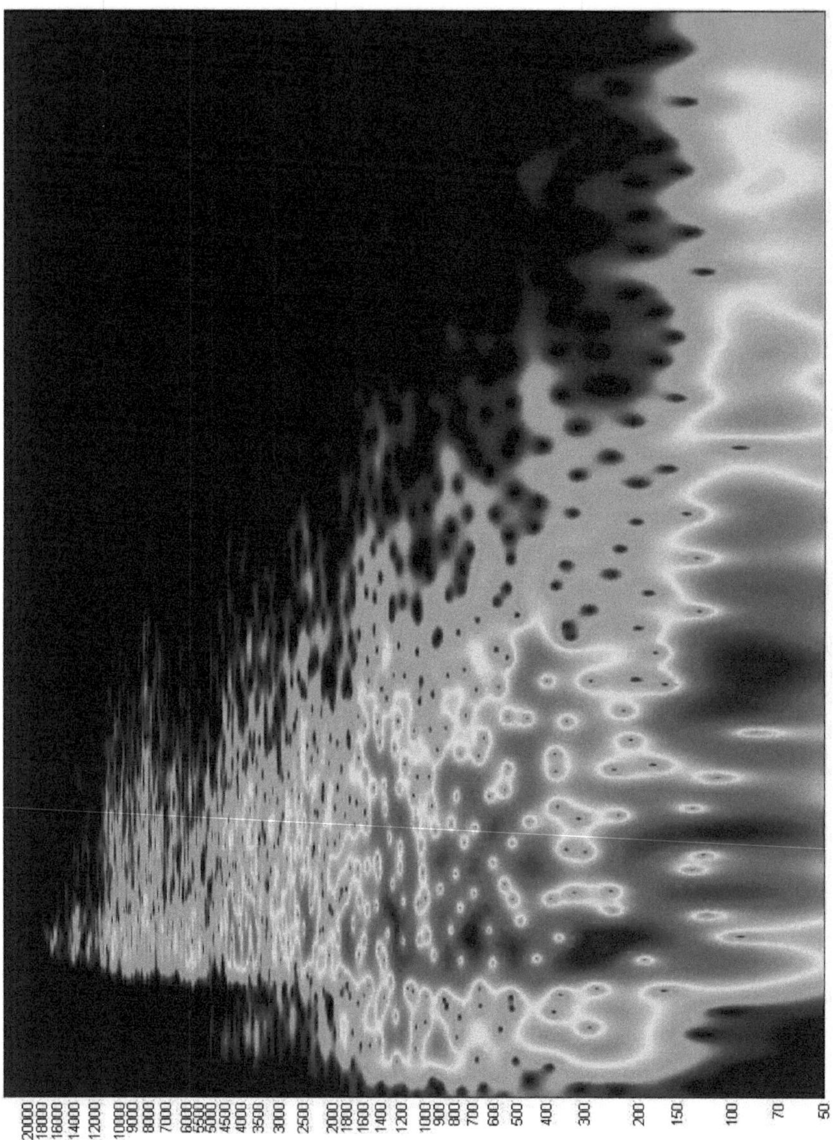

Abbildung 6.27: Beispiel eines als sehr *hell* empfundenen Schließgeräusches ohne mechanische Modifikation

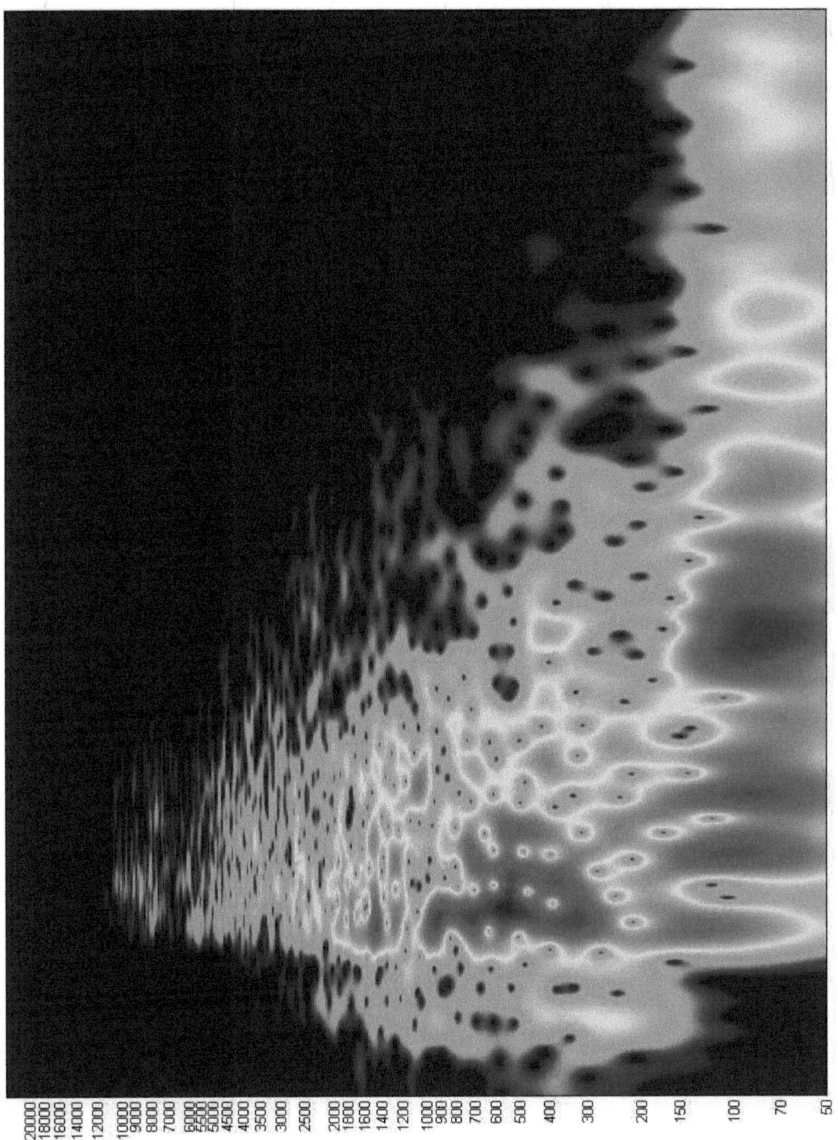

Abbildung 6.28: Nach Ummantelung der Sperrteile als sehr *dunkel* empfundenes Schließgeräusch

Abbildung 6.29: Beispiel eines als sehr *ausschwingend* empfundenen Öffnungsgeräusches ohne mechanische Modifikation

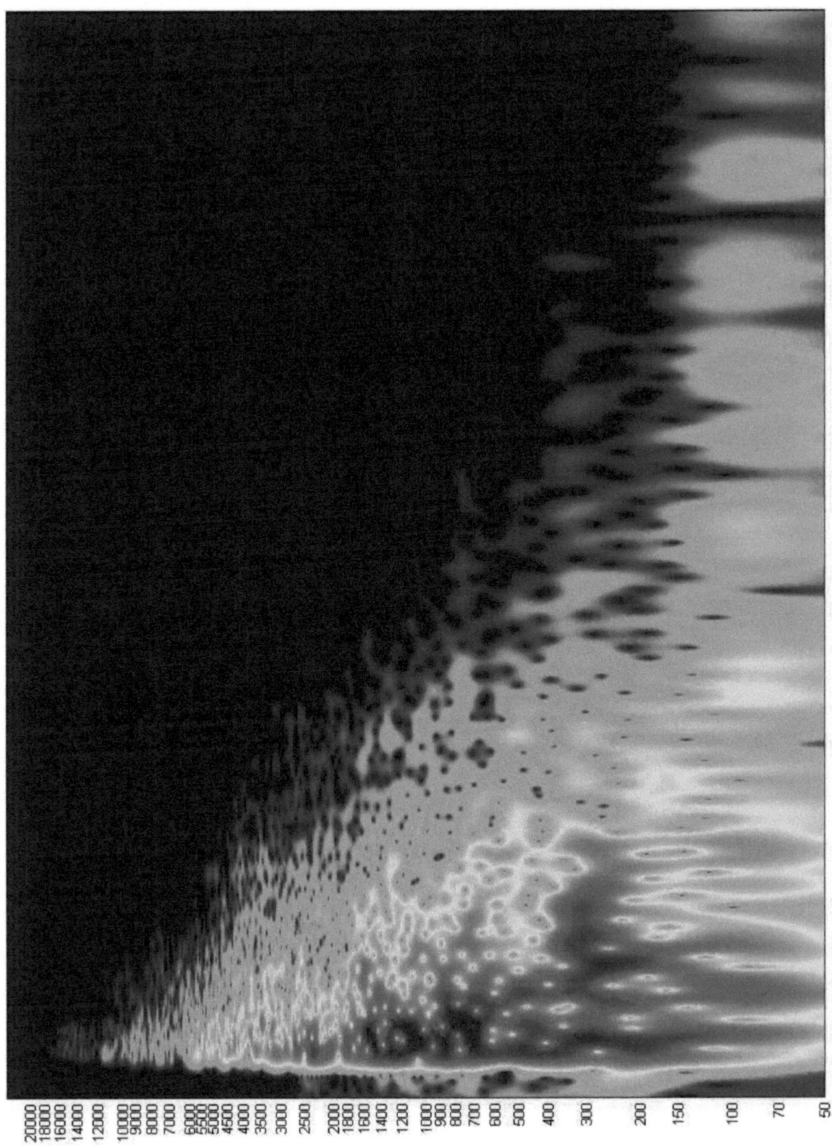

Abbildung 6.30: Nach Bedämpfung als nicht *ausschwingend* empfundenes Öffnungsgeräusch

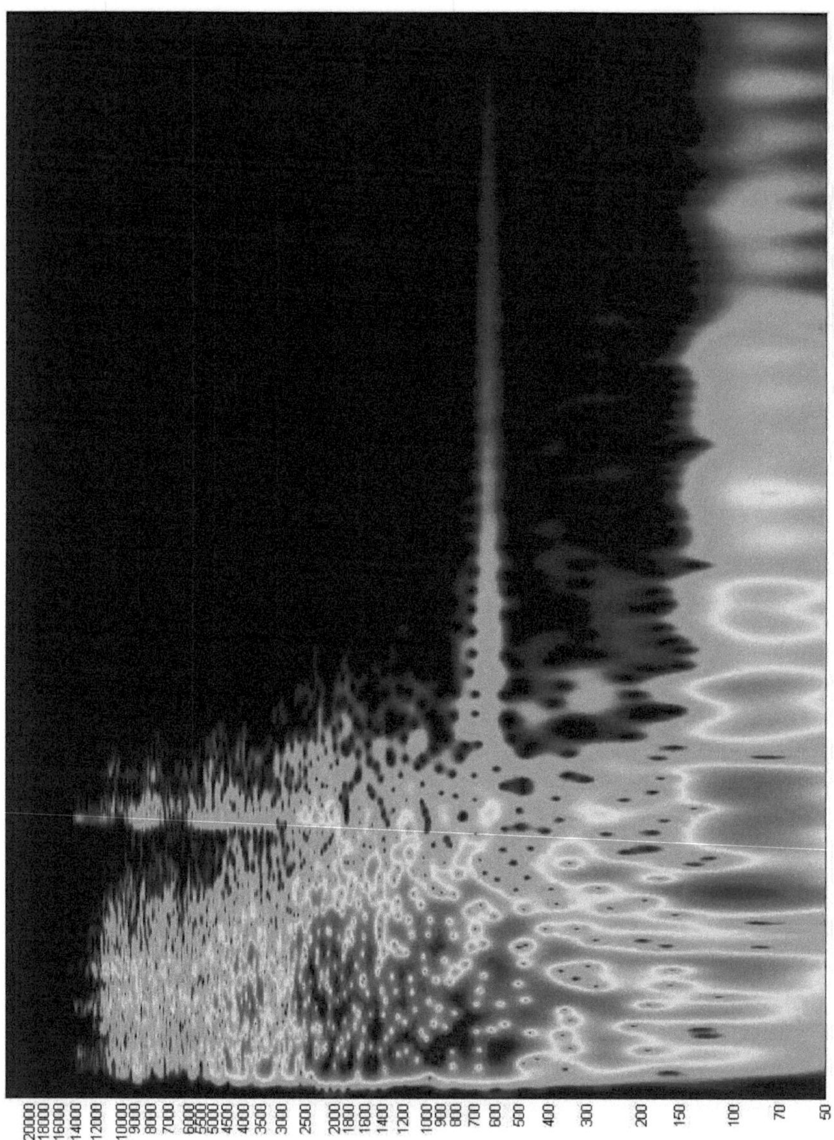

Abbildung 6.31: Beispiel eines als sehr *ausschwingend* empfundenen Schließgeräusches ohne mechanische Modifikation

Abbildung 6.32: Nach Bedämpfung als nicht *ausschwingend* empfundenes Schließgeräusch

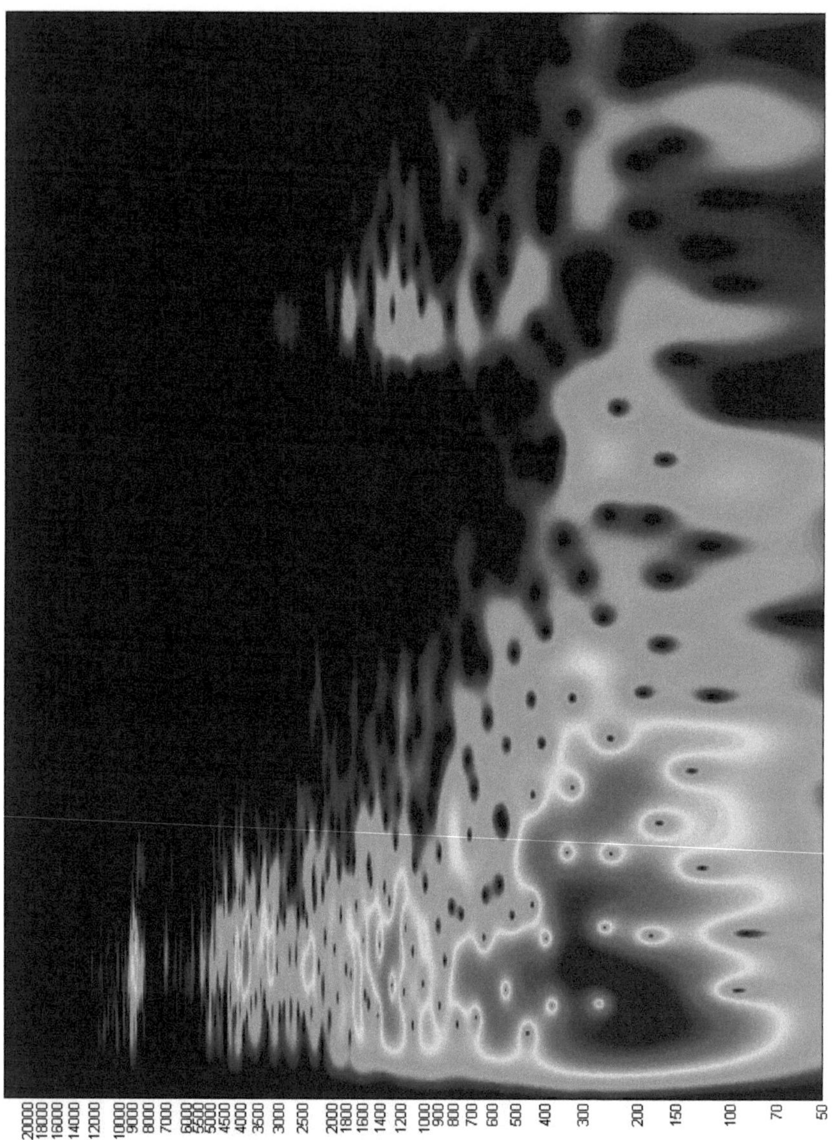

Abbildung 6.33: Beispiel eines als sehr *klickend* empfundenen Öffnungsgeräusches ohne mechanische Modifikation

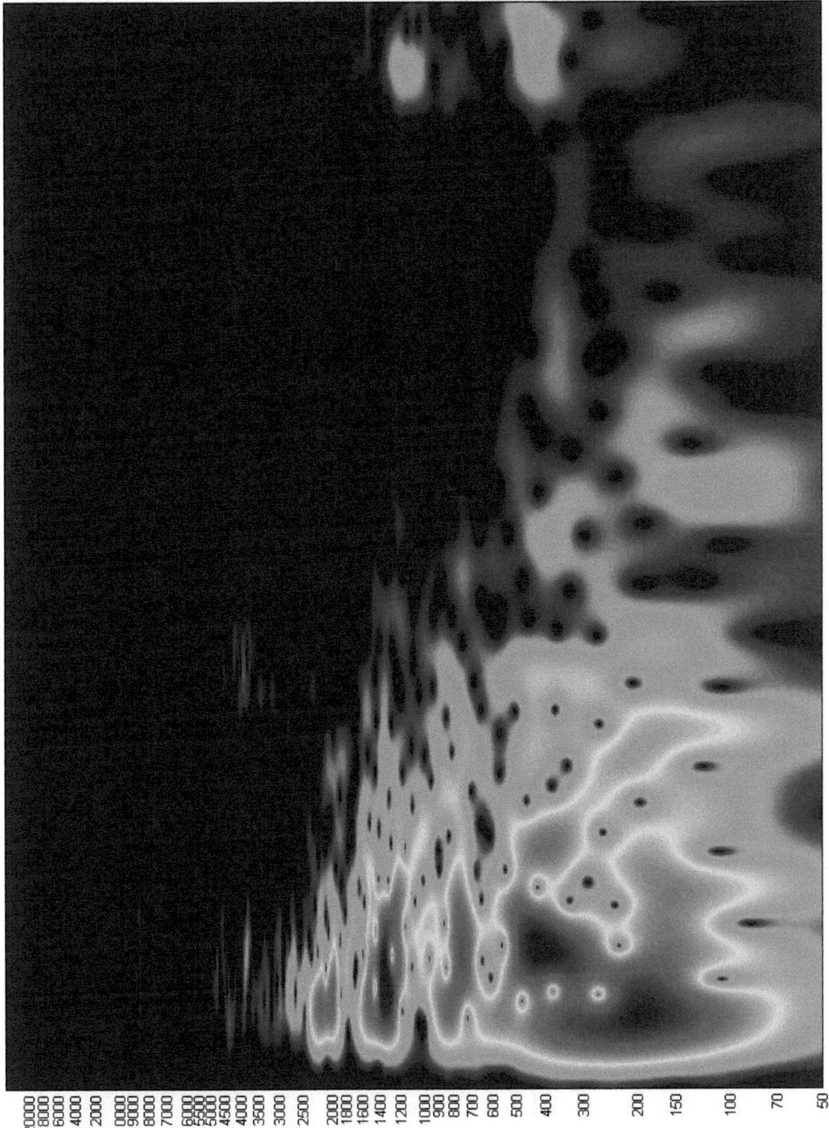

Abbildung 6.34: Nach Einbringung eines Puffers auf die Kontaktfläche zwischen Drehfalle und Sperrklinke als nicht *klickend* empfundenes Öffnungsgeräusch

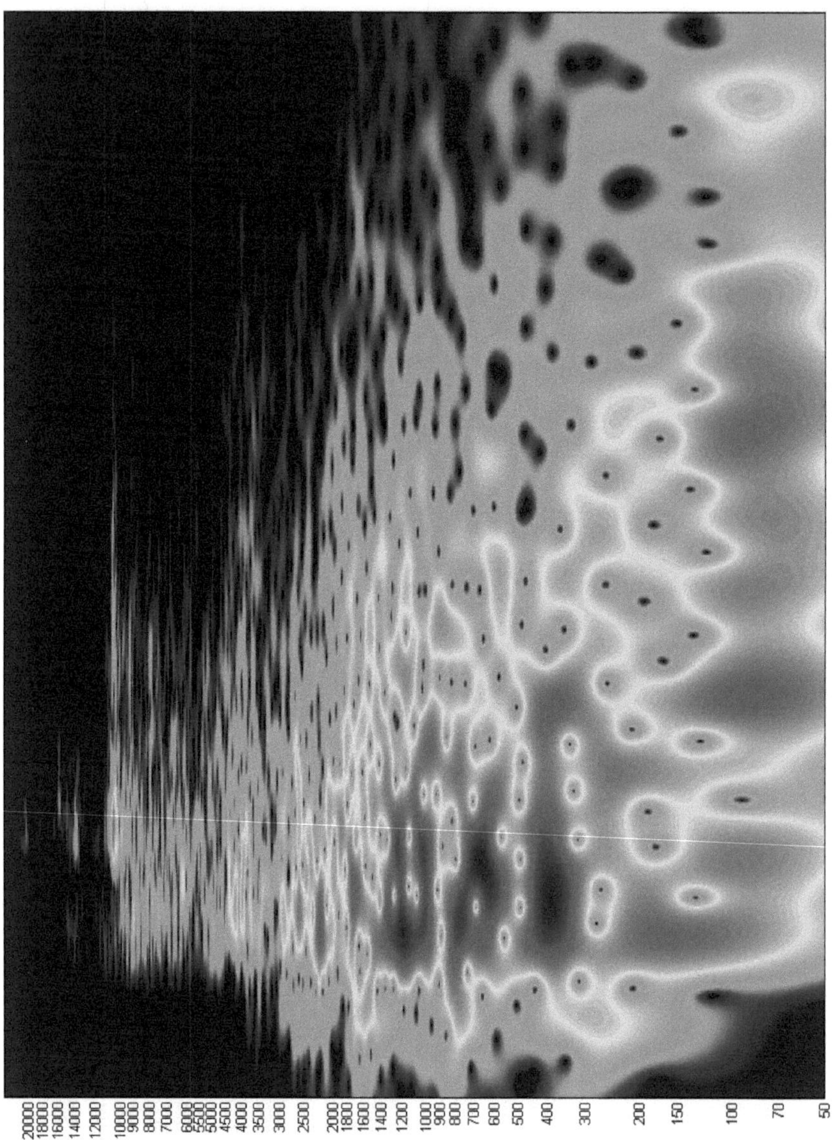

Abbildung 6.35: Beispiel eines als sehr *klickend* empfundenen Schließgeräusches ohne mechanische Modifikation

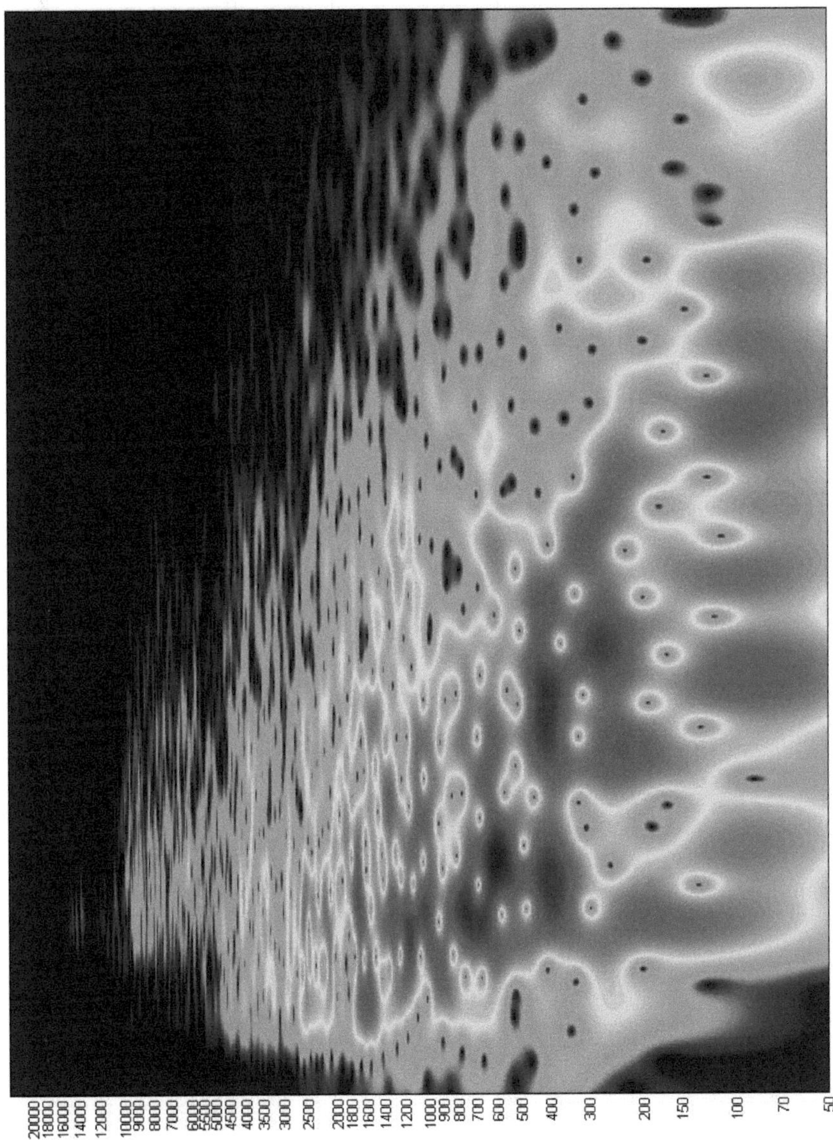

Abbildung 6.36: Nach Einbringung eines Puffers auf die Kontaktfläche zwischen Drehfalle und Sperrklinke als nicht *klickend* empfundenes Schließgeräusch

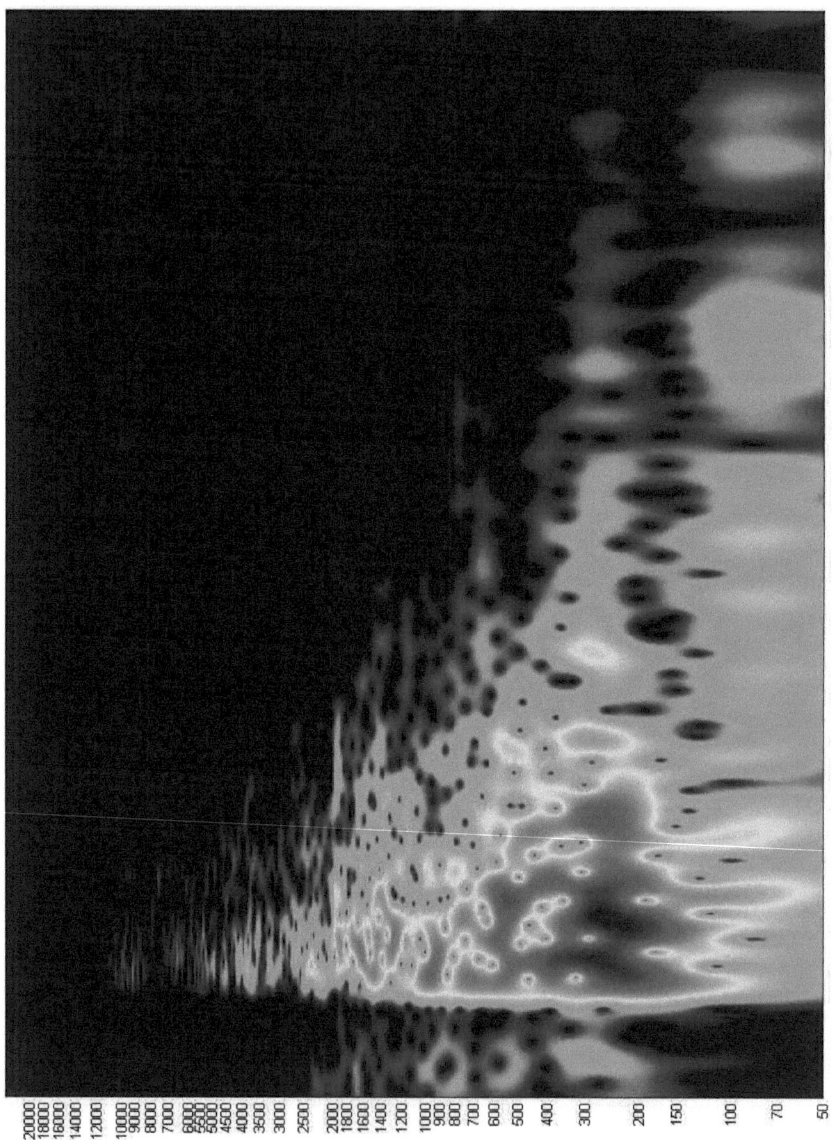

Abbildung 6.37: Beispiel eines als sehr *ploppend* empfundenen Öffnungsgeräusches ohne mechanische Modifikation

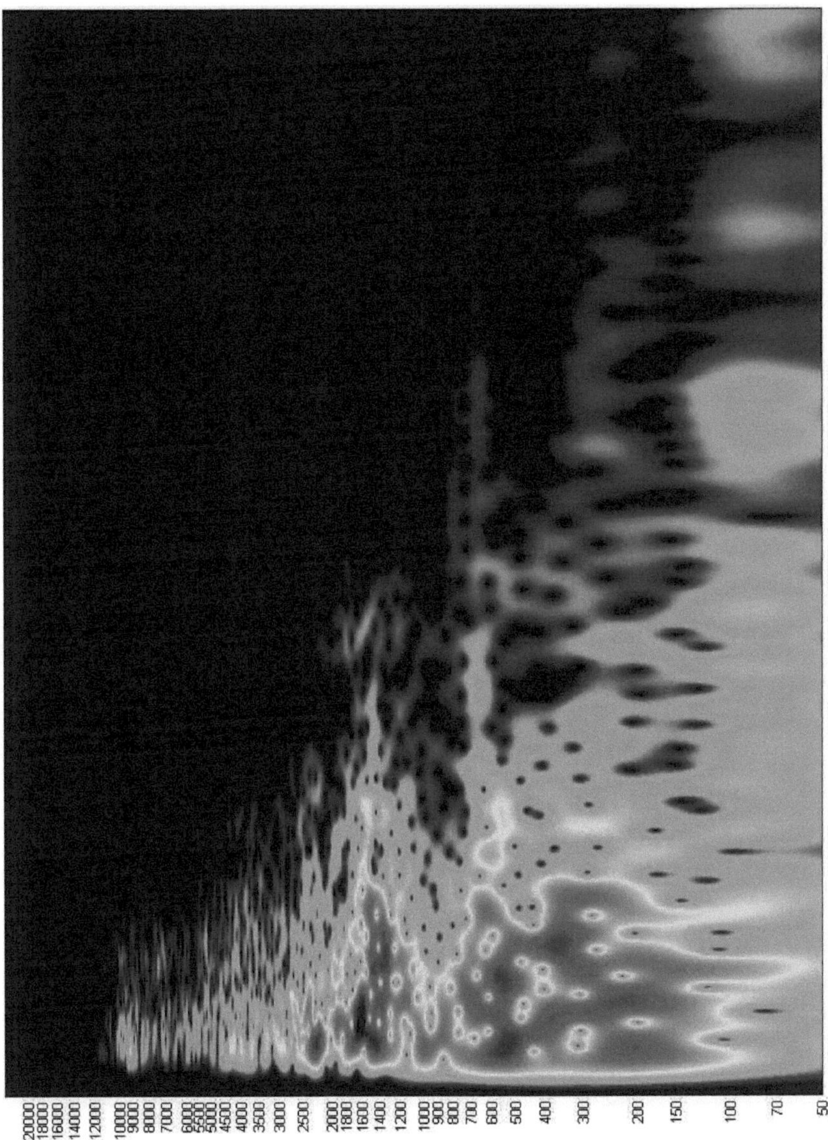

Abbildung 6.38: Nach Ummantelung der Drehfalle als nicht *ploppend* empfundenes Öffnungsgeräusch

Printed by Books on Demand GmbH, Norderstedt / Germany